国家骨干高职院校工学结合创新成果系列教材

# 建筑材料应用与检测

主　编　刘惠娟

主　审　虞松宾

中国水利水电出版社
www.waterpub.com.cn

## 内 容 提 要

本教材依据最新的国家标准和行业规范，讲述水利水电工程中常用建筑材料的性能、取样方法、检测方法及性能判定方法。全书共分十个项目，分别是：建筑材料的基础知识，骨料的检测，水泥的检测，混凝土的检测，建筑砂浆的检测，钢筋的检测，砌筑材料的检测，沥青防水材料的检测，功能性材料的检测，新型建筑材料的认识。

本教材可作为水利水电建筑工程、水利工程等相关专业的教材使用，也可供相关行业从业者参考。

图书在版编目（CIP）数据

建筑材料应用与检测 / 刘惠娟主编. -- 北京 : 中国水利水电出版社, 2014.8
国家骨干高职院校工学结合创新成果系列教材
ISBN 978-7-5170-2498-9

Ⅰ. ①建… Ⅱ. ①刘… Ⅲ. ①建筑材料－检测－高等职业教育－教材 Ⅳ. ①TU502

中国版本图书馆CIP数据核字(2014)第215064号

| 书　　名 | 国家骨干高职院校工学结合创新成果系列教材<br>**建筑材料应用与检测** |
|---|---|
| 作　　者 | 主编　刘惠娟　　主审　虞松宾 |
| 出版发行 | 中国水利水电出版社<br>（北京市海淀区玉渊潭南路1号D座　100038）<br>网址：www.waterpub.com.cn<br>E-mail：sales@waterpub.com.cn<br>电话：(010) 68367658（发行部） |
| 经　　售 | 北京科水图书销售中心（零售）<br>电话：(010) 88383994、63202643、68545874<br>全国各地新华书店和相关出版物销售网点 |
| 排　　版 | 中国水利水电出版社微机排版中心 |
| 印　　刷 | 北京嘉恒彩色印刷有限责任公司 |
| 规　　格 | 184mm×260mm　16开本　14.5印张　344千字 |
| 版　　次 | 2014年8月第1版　2014年8月第1次印刷 |
| 印　　数 | 0001—3000册 |
| 定　　价 | **32.00**元 |

# 前言

本教材是依据教高函〔2010〕8号、〔2010〕27号、〔2011〕12号文的相关精神，结合国家示范性高等职业院校建设的相关教学要求而编写的。

"建筑材料应用与检测"是土木工程类专业一门重要的专业基础课，又是一门实践性很强的应用型学科。通过本课程的学习，使学生能够依据常用建筑材料的基本性能和特点，结合水利水电工程实际条件合理地选择各种建筑材料；掌握常用建筑材料（如水泥、混凝土、钢材等）的取样方法、质量检测方法及质量评定方法；了解新型建筑材料在水利水电工程中的应用。本课程为施工技术、工程预算等专业课程的学习提供了必要的专业基础知识。

全书共分为十个项目，分别是：建筑材料的基础知识，骨料的检测，水泥的检测，混凝土的检测，建筑砂浆的检测，钢筋的检测，砌筑材料的检测，沥青防水材料的检测，功能性材料的检测，新型建筑材料的认识。

本教材由刘惠娟担任主编，并负责全书的统稿，由广西国瑞建设工程有限公司虞松宾担任主审。具体编写分工如下：广西水利电力职业技术学院吴瑜编写项目1，广西水利电力勘测设计研究院龙四立、广西水利电力职业技术学院易云梅编写项目2、项目10，广西水利电力职业技术学院刘惠娟编写项目3，广西水利电力职业技术学院魏保兴编写项目4、项目5，广西水利电力职业技术学院王宝红编写项目6、项目7，广西水利电力职业技术学院彭燕莉编写项目8、项目9。

本教材在编写的过程中，得到广西国瑞建设工程有限公司、广西水利电力勘测设计研究院、广西水利电力职业技术学院领导及水利工程系的大力支持和指导，在此深表感谢。

书中难免存在不妥之处，恳请广大师生和读者批评指正。

**编者**

2014年4月

# 目　录

# 项目1 建筑材料的基础知识

**项目导航：**

建筑材料在建筑物中要承受各种不同因素的作用，因而具有不同的性质。如用于建筑结构的材料要受到各种外力的作用，因此所选材料应具有相应的力学性质；防水材料应具有抗渗、防水性能；墙体材料应具有保温隔热、吸声隔音的性能。此外，长期暴露在大气中的建筑材料，经常受到风吹、雨淋、日晒、冰冻等外界因素的影响，应具有良好的耐久性。建筑材料的基本性质就是材料抵抗不同因素作用时的表现，即在不同使用条件或使用环境的建筑工程中所表现出来的最基本的、共有的性质。

**案例描述：**

某地发生历史罕见的洪水，洪水退后，许多砖房倒塌，其砌筑用的砖多为未烧透的多孔的红砖，请分析房屋倒塌的原因。

## 任务1.1 建筑材料的认识

**任务导航：**

任务内容及要求

| 知识目标 | 能力目标 | 素质目标 | 考核方式 |
|---|---|---|---|
| 1. 熟悉建筑材料的定义和分类；<br>2. 掌握建筑材料的技术标准；<br>3. 熟悉材料检测的有关规定 | 1. 能够选用建筑材料的技术标准；<br>2. 能够使用各种媒体查阅所需资料 | 1. 培养良好的职业道德，养成科学严谨、诚实守信、刻苦负责等职业操守；<br>2. 培养团结协作能力 | 过程性评价：考勤及课后作业 |

### 1.1.1 建筑材料的定义与分类

建筑材料是建筑工程中所应用的各种材料及其制品的总称，是工程建设的物质基础。包括：构成建筑物本身的材料，如钢材、木材、水泥、石灰、砂石等；施工过程中所用的材料，如模板，脚手架等；各种建筑器材，如给排水设备、采暖通风设备、空调、电器等。

建筑材料品种繁多，通常按材料的化学成分和使用功能进行分类。

1. 按化学成分分类

建筑材料按化学成分可分成无机材料、有机材料和复合材料三大类，见表1.1。

**表1.1　　建筑材料按化学成分分类表**

| 分类 | | | 实例 |
|---|---|---|---|
| 无机材料 | 金属材料 | 黑色金属 | 钢、铁等 |
| | | 有色金属 | 铝、铜及其合金等 |
| | 非金属材料 | 天然石材 | 砂、石及石材制品等 |
| | | 烧土制品 | 烧结砖、瓦、陶瓷、玻璃等 |
| | | 胶凝材料 | 石灰、石膏、水玻璃、水泥等 |
| | | 混凝土类 | 砂浆、混凝土、硅酸盐制品等 |
| 有机材料 | 植物材料 | | 木材、竹材，植物纤维及其制品等 |
| | 合成高分子材料 | | 塑料、橡胶、胶凝剂、有机涂料等 |
| | 沥青材料 | | 石油沥青、沥青制品等 |
| 复合材料 | 金属-非金属复合 | | 钢筋混凝土、预应力混凝土等 |
| | 非金属-有机复合 | | 沥青混凝土、聚合物混凝土等 |

无机材料分为金属材料和非金属材料。金属材料包括黑色金属材料和有色金属材料。钢材是工程中应用最广泛的黑色金属材料，多用于重要的承重结构，如钢结构、钢筋混凝土结构等。铝、铜及其合金属于有色金属材料，是装饰工程、电气工程中的重要材料，如各种铝合金型材及制品用于门窗、吊顶等工程中。

有机材料分为植物材料、合成高分子材料、沥青材料。

复合材料是由两种或两种以上不同性质的材料通过物理和化学复合，组成具有两个或两个以上相态结构的材料。复合材料不仅性能优于组成中的任意一个单独的材料，而且还可具备单独材料不具备的独特性能，是现代材料科学发展的趋势之一。

2. 按使用功能分类

建筑材料按使用功能分类可以分为结构材料和功能材料两大类。

结构材料是构成建筑物或构筑物结构所使用的材料，如梁、板、柱、墙体、基础及其他受力构件或结构等所使用的材料。

功能材料是指具有某种特殊功能的材料，如防水、保温隔热、装饰等功能。

### 1.1.2　建筑材料在建筑工程中的作用

建筑材料是建筑工程的重要物质基础。其质量直接影响工程的质量，是各类建筑工程质量优劣的关键，是工程质量得到保证的前提。

建筑材料决定工程造价。在一般建筑工程的总造价中，用于材料的费用占工程总费用的50％～70％。所以，合理地使用建筑材料对降低工程造价、提高工程经济效益有着相当重要的意义。

建筑材料对工程技术的发展及建筑业的发展起着重要的作用，新材料的出现促进工程技术的革新，而工程变革与社会发展的需要又促进新材料的诞生。

### 1.1.3　建筑材料的检测与技术标准

对建筑材料进行合格检测是保证工程质量的重要环节。国家标准规定：无出厂合格证明或没有按规定复试的原材料，不得用于工程建设；在现场加工配制的材料，如混凝土、砂浆等，均应在实验室确定配合比，并在现场抽样检验。各项建筑材料的检验结果，是工程质量验收必需的技术依据。

建筑材料检测的依据是建筑材料的技术标准。

建筑材料的技术标准包括：原材料、材料及其产品的质量、规格、等级、性质、要求以及检验方法；材料以及产品的应用技术规范；材料生产以及设计规定；产品质量的评定标准等。建筑材料的验收及检验，应以产品的现行技术标准及有关的规范、规程为依据。

建筑材料的技术标准根据建筑材料的技术标准的发布单位与适用范围，可分为四种，即国家标准、行业标准、地方标准和企业标准。各级标准分别由相应的标准化管理部门批准并颁布。

国家标准是由国家标准局发布的必须在全国范围内统一技术要求所制定的标准，在全国范围内适用。

行业标准是指没有国家标准而需在全国性的某个行业范围内统一技术要求所制定的标准，在全国范围内适用，是专业性、技术性较强的标准。

地方标准是指没有国家标准和行业标准而又要在省、自治区、直辖市范围内统一技术要求所制定的标准，在本行政区域内适用。

企业标准仅限于某企业内部适用，在没有国家标准和行标准时，企业为控制产品质量所制定的标准。

技术标准可分为强制性和推荐性标准两种。强制性标准是所有该产品的技术要求不得低于该标准规定的技术指标；推荐性标准非强制性，表示可执行其他标准。地方标准和企业标准的规定应高于国家标准。

建筑材料标准的种类及代号见表1.2。

**表1.2　建筑材料标准的种类及代号**

| 标准的种类 | 代　号 | | 适用范围 |
|---|---|---|---|
| 国家标准 | GB | 国家强制性标准 | 全国 |
| | GB/T | 国家推荐性标准 | |
| 行业标准 | JC | 建材行业标准 | 全国性的某行业 |
| | JT | 交通行业标准 | |
| | SL | 水利行业标准 | |
| | JGJ | 建筑工程行业标准 | |
| | YB | 冶金行业标准 | |
| 地方标准 | DB | 地方强制性标准 | 某地区内 |
| | DB/T | 地方推荐性标准 | |
| 企业标准 | QB | 企业自身制定的标准 | 某企业内 |

标准的表示方法为：代号、编号、批准年份和名称。例如：《通用硅酸盐水泥》（GB

175—2007)、《建设用砂》(GB/T 14684—2011)。

技术标准是根据一定时期的技术水平制定的，反映一个时期的技术水平，具有相对稳定性，随着技术的发展速度与使用要求不断提高，需要对标准进行修订。

# 任务 1.2 建筑材料的基本性质

## 任务导航：

任务内容及要求

| 知识目标 | 能力目标 | 素质目标 | 考核方式 |
|---|---|---|---|
| 1. 掌握材料与质量有关的性质、与水有关的性质及与热有关的性质及表示方法；<br>2. 掌握材料的力学性质、材料的耐久性质的概念 | 能够熟练计算吸水率、含水率、孔隙率、表观密度及堆积密度 | 1. 培养良好的职业道德，养成科学严谨、诚实守信、刻苦负责等职业操守；<br>2. 培养团结协作能力 | 过程性评价：考勤、课堂提问及课后作业 |

### 1.2.1 建筑材料的性质——与质量有关

#### 1.2.1.1 材料的体积构成与含水状态

1. 材料的体积构成

材料的体积是材料占有的空间尺寸。由于材料具有不同的物理状态，因而表现出不同的体积。

块状材料的体积是由固体物质的实体积和材料内部孔隙的体积组成的，如图 1.1 所示。材料的孔隙又分为闭口孔隙和开口孔隙。闭口孔隙不进水，开口孔隙与材料周围的介质相通，材料浸水时易吸水饱和。

散粒状材料的体积是由固体物质体积、颗粒内部孔隙体积和颗粒之间的空隙体积组成的，如图 1.2 所示。

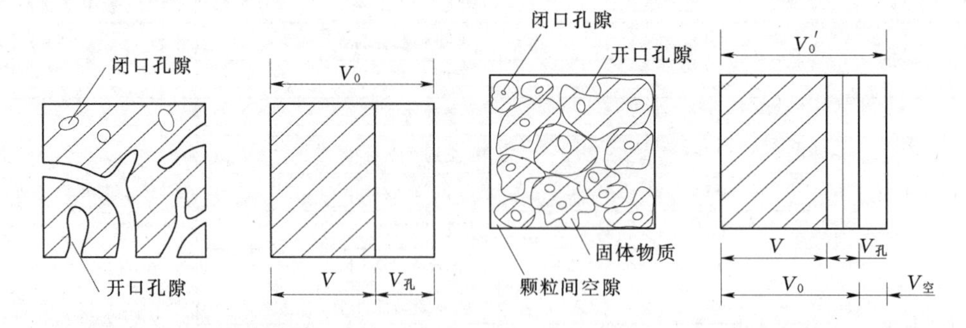


图 1.1 块状材料体积构成示意　　图 1.2 散粒状材料体积构成示意

2. 材料的含水状态

材料在大气或水中会吸附一定的水分，根据材料吸附水分的情况不同，将材料的含水

状态四种：干燥状态、气干状态、饱和面干状态及湿润状态，如图1.3所示。材料的含水不同会对材料的多种性质产生一定的影响。

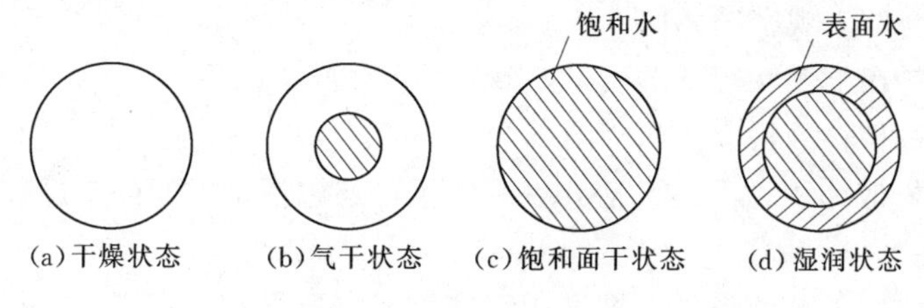


图1.3　材料的含水状态

#### 1.2.1.2　材料的密度、表观密度与堆积密度

1. 密度

密度是指材料在绝对密实状态下单位体积的质量。按式（1.1）计算：

$$\rho=\frac{m}{V} \tag{1.1}$$

式中　$\rho$——材料的密度，$g/cm^3$；

$m$——材料在干燥状态下的质量，g；

$V$——材料在绝对密实状态下的体积（见图1.1、图1.2阴影部分），$cm^3$。

材料在绝对密实状态下的体积是指不包括材料孔隙在内的固体物质的实体积。常用建筑材料中，除了钢材、玻璃等少数材料外，绝大多数材料内部都存在一定的孔隙。测定含孔材料的密度时，先将材料磨成细粉消除内部孔隙，烘干至恒重后，用李氏瓶常用排水法测出材料的实体积。

2. 表观密度

表观密度是指材料在自然状态下单位体积的质量。按式（1.2）计算：

$$\rho_0=\frac{m}{V_0} \tag{1.2}$$

式中　$\rho_0$——材料的表观密度，$kg/cm^3$；

$m$——材料在干燥状态下的质量，kg；

$V_0$——材料在自然状态下的体积（图1.1），$cm^3$。

材料在自然状态下的体积包含材料内部孔隙在内的体积。一般，对于具有规则外形的材料，表观体积的测定可用外形尺寸直接计算；对于不具有规则外形的材料，可在其表面涂薄蜡层密封，然后采用排液法测定其表观体积。

材料的表观密度与材料的含水状态有关，含水状态不同，材料的质量及体积均会发生改变。通常，表观密度是指材料在气干状态（长期在空气中存放的干燥状态）下的表观密度；材料在烘干状态下测量的表观密度称为干表观密度；材料在潮湿状态下测得的表观密度称为湿表观密度。

3. 堆积密度

堆积密度是指散粒材料或粉状材料，在自然堆积状态下单位体积的质量。按式（1.3）计算：

$$\rho_0' = \frac{m}{V_0'} \tag{1.3}$$

式中 $\rho_0'$——材料的表观密度，kg/cm³；

$m$——材料在干燥状态下的质量，kg；

$V_0'$——散粒材料的松散体积（图 1.2），cm³。

散粒材料的松散体积，不但包括其表观体积，还包括颗粒间的空隙体积，可用容量筒测定。

堆积密度与材料的装填条件（即堆积密实程度）及含水状态有关，根据散粒材料堆放的紧密程度不同，堆积密度可分为疏松堆积密度、振实堆积密度及紧密堆积密度。

#### 1.2.1.3 材料的密实度与孔隙率

1. 密实度

密实度是指块状材料内部固体物质体积占材料在自然状态下总体积的百分率。用 $D$ 表示，按式（1.4）或式（1.5）计算：

$$D = \frac{V}{V_0} \times 100\% \tag{1.4}$$

$$D = \frac{\rho_0}{\rho} \times 100\% \tag{1.5}$$

2. 孔隙率

孔隙率是指块状材料内部孔隙体积占材料在自然状态下总体积的百分率。用 $P$ 表示，按式（1.6）或式（1.7）计算：

$$P = \frac{V_孔}{V_0} \times 100\% \tag{1.6}$$

$$P = \frac{V_0 - V}{V_0} = 1 - \frac{V}{V_0} = \left(1 - \frac{\rho_0}{\rho}\right) \times 100\% \tag{1.7}$$

密实度与孔隙率的关系可用下式表示：

$$D + P = 1$$

材料的密实度和孔隙率从两个不同侧面反映了材料的致密程度。建筑材料的许多性质都与材料的孔隙有关，这些性质除了取决于孔隙率的大小外，还与孔隙的特征有关，如大小、形状、分布、连通与否等。一般，同一种材料，孔隙率越小，连通孔隙越少，其强度越高，吸水性越小，抗渗性和抗冻性越好，但导热性越大。常见材料的密度、表观密度及孔隙率见表 1.3。

**表 1.3　常见材料的密度、表观密度及孔隙率**

| 材　料 | 密度/(g·cm⁻³) | 表观密度/(kg·m⁻³) | 孔隙率/% |
|---|---|---|---|
| 花岗岩 | 2.60～2.90 | 2500～2800 | 0.5～1.0 |
| 普通黏土砖 | 2.5～2.80 | 1500～1800 | 20～40 |
| 普通混凝土 | | 2300～2500 | 5～20 |

续表

| 材　料 | 密度/(g·cm⁻³) | 表观密度/(kg·m⁻³) | 孔隙率/% |
|---|---|---|---|
| 沥青混凝土 | | 2300～2400 | 2～4 |
| 松木 | 1.55～1.60 | 380～700 | 55～75 |
| 砂 | 2.60～2.70 | 1400～1600 | 40～45 |
| 建筑钢材 | 7.85 | 7850 | 0 |

#### 1.2.1.4　材料的填充率与空隙率

1. 填充率

填充率是指散粒材料在其堆积体积中，颗粒体积 $V_0$ 所占材料堆积体积 $V_0'$ 的百分率。用 $D'$ 表示，按式（1.8）或式（1.9）计算：

$$D'=\frac{V_0}{V_0'}\times 100\% \tag{1.8}$$

$$D'=\frac{\rho_0'}{\rho_0}\times 100\% \tag{1.9}$$

2. 空隙率

空隙率是指散粒材料在其堆积体积中，颗粒之间的空隙体积 $V_空$ 所占材料堆积体积 $V_0'$ 的百分率。用 $P'$ 表示，按式（1.10）或式（1.11）计算：

$$P'=\frac{V_空}{V_0'}\times 100\% \tag{1.10}$$

$$P'=\frac{V_0'-V_0}{V_0'}\times 100\%=1-\frac{V_0}{V_0'}=\left(1-\frac{\rho_0'}{\rho_0}\right)\times 100\% \tag{1.11}$$

填充率与空隙率的关系可用下式表示：

$$D'+P'=1$$

材料的填充率和空隙率从两个不同侧面反映了散粒材料之间相互填充的疏密程度。

### 1.2.2　建筑材料的性质——与水有关

#### 1.2.2.1　材料的亲水性与憎水性

不同材料遇水后和水的互相作用情况是不一样的，根据材料表面被水润湿的情况，材料可分为亲水性材料与憎水性材料。材料在空气中与水接触时，能被水润湿的性质称为亲水性；不能被水润湿的性质称为憎水性。

材料的亲水性与憎水性可用润湿角 $\theta$ 来说明，即在材料、空气、水三相交界处，沿水滴表面作切线，切线与材料表面（水滴的一侧）所得夹角，如图1.4所示。

$\theta$ 愈小，表明材料易被水润湿。当 $\theta\leqslant 90°$ 时，材料表现为憎水性，该材料被称为亲水性材料，如木材、砖、混凝土、石材、钢材等；当 $\theta>90°$ 时，材料表现为憎水性，称为憎水性材料，如沥青、塑料、石蜡等。

憎水性材料能阻止水分渗入材料内部降低材料的吸水性，因此，憎水性材料可用做

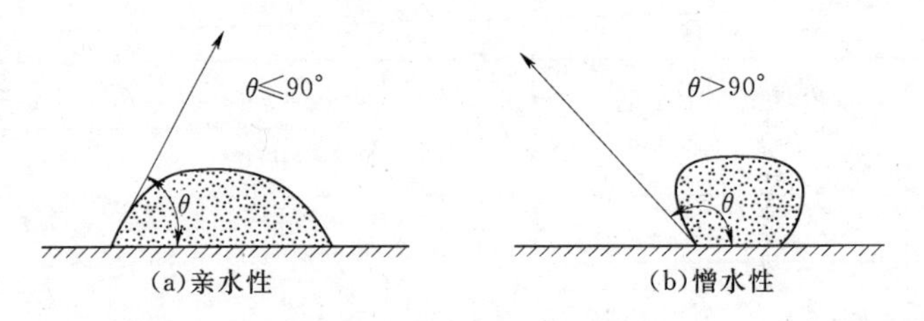


图 1.4 材料润湿角示意

防水、防潮材料，也可用于亲水性材料的表面憎水处理，以减少其吸水率，提高其抗渗性。

#### 1.2.2.2 吸水性与吸湿性

1. 吸水性

吸水性是指材料在水中吸收水分的性质，其大小常用吸水率表示。吸水率有质量吸水率和体积吸水率之分。

质量吸水率（$W_{质}$）是指材料吸水饱和时，所吸入水分的质量占材料干燥质量的百分率。按式（1.12）计算：

$$W_{质}=\frac{m_{水}}{m_{干}}\times100\%=\frac{m_{饱}-m_{干}}{m_{干}}\times100\% \tag{1.12}$$

体积吸水率（$W_{体}$）是指材料吸水饱和时，所吸入水分的体积占干燥材料自然体积的百分率。按式（1.13）计算：

$$W_{体}=\frac{V_{水}}{V_{干}}\times100\%=\frac{m_{饱}-m_{干}}{V_{干}}\times\frac{1}{\rho_H}\times100\% \tag{1.13}$$

计算材料的吸水率时，一般用质量吸水率来计算。当材料的湿质量是干质量的几倍的情况下，其质量吸水率往往超过 100%，一般用体积吸水率表示其吸水率，即体积吸水率适用于轻质多孔材料，如海绵、干木头等。

材料吸水率的大小取决于材料的亲水属性、材料的孔隙率及孔隙构造特征，如孔径大小、开口与否等。材料吸收水分后，不仅表观密度增大、强度降低、保温隔热性能降低，且易受冰冻破坏，会对材料产生不利的影响。

2. 吸湿性

吸湿性是指材料在潮湿空气中吸收水分的性质。材料的吸湿性常以含水率（$W_{含}$）表示，含水率指材料所含水的质量占其干质量的百分率。按式（1.14）计算：

$$W_{含}=\frac{m_{气干}-m_{干}}{m_{干}}\times100\% \tag{1.14}$$

含水率除了与材料的亲水属性、材料的孔隙率及孔隙构造特征有关外，还与空气的温度和湿度有关。空气的湿度大，温度低，材料的吸湿性大，反之则小。当材料中所含水分与空气湿度相平衡时的含水率称为平衡含水率。建筑材料在正常状态下，均处于平衡含水率状态。

**案例分析：**

通过分析案例可知，该住宅所采用的是没有烧透的红砖，砖的开口孔隙率大，吸水率

高。吸水后，红砖强度下降，特别是当有水进入砖内时，未烧透的黏土遇水软化，强度下降更大，不能承受房屋的重量，从而导致房屋倒塌。

#### 1.2.2.3 耐水性

耐水性是指材料长期在水的作用下，保持其原有性质的能力。材料的耐水性用软化系数（$K_{软}$）表示。按式（1.15）计算：

$$K_{软}=\frac{f_{饱}}{f_{干}} \tag{1.15}$$

式中 $K_{软}$——材料的软化系数；

$f_{饱}$——材料在水饱和状态的强度，MPa；

$f_{干}$——材料在干燥状态下的强度，MPa。

软化系数的大小反映了材料浸水后强度降低的程度。一般，材料在潮湿时的强度均比在干燥时的强度低，主要是浸入的水分削弱了材料微粒间的结合力，同时材料内部往往含有一些易被水软化或溶解的物质，而使材料的强度有不同程度的降低。因此，软化系数在0～1之间变化，软化系数越小，说明材料吸水饱和后的强度降低越多，其耐水性越差。

软化系数的大小可作为选择材料的依据。工程上，通常将软化系数$K_{软}\geqslant 0.85$的材料称为耐水性材料，适用于长期处于水中或潮湿环境中的重要结构物；对于用于受潮较轻或次要结构的材料，其软化系数不宜小于0.75。

#### 1.2.2.4 抗渗性

抗渗性（又称不透水性）是指材料抵抗压力水渗透的性质。当材料两侧存在一定的水压时，水会从压力较高的一侧通过材料内部的孔隙及缺陷，向压力较低的一侧渗透。材料的抗渗性可用渗透系数和抗渗等级表示。

1. 渗透系数

渗透系数的物理意义是：一定厚度的材料，在一定水压力下，在单位时间内透过单位面积的水量。按式（1.16）计算：

$$K=\frac{Qd}{AtH} \tag{1.16}$$

式中 $K$——材料的渗透系数，cm/s；

$Q$——渗水量，$cm^3$；

$d$——试件厚度，cm；

$A$——透水面积，$cm^2$；

$t$——透水时间，s；

$H$——静水压力水头，cm。

渗透系数越小，表示材料渗透的水量越少，即材料的抗渗性越好。对于防水、防潮材料，如沥青、油毡、沥青混凝土等材料常用渗透系数表示其抗渗性。

2. 抗渗等级

抗渗等级是以规定的试件，在标准试验方法下试件可能承受的最大静水压力来确定，在水利水电工程中用抗渗等级W$n$表示，其中$n$为该材料所能承受的最大水压力的10倍数，如 W4、W10 分别表示试件能承受 0.4MPa、1.0MPa 的水压力而不渗水。

材料的抗渗等级越高，其抗渗性越强。对于混凝土、砂浆等材料的抗渗性常用抗渗等级来表示。

材料的抗渗性与材料的孔隙率及孔隙特征有关。密实的材料及具有闭口微小孔的材料，是不渗水的；而具有较大孔隙且为细微连通的孔隙的亲水性材料抗渗性较差。对于地下建筑及水工建筑物、压力管道等经常受水压力作用的工程应选择具有良好抗渗性能的材料。

#### 1.2.2.5 抗冻性

抗冻性是指材料在吸水饱和状态下，能经受多次冻融循环作用而不破坏，同时也不显著降低强度的性质。

材料的抗冻性用抗冻等级 F$n$ 表示，$n$ 为即在一定条件下能够经受的冻融循环次数。如：F50 表示此材料可承受 50 次冻融循环，而未超过规定的损失程度。$n$ 的数值越大，说明抗冻性能愈好。

水工建筑物经常处于干湿交替作用的环境中，选用材料时应按材料所处的工作环境和使用部位合理确定抗冻等级。

### 1.2.3 建筑材料的性质——与热有关

#### 1.2.3.1 导热性

导热性是指材料传导热量的性质。导热性的大小用导热系数 $\lambda$ 来表示。

导热系数是评价材料导热能力的指标。其物理意义为单位面积、单位厚度的材料，在单位温差下，单位时间内传导的热量。导热系数可按式（1.17）计算：

$$\lambda=\frac{Qd}{At(T_2-T_1)} \tag{1.17}$$

式中 $\lambda$——材料的导热系数，W/(m·K)；

$Q$——通过材料传导的热量，J；

$d$——试件厚度，m；

$A$——材料传热面积，$m^2$；

$t$——导热时间，s；

$T_1$、$T_2$——材料两侧的温差，K。

材料的导热能力与材料的孔隙率、孔隙特征、材料的含水状态及温度等有关：孔隙率愈大导热性愈小，因孔隙中含有空气，密闭空气的导热系数很小 [$\lambda$=0.025 W/(m·K)]，故材料闭口孔隙率大时，导热系数小；开口连通孔隙具有空气对流作用，材料的导热系数较大；由于水的导热系数较大 [$\lambda$=0.58 W/(m·K)]，故材料受潮时，导热系数会增大；材料在高温下的导热系数比常温下的要大些。

导热系数是确定材料绝热性的重要指标。导热系数越小，材料的绝热性越好。有保温隔热要求的建筑物宜选用导热系数小的材料做围护结构。工程中常将把 $\lambda$<0.23 W/(m·K) 的材料称为绝热材料，在运输、存放、施工及使用过程中，须保持干燥状态。

几种常用材料的导热系数见表 1.4。

#### 1.2.3.2　热容量

热容量是指材料受热时吸收热量，冷却时放出热量的性质，即当材料温度升高（或降低）1K时，所吸收（或放出）的热量，称为该材料的热容量。1kg材料的热容量，称为该材料的比热。按式（1.18）计算：

$$c=\frac{Q}{m(T_2-T_1)} \tag{1.18}$$

式中　$Q$——材料吸收或放出的热量，J；

$c$——材料的比热，J/(kg·K)；

$m$——材料的质量，kg；

$T_1$、$T_2$——材料受热或受冷前后的温差，K。

材料的热容量值对保持建筑物内部温度稳定有重要意义，热容量值高的材料对室温的调节作用大，使温度变化不致过快，冬季或夏季施工对材料进行加热或冷却处理时，均需考虑材料的热容量。

几种常用材料的比热值见表1.4。

**表1.4　　常用材料的导热系数及比热**

| 材　料 | 导热系数 /[W·(m·K)$^{-1}$] | 比热 /[J·(kg·K)]$^{-1}$ | 材　料 | 导热系数 /[W·(m·K)$^{-1}$] | 比热 /[J·(kg·K)$^{-1}$] |
|---|---|---|---|---|---|
| 铜 | 370 | 0.38 | 绝热纤维板 | 0.05 | 1.46 |
| 钢 | 55 | 0.46 | 玻璃棉板 | 0.04 | 0.88 |
| 花岗岩 | 2.9 | 0.80 | 泡沫塑料 | 0.03 | 1.30 |
| 普通混凝土 | 1.8 | 0.88 | 冰 | 2.20 | 2.05 |
| 普通黏土砖 | 0.55 | 0.84 | 水 | 0.58 | 4.19 |
| 松木（顺纹） | 0.15 | 1.63 | 密闭空气 | 0.025 | 1.00 |

### 1.2.4　建筑材料的性质——与力有关

材料的力学性质是指材料在外力作用下抵抗破坏及变形的性质。

#### 1.2.4.1　材料的强度

1. 强度

强度是指材料在外力（荷载）作用下，抵抗破坏的能力，是材料试件按规定的试验方法，在静荷载作用下达到破坏的极限应力值的表示。当材料承受外力作用时，内部就会产生应力，外力增大时应力也随之增大，当材料不能再承受时，材料即破坏。

根据外力作用方式不同，材料强度可分抗压强度、抗拉强度、抗剪强度、抗折（抗弯）强度等。各种强度的计算公式见表1.5。

材料的强度值与材料的组成、结构等内部因素有关。材料的组成相同，结构不同，强度也不相同。材料的孔隙率越大，强度值越小。材料的强度还试验条件有关，如试件的尺寸、形状和表面状态、试件的含水率、加荷速度、试验环境的温度、试验设备的精确度等。为了使试验结果比较准确，且具有可比性，国家规定了各种材料强度的标准试验方法。

**表 1.5　　材料的强度计算公式**

| 强度类别 | 受力作用示意图 | 计算式 | 备注 |
|---|---|---|---|
| 抗压强度 |  | $f=\frac{F}{A}$ | $F$—破坏荷载，N；<br>$A$—受力面积，$mm^2$；<br>$l$—跨度，mm；<br>$b$—断面宽度，mm；<br>$h$—断面高度，mm；<br>$f$—材料的强度，MPa |
| 抗拉强度 |  | $f=\frac{F}{A}$ |  |
| 抗剪强度 |  | $f=\frac{F}{A}$ |  |
| 抗弯强度 |  | $f_{tm}=\frac{3Fl}{2bh^2}$ |  |

2. 强度等级

为了方便设计及对工程材料进行质量评价，大多数以力学性质为主要性能指标的材料，通常根据其极限强度的大小划分成若干不同的等级，称为材料的强度等级。脆性材料主要根据其抗压强度来划分，如水泥、混凝土等；塑性材料和韧性材料主根据其抗拉强度来划分，如钢材等。强度等级的划分对掌握材料性能和正确选用材料具有重要意义。

3. 比强度

比强度是按单位体积的质量计算的材料强度，其值等于材料强度与其表观密度之比，是衡量材料是否轻质高强的指标。结构材料在建筑工程中主要承受结构荷载，对于多数结构物来说，相当一部分的承载能力用于抵抗其本身或其上部结构材料的自重荷载，只有剩余部分的承载能力才能用于抵抗外荷载。为此，提高材料的承载能力，不仅应提高材料的强度，还应减轻其本身的自重，即应提高材料的比强度。

比强度越大的材料其轻质高强的性能越好，选用比强度大的材料对增加建筑高度、减轻结构自重、降低工程造价等具有重大意义。几种主要材料的比强度值见表 1.6。

**表 1.6　　几种主要材料的比强度值**

| 材　料 | 表观密度/($kg\cdot m^{-3}$) | 强度/MPa | 比强度 |
|---|---|---|---|
| 普通混凝土 | 2400 | 40 | 0.017 |
| 低碳钢 | 7850 | 420 | 0.054 |
| 松林（顺纹） | 500 | 100 | 0.200 |
| 烧结普通砖 | 1700 | 10 | 0.006 |

#### 1.2.4.2 弹性和塑性

弹性是指材料在外力作用下产生变形，外力取消后变形能完全恢复的性质。这种变形称为弹性变形。

弹性变形的大小与外力成正比，比例系数称 $E$ 为弹性模量。在弹性变形范围内，按式（1.19）计算：

$$\varepsilon=\frac{\sigma}{E} \tag{1.19}$$

式中 $\varepsilon$——材料的应变；

$\sigma$——材料的应力，MPa；

$E$——材料的弹性模量，MPa。

弹性模量是衡量材料抵抗变形能力的一个指标，$E$ 值越大，材料越不容易变形。

塑性是指材料在外力作用下产生变形，除去外力后仍保持变形后的形状和尺寸，并且不产生裂缝的性质。这种变形称为塑性变形。

单纯的弹性材料是没有的。有的材料受力不大时产生弹性变形，受力超过一定限度后即产生塑性变形，如低碳钢。有的材料在受力时，弹性变形和塑性变形同时产生，当去掉外力后，弹性变形消失，而塑性变形不能消失，如混凝土。

#### 1.2.4.3 脆性和韧性

脆性是指外力作用于材料并达到一定限度后，材料无明显塑性变形而发生突然破坏的性质。脆性材料塑性变形很小，抗压强度较高，抗冲击能力、抗振动能力、抗拉及抗折能力差。多数材料无机非金属材料均属于脆性材料，如天然石材、烧结普通砖、混凝土等。

韧性是指在冲击或震动荷载作用下，材料能吸收较大能量，同时产生较大变形，而不发生突然破坏的性质。韧性材料的特点是塑性变形大，抗拉、抗压强度较高，如建筑钢材、木材等。对于承受冲击震动荷载的路面、桥梁、吊车梁等结构，应选用具有较高韧性的材料。

### 1.2.5 材料的耐久性

材料在长期使用过程中，能抵抗周围各种介质的侵蚀而不破坏，也不失去其原有性能的性质，称为耐久性。材料在使用过程中，除受到各种外力作用外，还受到自身和周围环境各种因素的破坏作用。这些破坏因素对材料的作用往往是复杂多变的，一般可将其归纳为物理作用、化学作用、力学作用和生物作用。

物理作用包括材料的干湿变化、温度变化及冻融变化等。这些变化可引起材料的收缩和膨胀，长期而反复作用会使材料逐渐破坏。

化学作用主要指材料受到有害气体以及酸、碱、盐等液体对材料产生的破坏作用。如水泥石的腐蚀、钢材的锈蚀等。

力学作用是指材料受使用荷载的持续作用，交变荷载引起的疲劳、冲击及机械磨损等。

生物作用包括菌类、昆虫等的侵害作用，导致材料发生腐朽、虫蛀破坏，如木材的腐朽。

在实际工程中，材料遭到破坏往往是上述多个因素同时作用下引起的，所以材料的耐久性是一项综合性能，包括有抗渗性、抗冻性、耐腐性、抗风化性、耐磨性、耐光性等各方面的内容。不同的材料其耐久性的内容有所不同。为提高材料的耐久性，可根据使用情况和材料特点采取相应的措施。如减轻环境破坏作用、提高材料本身的密实度等以增强其抵抗能力，或对材料表面设置保护层等。提高耐久性对保护建筑物的正常使用、减少使用期间的维修费用、延长建筑物的使用寿命起着非常重要的作用。

## 项目小结

通过本项目的学习，使学生掌握建筑材料的技术标准，建筑材料与水、与质量有关的性质；掌握建筑材料的力学性质；了解材料与热有关的性质；能够对不同的建筑材料进行分类。

# 项目2　骨 料 的 检 测

**项目导航：**

骨料是混凝土中砂、石材料的总称。骨料按照粒径的大小可分为细骨料（砂）与粗骨料（石）两大类。骨料在土木工程中应用比较广泛，其质量的合格与否直接关系到工程质量的好坏，为保证骨料质量，必须对骨料的各项技术性能进行检查判断，以保证工程质量。

**案例描述：**

某一发电站工程，需要一批级配良好的中砂和一批连续级配的石子。该工程地处某干流，工程附近地势条件不利于爆破开挖岩石生产人工砂石骨料，在距离工程约10km处有一砂石料场，其天然砂和卵石可供应量能满足工程混凝土需求，同时该料场到工程所在地交通方便，经综合考虑后决定采用该砂石料场提供的砂石作为工程混凝土的骨料，并委托某质量检测有限公司对砂石骨料进行相关检测。

## 任务2.1　砂的分类及技术要求

**任务导航：**

任务内容及要求

| 知识目标 | 能力目标 | 素质目标 | 考核方式 |
|---|---|---|---|
| 1. 掌握砂的分类；<br>2. 掌握砂的技术要求 | 1. 能够识别砂的类型；<br>2. 能够对其各项品质进行判定 | 1. 培养良好的职业道德，养成科学严谨的职业操守；<br>2. 培养团结协作能力；<br>3. 培养学生科学、缜密、严谨、实事求是的作风 | 过程性评价：考勤、课堂提问、课后作业 |

### 2.1.1　砂的分类

细骨料按照来源可分为天然砂和机制砂，如图2.1、图2.2所示。

天然砂是自然生成的，经人工开采和筛分的粒径小于4.75mm岩石颗粒，包括河砂、湖砂、山砂、淡化海砂，但不包括软质、风化的岩石颗粒。河砂、海砂长期受水流的冲刷作用，颗粒表面较光滑，比较洁净，且产源较广，但海砂中常含有贝壳碎片及可溶性盐类有害杂质，会影响混凝土的强度和耐久性。山砂是岩石风化后在原地沉积形成的，颗粒棱角多，并含有黏土及有机杂质等。

图 2.1 天然砂

图 2.2 机制砂

机制砂经除土处理，由机械破碎、筛分制成的粒径小于 4.75mm 岩石、矿山尾矿或工业废渣颗粒，但不包括软质、风化的岩石颗粒，俗称人工砂。机制砂比较洁净，富有棱角，但片状颗粒及石粉含量较多。随着基本建设的日益发展及环境保护的需要，我国不少地区出台了限采或禁采天然砂的政策，在水利水电工程中往往用砂需求量比较集中，且天然砂资源日渐减少，靠天然砂很难满足工程要求，因此人工砂已成为水利水电工程中的常用砂。

### 2.1.2 砂的技术要求

混凝土用砂应满足《建设用砂》（GB/T 14684—2011）规定的技术要求，按其技术要求砂可分为Ⅰ类、Ⅱ类、Ⅲ类。Ⅰ类宜用于强度等级大于 C60 的混凝土；Ⅱ类宜用于强度等级为 C30～C60 及抗冻、抗渗或其他要求的混凝土；Ⅲ类宜用于强度等级小于 C30 的混凝土和建筑砂浆。建设用砂的技术要求包括几下几方面。

#### 2.1.2.1 砂的粗细程度与颗粒级配

1. 砂的粗细程度

砂的粗细程度是指不同粒径的砂混合在一起后的整体粗细程度，用细度模数 $M_x$ 表示。

在相同用量下砂越粗，其表面积越小，拌和用的水泥越少；但若砂子过粗，易使混凝土拌和物产生离析、泌水等现象；若过细，则水泥用量增加，且强度降低。因此，在选择用砂时，宜选择中砂。

2. 砂的颗粒级配

砂的颗粒级配是指粒径大小不同的砂混合后的搭配情况，用级配区表示。

当同等粒径的砂堆积时，空隙率最大［图 2.3（a）］；当两种不同粒径的砂堆积时，空隙率稍小［图 2.3（b）］；当多种粒径的砂堆积时，砂粒间的空隙被小粒径的砂所填充，使得空隙率最小［图 2.3（c）］。因此，在选择用砂时，宜选择大小砂粒混合后空隙最小

的砂，即级配良好的砂。

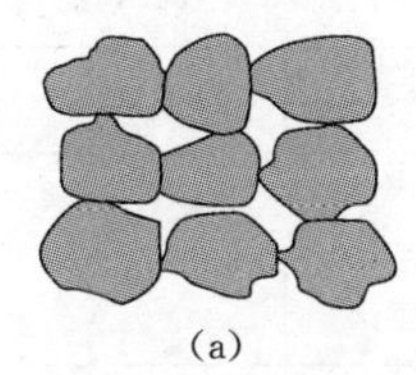
(a)
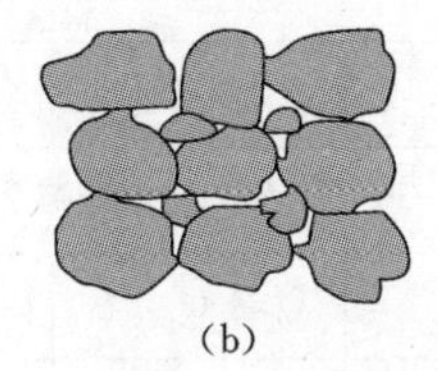
(b)
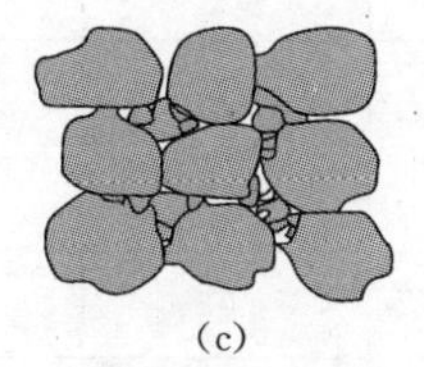
(c)

图 2.3 砂的颗粒级配示意图

3. 砂的粗细程度和颗粒级配评定方法

砂的粗细程度和颗粒级配通常用筛分析方法进行测定，并分别用细度模数（$M_x$）和级配区来表示。

图 2.4 砂子标准筛

筛分析方法是采用一套孔径依次为 9.50mm、4.75mm、2.36mm、1.18mm、0.60mm、0.30mm、0.15mm 的标准方孔筛（图 2.4），按照规定的试验方法（具体方法见 2.2.2.2）称取干砂试样 500g，将试样倒入按孔径大小从上到下组合的套筛（附筛底）上进行筛分，称取各筛上的筛余量 $G_i$，根据各筛上的干砂质量，计算各筛对应的分计筛余和累计筛余（表 2.1）。根据累计筛余可计算出砂的细度模数和划分砂的级配区，用以评定砂的粗细程度和颗粒级配。

（1）砂的粗细程度评定。砂的细度模数（$M_x$）按式（2.1）计算

$$M_x=\frac{(A_2+A_3+A_4+A_5+A_6)-5A_1}{100-A_1} \tag{2.1}$$

细度模数（$M_x$）越大，表示砂越粗。砂按其细度模数（$M_x$）的大小可分为：粗砂（$M_x=3.7\sim3.1$）、中砂（$M_x=3.0\sim2.3$）、细砂（$M_x=2.2\sim1.6$）。

**表 2.1** **分计筛余与累计筛余的关系**

| 筛孔尺寸/mm | 分计筛余/% | 累计筛余/% |
|---|---|---|
| 4.75 | $\alpha_1=G_1/500$ | $A_1=\alpha_1$ |
| 2.36 | $\alpha_2=G_2/500$ | $A_2=\alpha_1+\alpha_2$ |
| 1.18 | $\alpha_3=G_3/500$ | $A_3=\alpha_1+\alpha_2+\alpha_3$ |
| 0.60 | $\alpha_4=G_4/500$ | $A_4=\alpha_1+\alpha_2+\alpha_3+\alpha_4$ |
| 0.30 | $\alpha_5=G_5/500$ | $A_5=\alpha_1+\alpha_2+\alpha_3+\alpha_4+\alpha_5$ |
| 0.15 | $\alpha_6=G_6/500$ | $A_6=\alpha_1+\alpha_2+\alpha_3+\alpha_4+\alpha_5+\alpha_6$ |

（2）砂的颗粒级配评定。对于细度模数在 3.7～1.6 的砂，根据 0.60mm 筛孔的累计筛余量分成三个级配区，见表 2.2。将筛分析试验的各筛累计筛余与表 2.2 进行对照，来判断砂的级配是否符合要求。

表 2.2 砂的颗粒级配

| 砂的分类 | 天然砂 | | | 机制砂 | | |
|---|---|---|---|---|---|---|
| 级配区 | 1区 | 2区 | 3区 | 1区 | 2区 | 3区 |
| 筛孔尺寸/mm | 累计筛余/% | | | | | |
| 9.50 | 0 | 0 | 0 | 0 | 0 | 0 |
| 4.75 | 10～0 | 10～0 | 10～0 | 10～0 | 10～0 | 10～0 |
| 2.36 | 35～5 | 25～0 | 15～0 | 35～5 | 25～0 | 15～0 |
| 1.18 | 65～35 | 50～10 | 25～0 | 65～35 | 50～10 | 25～0 |
| 0.60 | 85～71 | 70～41 | 40～16 | 85～71 | 70～41 | 40～16 |
| 0.30 | 95～80 | 92～70 | 85～55 | 95～80 | 92～70 | 85～55 |
| 0.15 | 100～90 | 100～90 | 100～90 | 97～85 | 94～80 | 94～75 |

注 对于砂浆用砂，4.75mm 的筛孔的累计筛余量应为 0。砂的实际颗粒级配除 4.75mm 和 0.60mm 筛孔外，可以略有超出，但各级累计筛余超出值总和应不大于 5%。

为了直观反映砂的级配情况，也可用级配曲线来评定砂的颗粒级配。以累计筛余百分率为纵坐标，以筛孔尺寸为横坐标，按表 2.2 的规定值绘出 1、2、3 三个级配区的筛分曲线，如图 2.4 所示。将筛分析试验的各筛累计筛余标注在图 2.5 中，连线并判断此筛分曲线落在哪个级配区。

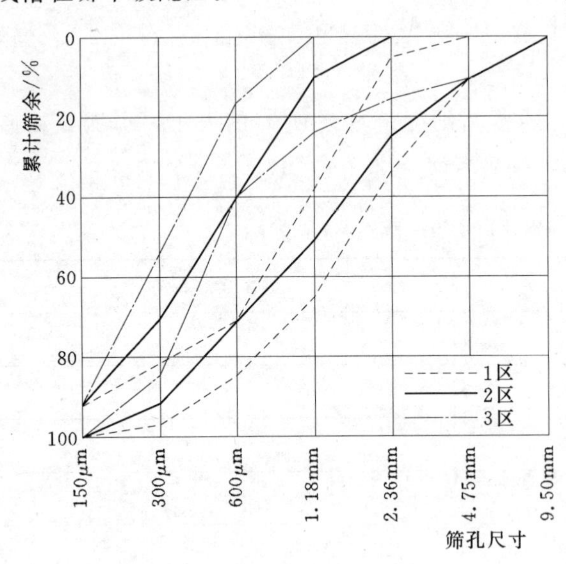


图 2.5 砂的级配曲线

1区属粗砂范畴，用其拌制混凝土时，保水性差，为满足和易性要求，应提高砂率并保持足够的水泥用量；3区属细砂范畴，用其拌制混凝土时，消耗的水泥用量较多，使用时宜适当降低砂率，以保证混凝土强度；因此在拌制混凝土时宜优先选用 2 区砂，即中砂。

砂的细度模数只反映全部颗粒的粗细程度，不能反映颗粒的级配情况，即使砂的细度模数相同，其级配也可能相差很大。所以在考虑砂的颗粒分布情况时，需同时考虑砂的细度模数与颗粒级配两项指标，才能真正反映其全部性质。

**【例 2.1】** 题目如案例描述的内容。将砂试样进行筛分析试验，筛孔尺寸由大到小的分计筛余量分别为 20g、70g、80g、100g、150g、60g，筛底为 20g，试计算其细度模数并判定级配情况。

**解：** ①计算分计筛余百分率及累计筛余百分率，计算结果见表 2.3。

表 2.3　　分计筛余与累计筛余计算结果

| 筛孔尺寸/mm | 筛余量 $G_i$/g | 分计筛余 $\alpha_i=G_i/500$/% | 累计筛余/% |
|---|---|---|---|
| 4.75 | $G_1=20$ | $\alpha_1=4$ | $A_1=\alpha_1=4$ |
| 2.36 | $G_2=70$ | $\alpha_2=14$ | $A_2=\alpha_1+\alpha_2=18$ |
| 1.18 | $G_3=80$ | $\alpha_3=16$ | $A_3=\alpha_1+\alpha_2+\alpha_3=34$ |
| 0.60 | $G_4=100$ | $\alpha_4=20$ | $A_4=\alpha_1+\alpha_2+\alpha_3+\alpha_4=54$ |
| 0.30 | $G_5=150$ | $\alpha_5=30$ | $A_5=\alpha_1+\alpha_2+\alpha_3+\alpha_4+\alpha_5=84$ |
| 0.15 | $G_6=60$ | $\alpha_6=12$ | $A_6=\alpha_1+\alpha_2+\alpha_3+\alpha_4+\alpha_5+\alpha_6=96$ |

②计算其细度模数（$M_x$）：

采用式（2.1）计算细度模数：

$$M_x=\frac{(A_2+A_3+A_4+A_5+A_6)-5A_1}{100-A_1}=\frac{18+34+54+84+96-5\times4}{100-4}=2.77$$

$M_x$ 在 3.0～2.3 之间，故此砂为中砂。

③评定级配：将筛分析试验的结果与表 2.2 进行对照或将累计筛余百分率绘于图 2.5 中，可以得出该砂级配属于 2 区范围，级配良好。

### 2.1.2.2　砂的含泥量、石粉含量和泥块含量

含泥量是指天然砂中粒径小于 0.075mm 的颗粒含量；石粉含量是指人工砂中粒径小于 0.075mm 的颗粒含量；泥块含量是指砂中粒径大于 1.18mm，经水洗手捏后小于 0.60mm 的颗粒含量。当含泥量多时，会降低骨料与水泥石的黏结力、混凝土强度和耐久性，并增加混凝土的干缩。石粉会增大混凝土拌和物需水量，影响混凝土和易性，降低混凝土强度。泥块对混凝土性能的影响比泥及石粉更大，因此泥、石粉、泥块的含量需满足表 2.4 的规定。

表 2.4　　砂的含泥量、石粉含量和泥块含量（GB/T 14684—2011）

<table>
<tr><th colspan="3" rowspan="2">项目</th><th colspan="3">指标</th></tr>
<tr><th>Ⅰ类</th><th>Ⅱ类</th><th>Ⅲ类</th></tr>
<tr><td rowspan="2">天然砂</td><td colspan="2">含泥量（按质量计/%）</td><td>≤1.0</td><td>≤3.0</td><td>≤5.0</td></tr>
<tr><td colspan="2">泥块含量（按质量计/%）</td><td>0</td><td>≤1.0</td><td>≤2.0</td></tr>
<tr><td rowspan="4">人工砂</td><td rowspan="2">亚甲蓝试验 MB 值≤1.4 或合格</td><td>石粉含量[①]（按质量计/%）</td><td colspan="3">≤10.0</td></tr>
<tr><td>泥块含量（按质量计/%）</td><td>0</td><td>≤1.0</td><td>≤2.0</td></tr>
<tr><td rowspan="2">亚甲蓝试验 MB 值>1.4 或不合格</td><td>石粉含量（按质量计/%）</td><td>≤1.0</td><td>≤3.0</td><td>≤5.0</td></tr>
<tr><td>泥块含量（按质量计/%）</td><td>0</td><td>≤1.0</td><td>≤2.0</td></tr>
</table>

① 该指标根据使用地区和用途，经试验验证，可由供需双方协商确定。

### 2.1.2.3　有害物质含量

骨料中会含有妨碍水泥水化或降低集料与水泥石粘附性，以及能与水泥水化产物产生不良化学反应的各种物质，称为有害杂质。砂中有害物质有云母、轻物质、有机物、硫化物及硫酸盐等，其含量应符合表 2.5 的规定。

表 2.5　砂中有害物质含量限值（GB/T 14684—2011）

| 项　目 | 指　标 | | |
|---|---|---|---|
| | Ⅰ类 | Ⅱ类 | Ⅲ类 |
| 云母（按质量计/%） | ≤1.0 | ≤2.0 | |
| 轻物质（按质量计/%） | ≤1.0 | | |
| 有机物 | 合格 | | |
| 硫化物及硫酸盐（按 $SO_3$ 质量计/%） | ≤0.5 | | |
| 氯化物（以氯离子质量计/%） | ≤0.01 | ≤0.02 | ≤0.06 |
| 贝壳①（按质量计/%） | ≤3.0 | ≤5.0 | ≤8.0 |

① 该指标仅适用于海砂，其他砂种不作要求。

#### 2.1.2.4 砂的坚固性

砂的坚固性是指砂在气候、环境或其他物理因素作用下抵抗碎裂的能力。天然砂的坚固性采用硫酸钠溶液检验，试样经 5 次循环后，其质量损失应符合表 2.6 的规定；人工砂除了需进行硫酸钠溶液检验质量损失外，还需进行压碎指标法测定单级最大压碎指标值，应符合表 2.6 的规定。

表 2.6　砂的坚固性指标（GB/T 14684—2011）　%

| 项　目 | 指　标 | | |
|---|---|---|---|
| | Ⅰ类 | Ⅱ类 | Ⅲ类 |
| 质量损失（天然砂） | ≤8 | ≤8 | ≤10 |
| 质量损失（人工砂） | ≤8 | ≤8 | ≤10 |
| 单级最大压碎指标（人工砂） | ≤20 | ≤25 | ≤30 |

#### 2.1.2.5 碱集料反应

碱集料反应是指水泥、外加剂等混凝土组成物及环境中的碱与骨料中碱活性矿物在潮湿环境下缓慢发生并导致混凝土开裂破坏的膨胀反应。当对砂的碱活性有怀疑或长期处于潮湿环境的重要混凝土结构所用的砂，应进行碱活性检验。经碱集料反应试验后，试件应无裂缝、酥裂、胶体外溢等现象，在规定的试验龄期膨胀率应小于 0.10%。

#### 2.1.2.6 砂的物理性质

1. 表观密度、堆积密度、空隙率

《建设用砂》（GB/T 14684—2011）规定，砂表观密度不小于 2500kg/m³，松散堆积密度不小于 1400kg/m³，空隙率不大于 44%。

2. 含水状态

根据砂中所含水分，可分为四种状态，如图 2.6 所示。

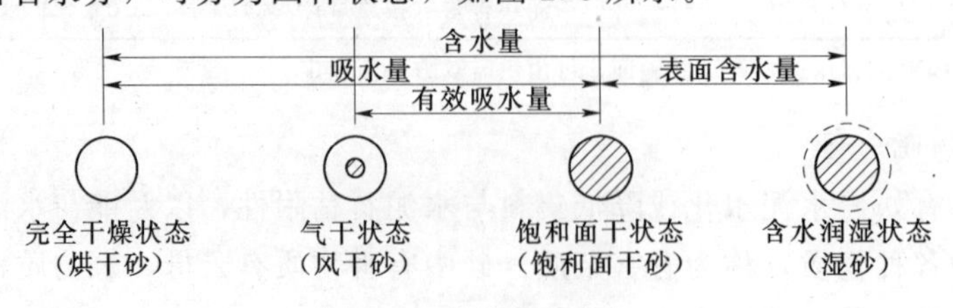


图 2.6　砂的含水状态

砂中含水量不同，将会影响混凝土拌和水和砂的用量。在水工混凝土中，多以饱和面干状态作为基准状态设计配合比，而工业与民用建筑则习惯用干燥状态为准。

# 任务 2.2 砂的取样与检测

## 任务导航：

任务内容及要求

| 知识目标 | 能力目标 | 素质目标 | 考核方式 |
|---|---|---|---|
| 掌握砂的取样及检测方法 | 1. 能够正确进行砂的取样；<br>2. 能够对砂进行检测 | 1. 培养良好的职业道德，养成科学严谨的职业操守；<br>2. 培养团结协作能力；<br>3. 培养学生科学、缜密、严谨、实事求是的作风 | 1. 过程性评价：考勤、试验操作提问及课后作业；<br>2. 总结性评价：卷考、试验报告 |

### 2.2.1 砂的取样

依据《建设用砂》(GB/T 14684—2011) 中的规定，砂的抽样应符合下面的规则：

(1) 按同分类、规格、类别及日产量每 600t 为一验收批，不足 600t 也按一批计；日产量超过 2000t，按 1000t 为一批，不足 1000t 亦按一批，每一验收批取样一组。

(2) 在料堆上取样时，取样部位应均匀分布。取样前先将取样部位表面铲除，然后从不同部位抽取 8 份等量试样组成一组样品。

(3) 从皮带运输机上取样时，应在皮带运输机机头的出料处用接料器定时随机抽取 4 份等量试样组成一组样品。

(4) 从火车、汽车、货船上取样时，从不同部位和深度随机抽取 8 份等量试样组成一组样品。

(5) 每组样品的取样数量，对于单项试验，应不小于表 2.7 规定的最少数量。

表 2.7 砂单项试验所需最少取样数量 单位：kg

| 序号 | 试验项目 | 最少取样数量 | 序号 | 试验项目 | | 最少取样数量 |
|---|---|---|---|---|---|---|
| 1 | 颗粒级配 | 4.4 | 9 | 氯化物含量 | | 4.4 |
| 2 | 含泥量 | 4.4 | 10 | 贝壳含量 | | 9.6 |
| 3 | 石粉含量 | 6.0 | 11 | 坚固性 | 天然砂 | 8.0 |
| 4 | 泥块含量 | 20.0 | | | 人工砂 | 20.0 |
| 5 | 云母含量 | 0.6 | 12 | 表观密度 | | 2.6 |
| 6 | 轻物质含量 | 3.2 | 13 | 堆积密度与空隙率 | | 5.0 |
| 7 | 有机质含量 | 2.0 | 14 | 碱集料反应 | | 20.0 |
| 8 | 硫化物及硫酸盐含量 | 0.6 | 15 | 饱和面干吸水率 | | 4.4 |

每组样品应妥善包装，避免样品散失及污染，并填写《材料检验任务委托单》，见表 2.8。

**表 2.8** 砂料检验任务委托单

## 广西水利水电工程
## 砂料检验任务委托单

受控编号：GXSLSD－WT002A－2011　　　　检测编号：　　　　第　页共　页

| 委托单位 | 名称 | | | | 委托日期 | | | |
|---|---|---|---|---|---|---|---|---|
| | 地址 | | | | 要求完成日期 | | 保密要求 | □是　□否 |
| 工程名称 | | | | | 见证单位 | | | |
| 样品数量 | | 组 | | | | | | |
| 样品编号 | 样品质量/kg | 工程部位 | 品 种 | 规格 | 产 地 | 批量/$m^3$ | 样品状态 | 检测项目 |
| | | | | | | | | |
| | | | | | | | | |
| | | | | | | | | |
| | | | | | | | | |
| | | | | | | | | |
| 检测依据 | | | | | | | | |
| 检测性质 | □施工委托检测　□ 监理平行（跟踪）检测　□ 监督检测　□ 验收前抽检　□ 事故检测　□ 其他 | | | | | | | |
| 样品状态 | ①无异常　　②异常 | | | | | | | |
| 判定要求 | □ 按　　　　标准判定　　　　□ 给出检测数据 | | | | | | | |
| 样品检后处理 | □封存　　天　　□ 残次领回　　□ 由检测单位处理 | | | | | | | |
| 报告交付方式 | □ 寄　　□ 取　　□ 传真　　报告份数： | | | | | | | |
| 检测费用 | | | | | | | | |
| 送样人 | | | | | 送样人联系电话 | | | |
| 取样员 | | 取样号 | | | 取样员联系电话 | | | |
| 见证员 | | 见证号 | | | 见证员联系电话 | | | |
| 有关说明 | 1. 委托单位承诺对所提供的一切资料、信息和样品的真实性负责；2. 检测单位对样品负责审查，不合格样品不得接收；3. 检测单位对检测数据负责；4. 委托单位同意按本委托单支付检测费用 | | | | | | | |
| 双方以上内容确定无误 | 委托单位代表签字：　　年　月　日 | | | | | | | |
| | 受托单位代表签字：　　年　月　日 | | | | | | | |
| 接样人 | | 项目等级 | | | 任务下达日期 | | | |
| 领样人 | | 专业负责人 | | | 检测员 | | | |
| 备注 | | | | | | | | |
| 注：1. 表中内容必须填写全，不全者按委托单位未注明处理；2. 选择项在□内打“√”，或选择填写①、②；3. 本单共两联：一联交委托单位作为取报告的凭证，另一联交检测单位待检测工作完成后随原始记录和报告归档 | | | | | | | | |
| 检测单位：××××水利水电工程质量检测有限公司　　地址：×××××× | | | | | | | | |
| 邮　编：　　电话： | | | | | | | | |

## 2.2.2 砂的检测

### 2.2.2.1 检验规则

建筑用砂检验分为出厂检验和型式检验。

1. 出厂检验

天然砂的出厂检验项目：颗粒级配、含泥量、泥块含量、云母含量、松散堆积密度。

人工砂的出厂检验项目：颗粒级配、石粉含量（含亚甲基蓝试验）、泥块含量、压碎指标、松散堆积密度。

2. 型式检验

当有下列情况之一时，应进行型式检验：①新产品投产时；②原材料产源或生产工艺发生变化时；③正常生产时，每年进行一次；④长期停产后恢复生产时；⑤出厂检验结果与型式检验有较大差异时。

砂的型式检验项目：颗粒级配、含泥量、石粉含量、泥块含量、有害物质、坚固性、表观密度、松散堆积密度、空隙率；碱集料反应、含水率、饱和面干吸水率根据需要进行。

### 2.2.2.2 性能检测

1. 砂的颗粒级配检验

（1）检验目的。测定砂的颗粒级配，用以评定砂的品质和施工质量控制。

（2）检验方法。筛分析方法。

（3）仪器设备。鼓风干燥箱［能使温度控制在（105±5）℃］、天平（称量1000g，感量1g）、方孔筛（筛孔规格为9.5mm、4.75mm、2.36mm 、1.18mm、0.6mm、0.3mm、0.15mm的筛各一只，附筛底和筛盖）、摇筛机、搪瓷盘、毛刷等，如图2.7～图2.9所示。

图2.7 鼓风干燥箱

图2.8 天平

图2.9 摇筛机

（4）试验步骤。

1）按规定取样，筛除大于9.50mm的颗粒，将试样缩分至约1100g，放在烘箱中烘干至恒重，待冷却至室温后，分两份备用。

2）称取试样500g（精确至1g），将试样倒入按孔径大小从上到下组合的套筛（附筛底上）。

3）将套筛置于摇筛机上，摇筛 10 min 取下套筛，按筛孔大小顺序再逐个用手筛，筛至每分钟通过量小于试样总量的 0.1%为止。通过的试样并入下一号筛中，顺序过筛，直至各号筛全部筛完为止。

4）称出各号筛的筛余量（精确至 1g），试样在各号筛上的筛余量不得超过按式（2.2）计算出的量。

$$G=\frac{A\sqrt{d}}{200} \tag{2.2}$$

式中 $G$——在一个筛上的筛余量，g；

$A$——筛面面积，$mm^2$；

$d$——筛孔尺寸，mm。

超过时可按下列方法之一处理：

a）将该粒级试样分成少于按式（2.2）计算出的量，分别筛分，并以筛余量之和作为该号筛的筛余量。

b）将该粒径及以下各粒级的筛余混合均匀，称其质量。再用四分法缩至大致相等的两份，取其中一份，称其质量，继续筛分。计算该粒级及以下各粒级的分计筛余量时应根据缩分比例进行修正。

（5）试验数据处理。

1）分别计算各筛分计筛余和累计筛余，利用式（2.1）计算砂的细度模数（精确到 0.01）。

2）累计筛余百分率取两次试验结果的算术平均值（精确至 1%）。细度模数取两次试验结果的算术平均值（精确至 0.1）；如两次所得的细度模数之差超过 0.2 时，应重新试验。

3）根据各号筛的累计筛余百分率，评定该试样的颗粒级配。

（6）成果判定标准。

砂的颗粒级配应符合表 2.2 的规定。

2. 砂的表观密度检验

（1）检验目的。测定砂的表观密度，供混凝土配合比计算和评定砂的质量。

（2）检验方法。标准法。

（3）仪器设备。鼓风干燥箱［能使温度控制在（105±5）℃］、天平（称量 1000g，感量 0.1g）、容量瓶（500mL）、干燥器、搪瓷盘、滴管、毛刷等。

（4）试验步骤。

1）用天平称取烘干试样 $G_0$（300g，精确至 0.1g），将试样装入容量瓶中并注入冷开水至容量瓶 500mL 刻度处，旋转摇动容量瓶，排除气泡，塞紧瓶盖静置 24h。然后用滴管小心加水至容量瓶 500mL 刻度处，塞紧瓶盖，擦干瓶外水分，并称其质量 $G_1$（精确至 1g）。

2）倒出瓶内水和试样，洗净容量瓶，再向瓶内注水至 500mL 刻度处，擦干瓶外水分，并称出其质量 $G_2$（精确至 1g）。

（5）试验数据处理。利用式（2.3），计算砂的表观密度（精确至10kg/m³）。

$$\rho_0=\frac{G_0}{G_0+G_2-G_1}\rho_{水} \tag{2.3}$$

式中 $\rho_0$——砂的表观密度，kg/m³。

$G_0$——烘干试样的质量，g；

$G_1$——试样、水、容量瓶的总质量，g。

$G_2$——水、容量瓶的总质量，g。

表观密度取两次试验结果的算术平均值，如两次试验结果之差大于20kg/m³，须重新试验。

（6）成果判定标准。砂的表观密度应不小于2500kg/m³。

3. 砂的堆积密度与空隙率检验

（1）检验目的。测定砂的堆积密度和空隙率，评定砂的质量。

（2）检验方法。标准法。

（3）仪器设备。鼓风干燥箱［能使温度控制在（105±5)℃］、天平（称量10kg，感量1g）、容量筒（圆柱形金属筒，容积为1L，内径108mm，净高109mm，壁厚2mm，筒底厚约5mm）、方孔筛（孔径为4.75 mm的筛1只）、垫棒（直径10mm，长500mm的圆钢）、直尺、漏斗或料勺、搪瓷盘、毛刷等，如图2.10所示。

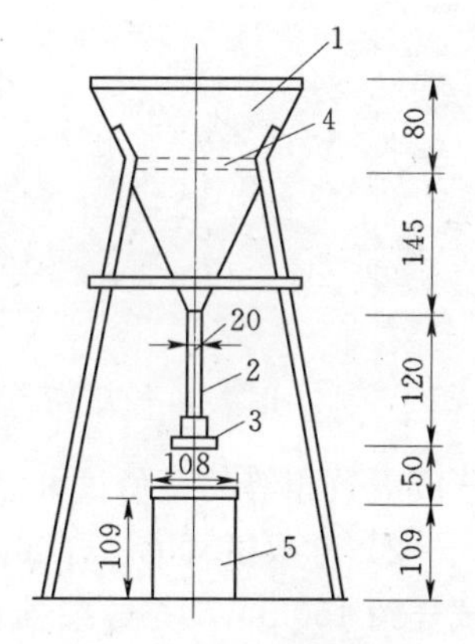


图2.10 标准漏斗

1—漏斗；2—筛；3—ϕ20管子；4—活动门；5—金属量筒

（4）试验步骤。

1）按规定取样，将经过缩分并烘干后约3L试样过4.75mm筛后，分成大致相等的两份试样，并称出容量筒质量$G_1$（精确至1g）。

2）松散堆积密度：取样一份，用漏斗或料勺，将试样从容量筒中心上方50mm处徐徐倒入，直至试样装满并超出容量筒筒口，然后用直尺将多余的试样沿筒口中心线向两个相反的方向刮平，称其质量$G_2$（精确至1g）。

3）紧密密度：取样一份，分两次装入容量筒。装完一层后，在筒底垫放一根直径为10mm的圆钢，将筒按压，左右交替击地面各25次，然后再装入第二层；第二层装满后，用同样方法颠实（但筒底所垫圆钢的方向与第一层放置方向垂直）；加料超过筒口，然后用直尺将多余的试样沿筒口中心线向两边刮平，称其质量$G_2$（精确至1g）。

（5）试验数据处理。

1）利用式（2.4），计算砂的松散或紧密堆积密度（精确至10kg/m³）。

$$\rho_0'=\frac{G_2-G_1}{V_0'} \tag{2.4}$$

式中 $G_1$——容量筒的质量，g；

$G_2$——试样和容量筒的总质量，g；

$V_0'$——容量筒的容积，L。

2）空隙率。利用式（2.5），计算空隙率（精确至1%）。

$$P'=\left(1-\frac{\rho_0'}{\rho_0}\right)\times 100\% \tag{2.5}$$

式中 $\rho_0'$——砂的堆积密度，kg/m³；

$\rho_0$——砂的表观密度，kg/m³。

3）堆积密度取两次试验结果的算术平均值，精确至10kg/m³。空隙率取两次试验结果的算术平均值，精确至1%。

（6）成果判定标准。砂的松散堆积密度应不小于1400kg/m³，空隙率应不大于44%。

4. 砂的含泥量检验

（1）检验目的。测定砂的含泥量，评定砂的质量。

（2）检验方法。标准法。

图2.11 天平

（3）仪器设备。鼓风干燥箱［能使温度控制在（105±5）℃］、天平（称量1000g，感量0.1g）、方孔筛（孔径为0.075 mm及1.18mm的筛各1只）、容器（要求淘洗试样时，保持试样不溅出，深度大于250mm）、搪瓷盘、毛刷等，如图2.11所示。

（4）试验步骤。

1）按规定取样，将试样缩分至约1100g，放在干燥箱中于（105±5）℃下烘干至恒量，冷却至室温后，分成大致相等的两份试样备用。

2）称取试样 $G_0$（500g，精确至0.1g）。将试样倒入淘洗容器，注入清水，水面高出试样约150mm，充分搅拌均匀后，浸泡2h，然后用手在水中淘洗试样，使尘屑、淤泥和黏土与砂分离。润湿筛子，将浑水倒入套筛中（1.18mm筛放在0.075mm筛上），滤去小于0.075mm的颗粒。试验中，应防止砂粒流失。

3）向容器中再次注入清水，重复上述操作，直至容器内的水目测清澈为止。

4）用水淋洗留在筛上的细粒，并将0.075mm筛放在水中来回摇动，以充分洗掉小于0.075mm的颗粒。然后将两只筛的筛余颗粒和清洗容器中已经洗净的试样一并倒入搪瓷盘，放在干燥箱中于（105±5）℃下烘干至恒量，冷却后，称其质量 $G_1$（精确至0.1g）。

（5）试验数据处理。

利用式（2.6），计算砂的含泥量（精确至0.1%）。

$$Q_a=\frac{G_0-G_1}{G_0}\times 100 \tag{2.6}$$

式中 $Q_a$——砂的含泥量，%；

$G_0$——试验前烘干试样的质量，g；

$G_1$——试验后烘干试样的质量，g。

含泥量取两个试样的试验结果算术平均值作为测定值。

（6）成果判定标准。砂的含泥量应符合表2.4的规定。

5. 砂的泥块含量检验

（1）检验目的。测定砂的泥块含量，评定砂的质量。

（2）检验方法。标准法。

（3）仪器设备。鼓风干燥箱［能使温度控制在（105±5）℃］、天平（称量1000g，感量0.1g）、方孔筛（孔径为0.6 mm及1.18mm的筛各1只）、容器（要求淘洗试样时，保持试样不溅出，深度大于250mm）、搪瓷盘、毛刷等。

（4）试验步骤。

1）按规定取样，将试样缩分至约5000g，放在干燥箱中于（105±5）℃下烘干至恒量，冷却至室温后，筛除小于1.18mm的颗粒，分成大致相等的两份备用。

2）称取试样 $G_1$（200g，精确至0.1g）。将试样倒入淘洗容器，注入清水，水面高出试样约150mm，充分搅拌均匀后，浸泡24h。然后用手在水中碾碎泥块，再把试样放在0.6mm筛上，用水淘洗，直至容器内的水目测清澈为止。

3）将筛中保留的试样取出装入搪瓷盘，放入干燥箱中烘干至恒量，冷却后，称其质量 $G_2$（精确至0.1g）。

（5）试验数据处理。

1）利用式（2.7），计算泥块含量（精确至0.1%）。

$$Q_b=\frac{G_1-G_2}{G_1}\times 100 \tag{2.7}$$

式中 $Q_b$——砂的泥块含量，%；

$G_1$——1.18mm筛筛余试样的质量，g；

$G_2$——试验后烘干试样的质量，g。

泥块含量取两次试验结果的算术平均值，精确至0.1%。

（6）成果判定标准。砂的泥块含量应符合表2.4的规定。

## 任务2.3 砂的合格判定

### 任务导航：

任务内容及要求

| 知识目标 | 能力目标 | 素质目标 | 考核方式 |
| --- | --- | --- | --- |
| 掌握砂的合格判定标准 | 能够对砂进行合格判定 | 1. 培养良好的职业道德，养成科学严谨的职业操守；<br>2. 培养团结协作能力；<br>3. 培养学生科学、缜密、严谨、实事求是的作风 | 过程性评价：考勤、提问及课后作业 |

砂的质量合格判定标准采用《建设用砂》（GB/T 14684—2011）。

（1）所有检验结果均符合相应类别规定时，可判为该批产品合格。

（2）砂的颗粒级配应符合表2.2的规定。

（3）砂的含泥量、石粉含量和泥块含量应符合表2.4规定。

(4) 砂的有害物质含量应符合表 2.5 的规定。

(5) 砂的坚固性应符合表 2.6 的规定。

(6) 砂的表观密度应不小于 2500kg/m$^3$，松散堆积密度应不小于 1400kg/m$^3$，空隙率应不大于 44%。

(7) 当上述内容的第 (2) ~ (6) 项中有一项指标不符合标准规定时，应从同批次材料中加倍取样，对不符合标准要求的项目进行复检。复检后，若检验结果符合标准规定，可判为该批产品合格；若仍不满足标准要求时，应判为不合格。若有两项及以上检验结果不符合标准规定时，应按不合格品处理。

各检验项目根据《建设用砂》(GB/T 14684—2011) 中的检验方法进行检验，做好记录，见表 2.9，计算并判定检验结果。

**表 2.9　　砂 料 检 验 报 告**

委托单位：　　　　　　　　　　　　　　　　　　　　　采样日期：

检验编号：　　　　　　　　　　　　　　　　　　　　　报告日期：　年　月　日

| 工程名称 | | | 使用部位 | | |
|---|---|---|---|---|---|
| 试样编号 | 种类名称 | 产地 | 代表数量 | 检验日期 | 检验依据 |
| | 河砂 | | 600t | | GB/T 14684—2011 |

| 筛　分　析 | | | | | | | | | | |
|---|---|---|---|---|---|---|---|---|---|---|
| 筛孔尺寸/mm | | 9.5 | 4.75 | 2.36 | 1.18 | 0.60 | 0.30 | 0.15 | 细度模数 | 粗细程度 |
| 标准要求 | Ⅰ区 | 0 | 10~0 | 35~5 | 65~35 | 85~71 | 95~80 | 100~90 | | |
| | Ⅱ区 | 0 | 10~0 | 25~0 | 50~10 | 70~41 | 92~70 | 100~90 | 2.77 | 中砂 |
| | Ⅲ区 | 0 | 10~0 | 15~0 | 25~0 | 40~16 | 85~55 | 100~90 | 级配区 | |
| 累计筛余/% | | 0 | 4 | 18 | 34 | 54 | 84 | 96 | Ⅱ | |

| 检验项目 | 检验要求 | 检验结果 | 检验项目 | 检验要求 | 检验结果 |
|---|---|---|---|---|---|
| 含泥量/% | 强度≥C30 时，≤3.0<br>强度＜C30 时，≤5.0 | 2.6 | — | — | — |
| 泥块含量/% | 强度≥C30 时，≤1.0<br>强度＜C30 时，≤2.0 | 0.4 | — | — | — |
| 有害物质 | — | — | — | — | — |
| 坚固性 | — | — | — | — | — |
| 密度（空隙率） | — | — | — | — | — |
| 碱含量 | — | — | — | — | — |
| 结论 | 该批砂所检项目按 GB/T 14684—2011 标准检验，属于Ⅱ区中砂。 | | | | |
| 备注 | 抽样单位：<br>见证单位： | | 抽样人：<br>见证人： | | |

检验单位：　　　　负责：　　　　审核：　　　　检验：

# 任务2.4　石子的分类及技术要求

## 任务导航：

任务内容及要求

| 知识目标 | 能力目标 | 素质目标 | 考核方式 |
| --- | --- | --- | --- |
| 1. 掌握石子的分类；<br>2. 掌握石子的技术要求 | 1. 能够识别砂的类型；<br>2. 能够对其各项品质进行判定 | 1. 培养良好的职业道德，科学严谨、诚实守信、刻苦负责等职业操守；<br>2. 培养学生科学、缜密、严谨、实事求是的作风；<br>3. 培养团结协作和社会交往能力 | 过程性评价：考勤、试验操作提问及课后作业 |

## 2.4.1　石子的分类

粗骨料包括碎石和卵石（或称砾石），如图2.12、图2.13所示。碎石是由天然岩石、卵石或矿山废石经机械破碎、筛分制成的粒径大于4.75mm的岩石颗粒，其表面粗糙，棱角多，与水泥石黏结力较强。卵石由自然风化、水流搬运和分选、堆积形成粒径大于4.75mm的岩石颗粒，其表面光滑，棱角少，与水泥石黏结力较差。

图2.12　碎石

图2.13　卵石

## 2.4.2　石子的技术要求

《建设用卵石、碎石》（GB/T 14685—2011）中，卵石、碎石按技术要求分为Ⅰ类、Ⅱ类、Ⅲ类。Ⅰ类宜用于强度等级大于C60的混凝土；Ⅱ类用于强度等级为C30～C60及抗冻、抗渗或其他要求的混凝土；Ⅲ类宜用于强度等级小于C30的混凝土。建设用卵石、碎石的技术要求包括方面。

### 2.4.2.1　最大粒径和颗粒级配

1. 最大粒径

粗骨料最大粒径是指粗骨料公称粒级的上限。最大粒径的大小反映粗骨料的粗细程度，最大粒径越大，则骨料颗粒越粗，单位体积骨料的总表面积越小，因而可使水泥浆用量减少。因此在条件允许的情况下，应尽量采用最大粒径较大的粗骨料。但最大粒径的确定，还要受到结构截面尺寸、钢筋净距及施工条件等因素的限制。《混凝土结构工程施工质量验收规范》（GB 50204—2011）规定，混凝土粗骨料最大粒径不得超过结构截面最小尺寸的1/4，并不得大于钢筋最小净距的3/4；对于混凝土实心板，其最大粒径不宜超过板厚的1/3，且不得大于40mm。

2. 颗粒级配

石子颗粒级配的含义与砂相同，按供应情况石子级配可分为连续粒级和单粒粒级。连续粒级是指石子颗粒尺寸从大到小连续分级，每一粒级的累计筛余百分率均不为零的级配，如天然卵石。采用连续粒级拌制的混凝土具有和易性较好，不易产生离析等优点，在工程中的应用较广泛。

单粒粒级是指颗粒尺寸只有一个的分级。主要适宜用于配制所要求的连续粒级，或与连续粒级配合使用以改善级配，工程中不宜采用单一的单粒粒级配制混凝土。

此外还有一种间断级配，是指人为剔除某些中间粒级的颗粒，大颗粒之间的空隙，直接由粒径小得多的颗粒填充的级配。采用间断级配可减小孔隙率，减少水泥用量，但混凝土拌和物易产生离析、和易性较差，造成施工较困难。间断级配适用于配制采用机械拌和、振捣的低塑性及干硬性混凝土。

石子颗粒级配采用筛分析法测定，具体方法同砂子筛分试验一致，其级配范围应符合表2.10的规定。

**表2.10　碎石或卵石的颗粒级配范围（GB/T 16485—2011）**

| 级配情况 | 公称粒级/mm | 累计筛余/% | | | | | | | | | | | |
|---|---|---|---|---|---|---|---|---|---|---|---|---|---|
| | | 筛孔尺寸/mm | | | | | | | | | | | |
| | | 2.36 | 4.75 | 9.50 | 16.0 | 19.0 | 26.5 | 31.5 | 37.5 | 53.0 | 63.0 | 75.0 | 90.0 |
| 连续粒级 | 5～16 | 95～100 | 85～100 | 30～60 | 0～10 | 0 | — | — | — | — | — | — | — |
| | 5～20 | 95～100 | 90～100 | 40～80 | — | 0～10 | 0 | — | — | — | — | — | — |
| | 5～25 | 95～100 | 90～100 | — | 30～70 | — | 0～5 | 0 | — | — | — | — | — |
| | 5～31.5 | 95～100 | 90～100 | 70～90 | — | 15～45 | — | 0～5 | 0 | — | — | — | — |
| | 5～40 | — | 95～100 | 70～90 | — | 30～65 | — | — | 0～5 | 0 | — | — | — |
| 单粒粒级 | 5～10 | 95～100 | 80～100 | 0～15 | 0 | — | — | — | — | — | — | — | — |
| | 10～16 | — | 95～100 | 80～100 | 0～15 | — | — | — | — | — | — | — | — |
| | 10～20 | — | 95～100 | 85～100 | — | 0～15 | 0 | — | — | — | — | — | — |
| | 16～25 | — | — | 95～100 | 55～70 | 25～40 | 0～10 | — | — | — | — | — | — |
| | 16～31.5 | — | 95～100 | — | 85～100 | — | — | 0～10 | 0 | — | — | — | — |
| | 20～40 | — | — | 95～100 | — | 80～100 | — | — | 0～10 | 0 | — | — | — |
| | 40～80 | — | — | — | — | 95～100 | — | — | 70～100 | — | 30～60 | 0～10 | 0 |

#### 2.4.2.2 含泥量、泥块含量

含泥量是指卵石、碎石中粒径小于0.075mm的颗粒含量；泥块含量是指卵石、碎石中原粒径大于4.75mm，经水洗手捏后小于2.36mm的颗粒含量。卵石、碎石中的泥、泥块对混凝土的危害与砂的相同。因此卵石、碎石的含泥量和泥块含量应符合表2.11的规定。

表2.11 粗骨料含泥量和泥块含量（GB/T 14685—2011） %

| 项 目 | Ⅰ类 | Ⅱ类 | Ⅲ类 |
|---|---|---|---|
| 含泥量（按质量计） | ≤0.5 | ≤1.0 | ≤1.5 |
| 泥块含量（按质量计） | 0 | ≤0.2 | ≤0.5 |

#### 2.4.2.3 有害物质含量

卵石、碎石中不应混有草根、树叶、树枝、塑料、煤块和炉渣等杂物。其有害物质含量应符合表2.12的规定。

表2.12 粗骨料有害物质含量（GB/T 14685—2011）

| 项 目 | Ⅰ类 | Ⅱ类 | Ⅲ类 |
|---|---|---|---|
| 有机物 | 合格 | 合格 | 合格 |
| 硫化物及硫酸盐（按$SO_3$质量计/%） | ≤0.5 | ≤1.0 | ≤1.0 |

#### 2.4.2.4 针、片状颗粒含量

粗集料中针状颗粒，是指卵石和碎石颗粒的长度大于该颗粒所属相应粒级的平均粒径2.4倍者；片状颗粒是指厚度小于平均粒径0.4倍者。平均粒径是指该粒级上、下限粒径的平均值。针状、片状颗粒在受力时易折断且增大空隙率，使工作性变差，因此应控制其在粗集料中的含量，应符合表2.13的规定。

表2.13 粗骨料针、片状颗粒含量（GB/T 14685—2011）

| 项 目 | Ⅰ类 | Ⅱ类 | Ⅲ类 |
|---|---|---|---|
| 针、片状颗粒总含量（按质量计/%） | ≤5 | ≤10 | ≤15 |

#### 2.4.2.5 坚固性、强度

粗骨料的坚固性定义与细骨料的相同。粗骨料坚固性采用硫酸钠溶液法进行试验，Ⅰ类、Ⅱ类、Ⅲ类粗骨料试验后质量损失应分别不大于5%、8%、12%。

粗骨料的强度可用岩石抗压强度和压碎指标两种方法表示。岩石抗压强度是将岩石制成50mm×50mm×50mm的立方体（或直径与高度均为50mm的圆柱体）试件，在水饱和状态下，测其抗压强度。《建筑用卵石、碎石》（GB/T 14685—2011）规定，在水饱和状态下，抗压强度火成岩不应低于80MPa，变质岩不应低于60MPa，水成岩不应低于30MPa。

压碎指标是测定粗集料抵抗压碎能力的强弱指标。压碎指标值越小，则表示石子抵抗压碎的能力越强，其强度越大。《建筑用卵石、碎石》（GB/T 14685—2011）规定，粗骨料压碎指标应符合表 2.14 的规定。

**表 2.14　压碎指标（GB/T 14685—2011）　%**

| 项　目 | Ⅰ类 | Ⅱ类 | Ⅲ类 |
|---|---|---|---|
| 碎石压碎指标 | ≤10 | ≤20 | ≤30 |
| 卵石压碎指标 | ≤12 | ≤14 | ≤16 |

碎石强度可用岩石抗压强度和压碎指标表示，卵石强度只用压碎指标表示。

#### 2.4.2.6　表观密度、连续级配松散堆积空隙率、吸水率

《建筑用卵石、碎石》（GB/T 14685—2011）规定，碎石、卵石表观密度不小于 $2600kg/m^3$，连续级配松散堆积空隙率及吸水率应符合表 2.15 的规定。

**表 2.15　连续级配松散堆积空隙率、吸水率（GB/T 14685—2011）　%**

| 项　目 | Ⅰ类 | Ⅱ类 | Ⅲ类 |
|---|---|---|---|
| 空隙率 | ≤43 | ≤45 | ≤47 |
| 吸水率 | ≤1.0 | ≤2.0 | ≤2.0 |

#### 2.4.2.7　碱集料反应

与细骨料一样，粗骨料也存在碱集料反应。对于长期处于潮湿环境的重要结构混凝土，其所使用的碎石或卵石应进行碱活性检验。标准规定，经碱集料反应试验后，由卵石、碎石制备的试件无裂缝、酥裂、胶体外溢等现象，在规定的试验龄期膨胀率应小于 0.10%。

## 任务 2.5　石子的取样与检测

### 任务导航：

**任务内容及要求**

| 知识目标 | 能力目标 | 素质目标 | 考核方式 |
|---|---|---|---|
| 掌握石子的取样及检测方法 | 1. 能够正确进行石子的取样；<br>2. 能够对石子进行检测 | 1. 培养良好的职业道德，养成科学严谨的职业操守；<br>2. 培养团结协作能力；<br>3. 培养学生科学、缜密、严谨、实事求是的作风 | 1. 过程性评价：考勤、试验操作提问及课后作业；<br>2. 总结性评价：卷考、试验报告 |

## 2.5.1 石子的取样

依据《建设用卵石、碎石》(GB/T 14685—2011)。

(1) 按照分类、类别、公称粒级及日产量每600t为一验收批，不足600t也按一批计；日产量超过2000t，按1000t为一批，不足1000t亦为一批。日产量超过5000t，按2000t为一批，不足2000t亦为一批。每一验收批取样一组。

(2) 在料堆上取样时，取样部位应均匀分布。取样前先将取样部位表面铲除，然后从不同部位抽取15份(料堆的顶部、中部、底部)等量试样组成一组样品。

(3) 从皮带运输机上取样时，应在皮带运输机机头的出料处用接料器定时随机抽取8份等量试样组成一组样品。

(4) 从火车、汽车、货船上取样时，从不同部位和深度随机抽取16份等量试样组成一组样品。

(5) 每组样品的取样数量，对于单项试验，应不小于表2.16规定的最少数量。

表2.16 单项试验所需碎石或卵石取样数量

| 序号 | 试验项目 | 不同最大粒径/mm下的最少取样数量/kg | | | | | | | |
|---|---|---|---|---|---|---|---|---|---|
| | | 9.5 | 16.0 | 19.0 | 26.5 | 31.5 | 37.5 | 63.0 | 75.0 |
| 1 | 颗粒级配 | 9.5 | 16.0 | 19.0 | 25.0 | 31.5 | 37.5 | 63.0 | 80.0 |
| 2 | 含泥量 | 8.0 | 8.0 | 24.0 | 24.0 | 40.0 | 40.0 | 80.0 | 80.0 |
| 3 | 泥块含量 | 8.0 | 8.0 | 24.0 | 24.0 | 40.0 | 40.0 | 80.0 | 80.0 |
| 4 | 针、片状颗粒含量 | 1.2 | 4.0 | 8.0 | 12.0 | 20.0 | 40.0 | 40.0 | 40.0 |
| 5 | 有机物含量 | 按试验要求的粒级和数量取样 | | | | | | | |
| 6 | 硫酸盐和硫化物含量 | | | | | | | | |
| 7 | 坚固性 | | | | | | | | |
| 8 | 岩石抗压强度 | 随机选取完整石块锯切或取成试验用样品 | | | | | | | |
| 9 | 压碎指标 | 按试验要求的粒级和数量取样 | | | | | | | |
| 10 | 表观密度 | 8.0 | 8.0 | 8.0 | 8.0 | 12.0 | 16.0 | 24.0 | 24.0 |
| 11 | 堆积密度与空隙率 | 40.0 | 40.0 | 40.0 | 40.0 | 80.0 | 80.0 | 120.0 | 120.0 |
| 12 | 吸水率 | 2.0 | 4.0 | 8.0 | 12.0 | 20.0 | 40.0 | 40.0 | 40.0 |
| 13 | 碱集料反应 | 20.0 | 20.0 | 20.0 | 20.0 | 20.0 | 20.0 | 20.0 | 20.0 |
| 14 | 放射性 | 6.0 | | | | | | | |
| 15 | 含水率 | 按试验要求的粒级和数量取样 | | | | | | | |

每组样品应妥善包装，避免样品散失及污染，并填写《材料检测任务委托单》，见表2.17。

**表 2.17** 石料检验任务委托单

## 广西水利水电工程
## 石料检测任务委托单

受控编号：GXSLSD-WT003A-2011　　　　检测编号：　　　　　　　　第　页共　页

<table>
<tr><td rowspan="2">委托单位</td><td>名称</td><td colspan="3"></td><td>委托日期</td><td colspan="3"></td></tr>
<tr><td>地址</td><td colspan="3"></td><td>要求完成日期</td><td></td><td>保密要求</td><td>□是　□否</td></tr>
<tr><td colspan="2">工程名称</td><td colspan="3"></td><td>见证单位</td><td colspan="3"></td></tr>
<tr><td colspan="2">样品数量</td><td colspan="7"></td></tr>
<tr><td>样品编号</td><td>样品质量/kg</td><td>工程部位</td><td>品 种</td><td>规格</td><td>产 地</td><td>批量/$m^3$</td><td>样品状态</td><td>检测项目</td></tr>
<tr><td></td><td></td><td></td><td></td><td></td><td></td><td></td><td></td><td></td></tr>
<tr><td></td><td></td><td></td><td></td><td></td><td></td><td></td><td></td><td></td></tr>
<tr><td colspan="2">检测依据</td><td colspan="7"></td></tr>
<tr><td colspan="2">检测性质</td><td colspan="7">□施工委托检测　□ 监理平行（跟踪）检测　□ 监督检测　□ 验收前抽检　□ 事故检测　□ 其他</td></tr>
<tr><td colspan="2">样品状态</td><td colspan="7">①无异常　　②异常</td></tr>
<tr><td colspan="2">判定要求</td><td colspan="7">□ 按________标准判定　　□ 给出检测数据</td></tr>
<tr><td colspan="2">样品检后处理</td><td colspan="7">□封存　天　　□ 残次领回　　□ 由检测单位处理</td></tr>
<tr><td colspan="2">报告交付方式</td><td colspan="7">□ 寄　　□ 取　　□ 传真　　报告份数：</td></tr>
<tr><td colspan="2">检测费用</td><td colspan="7"></td></tr>
<tr><td colspan="2">送样人</td><td colspan="3"></td><td colspan="2">送样人联系电话</td><td colspan="2"></td></tr>
<tr><td colspan="2">取样员</td><td></td><td>取样号</td><td></td><td colspan="2">取样员联系电话</td><td colspan="2"></td></tr>
<tr><td colspan="2">见证员</td><td></td><td>见证号</td><td></td><td colspan="2">见证员联系电话</td><td colspan="2"></td></tr>
<tr><td colspan="2">有关说明</td><td colspan="7">1. 委托单位承诺对所提供的一切资料、信息和样品的真实性负责；2. 检测单位对样品负责审查，不合格样品不得接收；3. 检测单位对检测数据负责；4. 委托单位同意按本委托单支付检测费用</td></tr>
<tr><td colspan="3" rowspan="2">双方以上内容确定无误</td><td colspan="6">委托单位代表签字：　　　年　月　日</td></tr>
<tr><td colspan="6">受托单位代表签字：　　　年　月　日</td></tr>
<tr><td colspan="2">接样人</td><td colspan="2"></td><td>项目等级</td><td></td><td>任务下达日期</td><td colspan="2"></td></tr>
<tr><td colspan="2">领样人</td><td colspan="2"></td><td>专业负责人</td><td></td><td>检测员</td><td colspan="2"></td></tr>
<tr><td colspan="2">备注</td><td colspan="7"></td></tr>
<tr><td colspan="9">注：1. 表中内容必须填写全，不全者按委托单位未注明处理；2. 选择项在□内打“√”，或选择填写①、②；3. 本单共两联：一联交委托单位作为取报告的凭证，另一联交检测单位待检测工作完成后随原始记录和报告归档。</td></tr>
<tr><td colspan="9">检测单位：××××水利水电工程质量检测有限公司　　　地址：××××××</td></tr>
<tr><td colspan="9">邮　编：　　　　　　电话：</td></tr>
</table>

## 2.5.2 石子的检测

### 2.5.2.1 检验规则

建筑用卵石、碎石检验分为出厂检验和型式检验。

1. 出厂检验

建筑用卵石、碎石的出厂检验项目：松散堆积密度、颗粒级配、含泥量、泥块含量、针片状颗粒含量；连续粒级的石子应进行空隙率检验；吸水率应根据需要进行检验。

2. 型式检验

当有下列情况之一时，应进行型式检验：①新产品投产时；②原材料产源或生产工艺发生变化时；③正常生产时，每年进行一次；④长期停产后恢复生产时；⑤出厂检验结果与型式检验有较大差异时。

建筑用卵石、碎石的型式检验项目：颗粒级配、含泥量、泥块含量、针片状颗粒含量、有害物质、坚固性、强度、表观密度、连续级配松散堆积空隙率；吸水率、碱集料反应根据需要进行。

### 2.5.2.2 性能检测

1. 石子的颗粒级配检验

(1) 检验目的。测定石子的颗粒级配，供混凝土配合比设计时选择骨料级配。

(2) 检验方法。筛分析方法。

(3) 仪器设备。鼓风干燥箱［能使温度控制在 (105±5)℃］、天平（称量 10kg，感量 1g)、方孔筛（筛孔规格为孔径为 2.36mm、4.75mm、9.50mm、16.0mm、19.0mm、26.5mm、31.5mm、37.5mm、53.0mm、63.0mm、75.0mm 及 90mm 的筛各 1 只，并附有筛底和筛盖)、摇筛机、搪瓷盘、毛刷等，如图 2.14、图 2.15 所示。

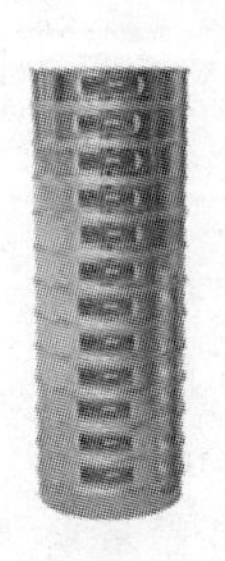

图 2.14 石子方孔筛

图 2.15 摇筛机

(4) 试验步骤。

1) 按规定方法取样，将试样缩分至略大于表 2.18 规定的数量，烘干或风干。

2) 将试样倒入按孔径大小从上到下组合好的套筛（附加筛底）上，将套筛置于摇筛机上，摇 10min，取下套筛，按筛孔大小顺序逐个用手筛，筛至每分钟通过量小于试样总量 0.1%为止（大于 19.0 mm 的颗粒，筛分时允许用手指拨动)。

表 2.18 颗粒级配所需试样质量

| 最大粒径/mm | 9.5 | 16.0 | 19.0 | 26.5 | 31.5 | 37.5 | 63.0 | 75.0 |
|---|---|---|---|---|---|---|---|---|
| 最少试样质量/kg | 1.9 | 3.2 | 3.8 | 5.0 | 6.3 | 7.5 | 12.6 | 16.0 |

3）称出各筛的筛余量（精确至1g）。

（5）试验数据处理。

1）计算各筛的分计筛余百分率（精确至0.1%）和累计筛余百分率（精确至1%）。

2）根据各筛的累计筛余百分率，评定该试样颗粒级配。

（6）成果判定标准。石子的颗粒级配应符合表2.10的规定。

2. 石子的表观密度检验

（1）检验目的。测定石子的表观密度，供混凝土配合比计算及评定石料质量。

（2）检验方法。液体比重天平法、广口瓶法。

（3）仪器设备。

图2.16 天平、吊篮及盛水容器

1）液体比重天平法。鼓风干燥箱［能使温度控制在（105±5）℃］、天平（称量5kg，感量5g）、吊篮（直径和高度均为150mm，由孔径为1～2mm的筛网或钻有2～3mm孔洞的耐锈蚀金属板制成）、方孔筛（孔径为4.75 mm的筛1只）、盛水容器（有溢水孔）、搪瓷盘、温度计、毛巾等，如图2.16所示。

2）广口瓶法。鼓风干燥箱［能使温度控制在（105±5）℃］、天平（称量2kg，感量1g）、广口瓶（1000mL，磨口并带玻璃片）、方孔筛（孔径为4.75 mm的筛1只）、搪瓷盘、温度计、毛巾等。

（4）试验步骤。

1）液体比重天平法。

a）按规定方法取样，并缩分至略大于表2.19规定的数量，风干后筛去4.75mm以下的颗粒，洗刷干净后，分两份备用。

**表2.19　颗粒级配所需试样质量**

| 最大粒径/mm | <26.5 | 31.5 | 37.5 | 63.0 | 75.0 |
|---|---|---|---|---|---|
| 最少试样质量/kg | 2.0 | 3.0 | 4.0 | 6.0 | 6.0 |

b）将一份试样装入吊篮，并浸入盛水的容器中，使水面至少高出试样50mm。浸泡24h后，将吊篮移放到称量用的盛水容器中，并上下升降吊篮以排除气泡（试样不得露出水面）。吊篮每升降一次约1s，升降高度为30～50mm。

c）测定水温后（吊篮全浸在水中），称出吊篮及试样在水中的质量$G_1$（精确至5g），称量时盛水容器中水面高度由容器的溢流孔控制。

d）提起吊篮，将试样倒入浅盘，放于干燥箱中烘干至恒量，冷却至室温后称出其质量$G_0$（精确至5g）。

e）称出吊篮在同样温度水中的质量$G_2$（精确至5g）。称量时盛水容器中水面高度由容器的溢流孔控制。

2）广口瓶法。

a）按规定方法取样，并缩分至略大于表2.20规定的数量，风干后筛去4.75mm以下的颗粒，洗刷干净后，分两份备用。

b）将试样浸水饱和，然后装入广口瓶（倾斜放置）中，注入饮用水，用玻璃片覆盖

瓶口，上下左右摇晃广口瓶排除气泡。

c）气泡排尽后，向瓶中添加水至水面凸出瓶口边缘。然后用玻璃片沿瓶口迅速滑行，使其紧贴瓶口水面。擦干瓶外水分后，称取试样、水、瓶和玻璃总质量 $G_1$（精确至 1g）。

d）将瓶中试样倒入浅盘，放在干燥箱中烘干至恒量。冷却至室温后称出其质量 $G_0$（精确至 1g）。

e）将瓶洗净，重新注入饮用水，用玻璃片紧贴瓶口水面，擦干瓶外水份后称其质量 $G_2$（精确至 1g）。

注：此法不宜用于测定最大粒径大于 37.5mm 石子的表观密度。

（5）试验数据处理。

1）利用式（2.8），计算石子的表观密度（精确至 $10kg/m^3$）。

$$\rho_0=\frac{G_0}{G_0+G_2-G_1}\rho_{水} \tag{2.8}$$

2）表观密度取两次试验结果的算术平均值，两次结果之差应小于 $20kg/m^3$，否则应重新试验。

（6）成果判定标准。石子的表观密度应不小于 $2600kg/m^3$。

3. 石子的堆积密度与空隙率检验

（1）检验目的。测定石子的堆积密度与空隙率，供评定石子质量、选择骨料级配及混凝土配合比设计。

（2）检验方法。标准法。

（3）仪器设备。台秤（称量 10kg，感量 10g）、磅秤（称量 50kg，感量 50g）、容量筒（规格见表 2.20）、垫棒（直径 16mm，长 600mm 的圆钢）、直尺、小铲等，如图 2.17 所示。

**表 2.20 容量筒的规格要求**

| 最大粒径 /mm | 容量筒容积 /L | 容量筒规格 | | |
|---|---|---|---|---|
| | | 内径/mm | 净高/mm | 壁厚/mm |
| 9.5，16.0，19.0，26.5 | 10 | 208 | 294 | 2 |
| 31.5，37.5 | 20 | 294 | 294 | 3 |
| 53.0，63.0，75.0 | 30 | 360 | 294 | 4 |

（4）试验步骤。

1）按规定取样，烘干或风干后，拌匀分两份备用。

2）松散堆积密度：取一份试样，用小铲将试样从容量筒上方 50mm 处以均匀、自由落体状装入容量筒，使之呈锥体，除去凸出筒口表面的颗粒，并以合适的颗粒填入凹陷部分，使表面稍凸起部分和凹陷部分的体积大致相等，称取试样和容量筒总质量 $G_2$。

3）紧堆密度：取一份试样，分三次装入容量筒，每装完一层，在筒底垫放一根直径为 16mm 的圆钢，按住筒口或

图 2.17 容量筒

把手，左右交替击地面25次（筒底所垫圆钢的方向应与上一次垂直），三次试样装满完毕后，用钢筋刮下高出筒口的颗粒，将试样凹凸部分整平，称取试样和容量筒总质量$G_2$（精确至10g）。

（5）试验数据处理。

1）利用式（2.9），计算石子的松散或紧密堆积密度（精确至10kg/m³）。

$$\rho_0'=\frac{G_2-G_1}{V_0'} \tag{2.9}$$

式中 $G_1$——容量筒的质量，g；

$G_2$——试样和容量筒的总质量，g；

$V_0'$——容量筒的容积，L。

2）石子的空隙率。利用式（2.10），计算石子的空隙率（精确至1%）。

$$P'=\left(1-\frac{\rho_0'}{\rho_0}\right)\times100\% \tag{2.10}$$

式中 $\rho_0'$——石子的堆积密度，kg/m³；

$\rho_0$——石子的表观密度，kg/m³。

3）堆积密度取两次试验结果的算术平均值，精确至10kg/m³。空隙率取两次试验结果的算术平均值，精确至1%。

（6）成果判定标准。石子的空隙率应符合表2.15规定。

4. 石子的压碎指标检验

（1）检验目的。检验石子抵抗压碎的能力，评定石子的质量。

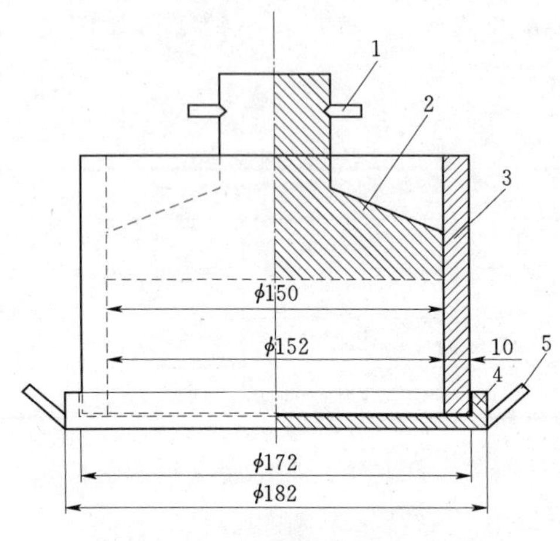

图2.18 压碎指标测定仪
1—把手；2—加压头；3—圆模；4—底盘；5—手把

（2）检验方法。标准法。

（3）仪器设备。压力试验机（量程300kN，示值相对误差2%）、天平（称量10kg，感量1g）、压碎指标测定仪、方孔筛（筛孔孔径为2.36mm、9.50mm及19.0mm的筛各1只）、垫棒（直径10mm，长500mm圆钢），如图2.18所示。

（4）试验步骤。

1）按规定方法取样，风干后筛除大于19.0mm及小于9.50mm的颗粒，并除去针、片状颗粒，分为大致相等的三份备用。

2）称取试样$G_1$（3000g，精确至1g）。将试样分两层装入圆模，每层装完后，在底盘下垫放一根圆钢，将筒按住，左右交替颠击地面各25次，两层颠实后，平整模内试样，盖上压头。

3）将装有试样的圆模置于压力试验机上，开动试验机，按1kN/s速度均匀加荷至200kN并稳荷5s，然后卸荷。

4）取下加压头，倒出试样，用孔径2.36mm的筛筛除被压碎的细粒，称出留在筛上

的试样质量 $G_2$，精确至1g。

(5) 试验数据处理。利用式（2.11），计算压碎指标（精确至0.1%）。

$$Q_e=\frac{G_1-G_2}{G_1}\times 100 \tag{2.11}$$

式中 $Q_e$——压碎指标，%；

$G_1$——试样的质量，g；

$G_2$——压碎试验后筛余的试样质量，g。

压碎指标取三次试验结果的算术平均值，精确至1%。

(6) 成果判定标准。石子的空隙率应符合表2.14的规定。

## 任务2.6 石子的合格判定

### 任务导航：

任务内容及要求

| 知识目标 | 能力目标 | 素质目标 | 考核方式 |
|---|---|---|---|
| 掌握石子的合格判定标准 | 能够对石子进行合格判定 | 1. 培养良好的职业道德，养成科学严谨的职业操守；<br>2. 培养团结协作能力；<br>3. 培养学生科学、缜密、严谨、实事求是的作风 | 过程性评价：考勤、提问及课后作业 |

石子的质量合格判定标准采用《建设用卵石、碎石》(GB/T 14685—2011)。

(1) 所有检验结果均符合相应类别规定时，可判为该批产品合格。

(2) 石子的颗粒级配应符合表2.10的规定。

(3) 石子的含泥量和泥块含量应符合表2.11规定。

(4) 石子的有害物质含量应符合表2.12规定。

(5) 石子的针、片状颗粒含量应符合表2.13的规定。

(6) 石子的坚固性应满足Ⅰ类、Ⅱ类、Ⅲ类粗骨料试验后，质量损失分别不大于5%、8%、12%。

(7) 石子的强度应符合表2.14的规定。

(8) 石子的表观密度应不小于2600kg/m$^3$，连续级配松散堆积空隙率应符合表2.15的规定。

(9) 当上述内容的第（2）～（8）项中有一项指标不符合标准规定时，应从同批次材料中加倍取样，对不符合标准要求的项目进行复检。复检后，若检验结果符合标准规定，可判为该批产品合格；若仍不满足标准要求时，应判为不合格。若有两项及以上检验结果不符合标准规定时，应按不合格品处理。

各检验项目根据《建设用卵石、碎石》（GB/T 14685—2011）中的检测方法进行检验，做好记录，见表2.21，计算并判定结果。

**表2.21　　石料检验报告**

委托单位：　　　　　　　　　　　　　　　　采样日期：

检验编号：　　　　　　　　　　　　　　　　报告日期：　　年　月　日

<table>
<tr><td>工程名称</td><td colspan="4"></td><td colspan="3">使用部位</td><td colspan="4"></td></tr>
<tr><td>试样编号</td><td colspan="2">种类名称</td><td colspan="2">产地</td><td colspan="3">代表数量</td><td colspan="2">检验日期</td><td colspan="2">检验依据</td></tr>
<tr><td></td><td colspan="2"></td><td colspan="2"></td><td colspan="3">600t</td><td colspan="2"></td><td colspan="2">GB/T 14685—2011</td></tr>
<tr><td colspan="12">筛　分　析</td></tr>
<tr><td>筛孔尺寸/mm</td><td>75.0</td><td>63.0</td><td>53.0</td><td>37.5</td><td>31.5</td><td>26.5</td><td>19.0</td><td>16.0</td><td>9.50</td><td>4.75</td><td>2.36</td></tr>
<tr><td>标准要求</td><td>—</td><td>—</td><td>—</td><td>—</td><td>0</td><td>0～5</td><td>—</td><td>30～70</td><td>—</td><td>90～100</td><td>95～100</td></tr>
<tr><td>累计筛余/%</td><td>—</td><td>—</td><td>—</td><td>—</td><td>0</td><td>5</td><td>33</td><td>56</td><td>73</td><td>94</td><td>100</td></tr>
<tr><td>评定结果</td><td colspan="11">粒径：公称粒径5～25mm；最大粒径26.5mm。</td></tr>
<tr><td>检验项目</td><td colspan="3">检验要求</td><td colspan="2">检验结果</td><td colspan="2">检验项目</td><td colspan="2">检验要求</td><td colspan="2">检验结果</td></tr>
<tr><td>含泥量/%</td><td colspan="3">强度≥C30时，≤1.0<br>强度<C30时，≤1.5</td><td colspan="2">0.3</td><td colspan="2">—</td><td colspan="2">—</td><td colspan="2">—</td></tr>
<tr><td>泥块含量/%</td><td colspan="3">强度≥C30时，≤0.2<br>强度<C30时，≤0.50</td><td colspan="2">0.2</td><td colspan="2">—</td><td colspan="2">—</td><td colspan="2">—</td></tr>
<tr><td>针片含量/%</td><td colspan="3">强度≥C30时，≤10<br>强度<C30时，≤15</td><td colspan="2">5</td><td colspan="2">—</td><td colspan="2">—</td><td colspan="2">—</td></tr>
<tr><td>有害物质</td><td colspan="3">—</td><td colspan="2">—</td><td colspan="2">—</td><td colspan="2">—</td><td colspan="2">—</td></tr>
<tr><td>坚固性</td><td colspan="3">—</td><td colspan="2">—</td><td colspan="2">—</td><td colspan="2">—</td><td colspan="2">—</td></tr>
<tr><td>密度（空隙率）</td><td colspan="3">—</td><td colspan="2">—</td><td colspan="2">—</td><td colspan="2">—</td><td colspan="2">—</td></tr>
<tr><td>碱含量/%</td><td colspan="3">—</td><td colspan="2">—</td><td colspan="2">—</td><td colspan="2">—</td><td colspan="2">—</td></tr>
<tr><td>结论</td><td colspan="11">该批石子所检项目按GB/T 14685—2011标准检验，属于连续粒级，公称粒级5～25mm，最大粒径26.5mm。</td></tr>
<tr><td>备注</td><td colspan="11">抽样单位：　　　　　　　　抽样人：<br>见证单位：　　　　　　　　见证人：</td></tr>
<tr><td colspan="12">检验单位：　　　　负责：　　　　审核：　　　　检验：</td></tr>
</table>

检测结果均符合标准规定时，可判为该批产品合格。若有一项指标不符合，应从同批次材料中加倍取样，对不符合标准要求的项目进行复检。复验后，若试验结果符合标准规定，可判为该批产品合格；若仍不满足标准要求时，应判为不合格。若有两项及以上试验结果不符合标准规定时，应按不合格品处理。

## 知识拓展

1. 骨料的应用

骨料在工程中的应用包括水泥混凝土、沥青混凝土、道路基础、铁路道砟、砂浆等。

骨料作为混凝土中的基本组成材料，在建筑物中主要起骨架和支撑的作用，还能够减小收缩，抑制裂缝的发展，降低成本，传递荷载。骨料质量的优劣直接影响到混凝土强度和水泥用量，从而影响工程的质量和造价，因此需要合理选择骨料，控制骨料质量。

2. 骨料的选择

工程上选用何种类型的骨料，除了考虑骨料的品质、粒径、级配、含泥量等技术性质外，还要考虑骨料的综合成本。所谓综合成本，是指骨料在开采、加工、运输等过程中所产生的工程费用。当工程附近有质量合格的天然砂石料，且储量满足工程需要，开采条件合适时，可优先选用天然砂石料。当没有满足质量需要的天然砂石料或其综合成本高于人工砂石料时，可选用人工砂石料。在实际工程中，有时也会同时选用天然砂石料和人工砂石料，以天然骨料为主，人工辅料为主，通过加工天然骨料超逊径弃料来补充短缺级配，实现两种料源的最佳搭配。

## 项目小结

通过本项目的学习，使学生掌握粗、细骨料的技术性质、相关要求及粗、细骨料表观密度和堆积密度的计算方法；熟悉粗、细骨料的取样原则，需要检验的试验项目及筛分析试验、表观密度试验、堆积密度试验等试验的试验方法及试验结果判定原则；了解骨料的应用与选择。

# 项目3　水 泥 的 检 测

**项目导航：**

建筑上能将散粒状材料（如砂、石等）或块状材料（如砖、石块、混凝土砌块等）黏结成为整体的材料，称为胶凝材料。

胶凝材料按其化学成分可分为无机胶凝材料和有机胶凝材料两大类。无机胶凝材料按其硬化条件的不同，可分为气硬性胶凝材料和水硬性胶凝材料，主要有石灰、石膏、水泥等，这类胶凝材料在建筑工程中的应用最广泛；有机胶凝材料有沥青、树脂等。

水硬性胶凝材料是指不仅能在空气中凝结硬化，而且能更好地在水中硬化，保持和发展其强度的胶凝材料，如各种水泥。水硬性胶凝材料既适用于干燥环境，又适用于潮湿环境及水中的工程部位。

水泥（cement）是水硬性无机胶凝材料，即水泥加水拌和，经过一系列的物理、化学作用后，既能在空气中凝结硬化，又能在水中凝结硬化并保持其强度发展的一种胶凝材料。它是目前工程中最为重要的建筑材料之一，与钢材、木材统称为建筑上的“三材”。

**案例描述：**

某水利工程值班人员的值班宿舍建设工期较短，材料仓库现有强度等级同为42.5的普通硅酸盐水泥、矿渣水泥和粉煤灰水泥可选用。①从有利于完成工期的角度来看，选用哪种水泥更为有利？为什么？②在进行大坝浇筑时，选择哪种水泥？为什么？③国家标准中规定通用硅酸盐水泥的凝结时间对工程的施工有何意义？

## 任务3.1　通用硅酸盐水泥的认识

**任务导航：**

任务内容及要求

| 知识目标 | 能力目标 | 素质目标 | 考核方式 |
|---|---|---|---|
| 1. 掌握通用水泥的组成材料；<br>2. 掌握通用水泥的技术性质 | 能够正确分析通用水泥中各组成材料对其性能的影响 | 1. 培养良好的职业道德，养成科学严谨的职业操守；<br>2. 培养团结协作能力；<br>3. 培养学生科学、缜密、严谨、实事求是的作风 | 过程性评价：考勤、课堂提问及课后作业 |

水泥是一种粉状材料，它与水拌和后，经水化反应随着时间的进行浆体由稀变稠，最终形成坚硬的水泥石。水泥水化过程中还可以将砂、石等散粒材料胶结成整体而形成各种水泥制品。所以水泥不仅大量应用于水利水电工程中，还广泛应用于工业与民用建筑、交通、道路与桥梁工程和国防建设等工程。

根据国家标准水泥命名原则的规定，将水泥分为三大类别。具体分类见表3.1。

表3.1 水泥按性能和用途分类

| 分 类 | 用 途 | 品 种 | 备 注 |
|---|---|---|---|
| 通用水泥 | 用于一般建筑工程 | 硅酸盐水泥；普通硅酸盐水泥；矿渣硅酸盐水泥；火山灰硅酸盐水泥；粉煤灰硅酸盐水泥；复合硅酸盐水泥 | 普通硅酸盐水泥是目前工程中最常用的一种水泥，也是学习的重点 |
| 专用水泥 | 具有某种专门的用途 | 道路水泥；砌筑水泥；油井水泥 | |
| 特性水泥 | 要求使用的水泥具有某种比较突出的性能 | 白色硅酸盐水泥；快硬硅酸盐水泥；膨胀水泥；抗硫酸盐硅酸盐水泥；铝酸盐水泥 | |

## 3.1.1 通用硅酸盐水泥的组成材料

通用硅酸盐水泥由硅酸盐熟料、适量石膏及规定的混合材料而制成的水硬性胶凝材料。其中硅酸盐熟料是由石灰石、黏土和铁矿粉按照一定的比例配合，经过磨细、煅烧后形成。通用硅酸盐水泥的生产过程可简化为四个字："两磨一烧"。其生产流程如图3.1所示，工艺设备如图3.2所示。

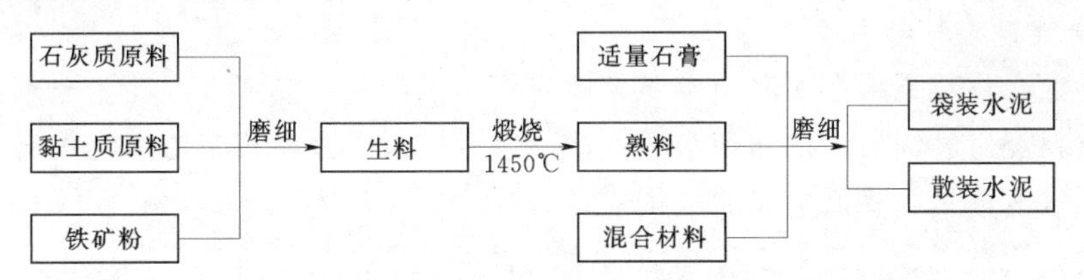


图3.1 通用硅酸盐水泥的生产工艺流程示意图

图3.2 水泥生产线工艺设备示意图

**3.1.1.1　熟料**

通用硅酸盐水泥熟料由主要含 CaO、$SiO_2$、$Al_2O_3$、$Fe_2O_3$ 的原料，按适当比例磨成细粉烧至部分熔融所得以硅酸钙为主要矿物成分的水硬性胶凝物质，即主要为硅酸三钙 $3CaO \cdot SiO_2$、硅酸二钙 $2CaO \cdot SiO_2$、铝酸三钙 $3CaO \cdot Al_2O_3$、铁铝酸四钙 $4CaO \cdot Al_2O_3 \cdot Fe_2O_3$ 四种矿物。其中硅酸钙矿物不小于 66%，氧化钙和氧化硅质量比不小于 2.0。

**3.1.1.2　石膏**

在水泥生产过程中加入适量石膏可以延缓水泥的凝结时间，以满足使用的要求。但是石膏掺量不宜过高，否则会导致水泥石膨胀性破坏。

所加入的石膏可以是天然石膏和工业副产石膏。天然石膏应符合 GB/T 5483 中规定的 G 类或 M 类二级（含）以上的石膏或混合石膏。工业副产石膏是以硫酸钙为主要成分的工业副产物。采用前应经过试验证明对水泥性能无害。

**3.1.1.3　混合材料**

生产水泥时，为了改善硅酸盐水泥的某些性能或调节水泥强度等级，在水泥熟料中掺入人工或天然矿物材料称为混合材料。混合材料分为活性混合材料和非活性混合材料。

1. 活性混合材料

活性混合材料是具有水硬性或潜在水硬性的矿物材料，它能够与水泥水化产物发生化学反应。不但可以改善水泥的某些性能，扩大使用范围，而且还能充分利用工业废渣。

常用的活性混合材料有粒化高炉矿渣、粒化高炉矿渣粉、粉煤灰、火山灰质混合材料。

2. 非活性混合材料

非活性混合材料是指在水泥中主要起填充作用，而又不损害水泥性能的矿物材料。非活性混合材料经过磨细后，掺加到水泥中，可以调节水泥强度，节约水泥熟料，提高水泥产量，降低水泥成本，降低水泥的水化热。

常用的非活性混合材料主要有磨细的石灰岩、砂岩及其他活性指标低于国家标准规定的活性混合材料。

通用水泥按照混合材料的品种和掺量分为硅酸盐水泥、普通硅酸盐水泥、矿渣硅酸盐水泥、火山灰硅酸盐水泥、粉煤灰硅酸盐水泥和复合硅酸盐水泥。各品种的代号和组分应符合表 3.2 的规定。

**表 3.2　通用硅酸盐水泥的代号和组分　%**

| 品　种 | 代　号 | 组　分 | | | | |
|---|---|---|---|---|---|---|
| | | 熟料+石膏 | 粒化高炉矿渣 | 火山灰质混合材料 | 粉煤灰 | 石灰石 |
| 硅酸盐水泥 | P·Ⅰ | 100 | — | — | — | — |
| | P·Ⅱ | ≥95 | ≤5 | — | — | — |
| | | ≥95 | — | — | — | ≤5 |
| 普通硅酸盐水泥 | P·O | ≥80 且<95 | >5 且≤20[a] | | | — |

续表

| 品种 | 代号 | 组分 | | | | |
|---|---|---|---|---|---|---|
| | | 熟料+石膏 | 粒化高炉矿渣 | 火山灰质混合材料 | 粉煤灰 | 石灰石 |
| 矿渣硅酸盐水泥 | P·S·A | ≥50 且<80 | >20 且≤50[b] | — | — | — |
| | P·S·B | ≥30 且<50 | >50 且≤70[b] | — | — | — |
| 火山灰质硅酸盐水泥 | P·P | ≥60 且<80 | — | >20 且≤40[c] | — | — |
| 粉煤灰硅酸盐水泥 | P·F | ≥60 且<80 | — | — | >20 且≤40[d] | — |
| 复合硅酸盐水泥 | P·C | ≥50 且<80 | >20 且≤50[e] | | | |

a 本组分材料为符合通用硅酸盐水泥（GB 175—2007）5.2.3 的活性混合材料，其中允许用不超过水泥质量 8%且符合通用硅酸盐水泥（GB 175—2007）5.2.4 的非活性混合材料或不超过水泥质量 5%且符合通用硅酸盐水泥（GB 175—2007）5.2.5 的窑灰代替。

b 本组分材料为符合 GB/T 203 或 GB/T 18046 的活性混合材料，其中允许用不超过水泥质量 8%且符合通用硅酸盐水泥（GB 175—2007）第 5.2.3 条的活性混合材料或符合通用硅酸盐水泥（GB 175—2007）第 5.2.4 条的非活性混合材料或符合通用硅酸盐水泥（GB 175—2007）第 5.2.5 条的窑灰中的任一种材料代替。

c 本组分材料为符合 GB/T 2847 的活性混合材料。

d 本组分材料为符合 GB/T 1596 的活性混合材料。

e 本组分材料为由两种（含）以上符合通用硅酸盐水泥（GB 175—2007）第 5.2.3 条的活性混合材料或/和符合通用硅酸盐水泥（GB 175—2007）第 5.2.4 条的非活性混合材料组成，其中允许用不超过水泥质量 8%且符合通用硅酸盐水泥（GB 175—2007）第 5.2.5 条的窑灰代替。掺矿渣时混合材料掺量不得与矿渣硅酸盐水泥重复。

## 3.1.2 通用硅酸盐水泥的水化、凝结硬化

### 3.1.2.1 水化

通用硅酸盐水泥遇水后，各熟料矿物与水发生复杂的物理、化学反应，并释放热量，这一过程称为水化，其反应式如下：

$3CaO \cdot SiO_2 + 6H_2O = 3CaO \cdot 2SiO_2 \cdot 3H_2O$(胶体)$+3Ca(OH)_2$(晶体)

$2CaO \cdot SiO_2 + 4H_2O = 3CaO \cdot 2SiO_2 \cdot 3H_2O + Ca(OH)_2$(晶体)

$3CaO \cdot Al_2O_3 + 6H_2O = 3CaO \cdot Al_2O_3 \cdot 6H_2O$(晶体)

$4CaO \cdot Al_2O_3 \cdot Fe_2O_3 + 7H_2O = 3CaO \cdot Al_2O_3 \cdot 6H_2O + CaO \cdot Fe_2O_3 \cdot H_2O$(胶体)

通用硅酸盐水泥熟料中各主要矿物的水化特性见表 3.3。

表 3.3 通用硅酸盐水泥熟料中各主要矿物的水化特性

| 矿物名称 | 简写 | 矿物特性 | | | | |
|---|---|---|---|---|---|---|
| | | 强度发展 | | 水化热 | 耐化学腐蚀能力 | 干缩性 |
| | | 早期 | 后期 | | | |
| $3CaO \cdot SiO_2$ | $C_3S$ | 大 | 大 | 中 | 中等 | 中 |
| $2CaO \cdot SiO_2$ | $C_2S$ | 小 | 大 | 低 | 最强 | 小 |
| $3CaO \cdot Al_2O_3$ | $C_3A$ | 大 | 小 | 高 | 弱 | 大 |
| $4CaO \cdot Al_2O_3 \cdot Fe_2O_3$ | $C_4AF$ | 小 | 中 | 低 | 强 | 小 |

随着水化反应的进行，水泥组成材料中的石膏与部分水化铝酸钙反应，生成难溶的水化硫铝酸钙（也称为钙矾石）的针状晶体，最早生成的水化硫铝酸钙包裹着部分熟料，阻挡了熟料与水的接触，从而延缓了水泥的凝结时间。

综上所述，通用硅酸盐水泥水化反应后，生成的水化产物有胶体和晶体，其结构称为水泥凝胶体。水化产物水化硅酸钙约占50%、氢氧化钙约占25%、水化硫铝酸钙约占7%。水化产物水化硅酸钙和水化铁酸钙为胶体，水化铝酸钙、水化硫铝酸钙和氢氧化钙为晶体。

**3.1.2.2 凝结硬化**

通用硅酸盐水泥的凝结硬化分为三个阶段：初凝、终凝与硬化。

初凝：随着水化反应的进行，水泥浆体逐渐失去流动性和部分可塑性，此时尚未具有强度，此状态即为初凝。

终凝：当水化反应不断深入并加速进行时，水泥浆体将产生越多的凝胶和晶体水化物，各颗粒交错连接成网，最终使得浆体完全失去可塑性，并具有一定的强度。此状态即为终凝。

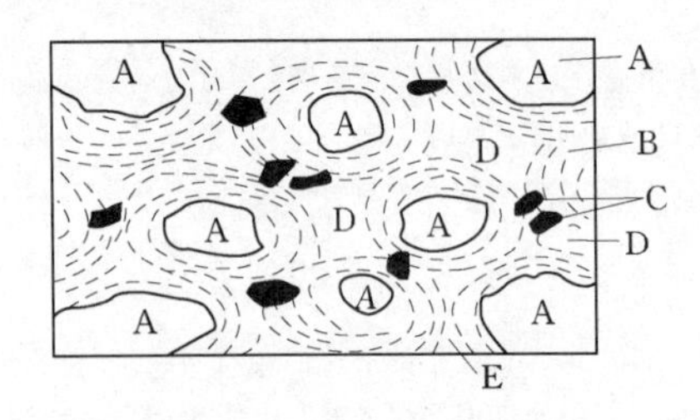


图 3.3　水泥石结构示意图

A—未水化水泥颗粒；B—凝胶体；C—晶体；D—毛细孔（毛细孔内水）；E—凝胶孔

硬化：当水化反应进一步进行，水化产物随着时间的延续也增加，水泥浆体的网络结构更加致密，强度大大提高，并逐渐变成坚硬的水泥石（其结构如图3.3所示），此即硬化。

水泥的水化和凝结硬化过程是连续的。水化是凝结硬化的前提，而凝结硬化是水化的结果。凝结标志着水泥浆失去流动性而具有了塑性强度，硬化则表示水泥浆固化后的网状结构具有一定的强度。

**3.1.2.3 影响水泥石强度发展的因素**

1. 熟料矿物组成

由于各矿物的组成比例不同、性质不同，对水泥性质的影响也不同。$C_3A$ 的水化和凝结硬化速度最快，是影响水泥凝结时间的主要因素，加入石膏可延缓水泥凝结，但石膏掺量不能过多；当 $C_3S$ 和 $C_3A$ 含量较高时，水泥凝结硬化快、早期强度高，水化放热量大。熟料矿物对水泥性质的影响是各矿物的综合作用，不是简单叠加，其组成比例是影响水泥性质的根本因素，调整比例结构可以改善水泥性质和产品结构。

2. 水泥细度

水泥细度是指水泥颗粒的粗细程度，其影响水泥的水化速率、凝结硬化等性质。因为水泥的水化是从颗粒表面逐步向内部发展的，颗粒越细小，其表面积越大，与水的接触面积就越大，水化作用就越迅速越充分，使凝结硬化速率加快，早期强度越高。但水泥颗粒过细时，硬化时会产生较大的体积收缩，同时水分蒸发产生较多的孔隙，会使水泥石强度下降。因此，水泥的细度要控制在一个合理的范围。

3. 拌和用水量

通常水泥水化时的理论需水量大约是水泥质量的23%左右，但为了使水泥浆体具有一定的流动性和可塑性，实际的加水量远高于理论需水量，不参加水化的“多余”水分，

使水泥颗粒间距增大，会延缓水泥浆的凝结时间，并在硬化的水泥石中蒸发形成毛细孔，拌和用水量越多，水泥石中的毛细孔越多，孔隙率就越高，水泥的强度越低，硬化收缩越大，抗渗性、抗侵蚀性能就越差。

4. 养护湿度、温度

水化反应是水泥凝结硬化的前提。因此，水泥加水拌和后，必须保持湿润状态，以保证水化进行和获得强度增长。若水分不足，会使水化停止，同时导致较大的早期收缩，甚至使水泥石开裂。提高养护温度，可加速水化反应，提高水泥的早期强度，但后期强度可能会有所下降。硅酸盐水泥的水化硬化较快，早期强度高，若采用较高温度养护，反而还会因水化产物生长过快，损坏其早期结构网络，造成强度下降。因此，硅酸盐水泥不宜采用蒸汽养护等湿热方法养护。

5. 养护龄期

水泥的水化硬化是一个长期不断进行的过程。随着养护龄期的延长，水化产物不断积累，水泥石结构趋于致密，强度不断增长。由于熟料矿物中对强度起主导作用的 $C_3S$ 早期强度发展快，使硅酸盐水泥强度在 3～14d 内增长较快，28d 后增长变慢，长期强度还有增长。

6. 储存条件

水泥应该储存在干燥的环境里。如果水泥受潮，其部分颗粒会因水化而结块，从而失去胶结能力，强度严重降低。即使是在良好的干燥条件下，也不宜储存过久。

### 3.1.3 通用硅酸盐水泥的特性及应用

通用硅酸盐水泥是建筑工程中用途最广，用量最大的水泥。通用硅酸盐水泥的成分及特性见表 3.4。

**表 3.4　通用硅酸盐水泥的成分及特性**

| 水泥品种 | 主要成分 | 特性 | |
|---|---|---|---|
| | | 优点 | 缺点 |
| 硅酸盐水泥 | 以硅酸盐水泥熟料为主，0～5%的石灰石或粒化高炉矿渣 | 1. 凝结硬化快，强度高；<br>2. 抗冻性好，耐磨性和不透水性强 | 1. 水化热大；<br>2. 耐腐蚀性能差；<br>3. 耐热性较差 |
| 普通硅酸盐水泥 | 硅酸盐水泥熟料、6%～15%的混合材料，或非活性混合材料10%以下 | 与硅酸盐水泥相比，性能基本相同仅有以下改变：<br>1. 早期强度增进率略有减少；<br>2. 抗冻性、耐磨性稍有下降；<br>3. 抗硫酸盐腐蚀能力有所增强 | |
| 矿渣硅酸盐水泥 | 硅酸盐水泥熟料、20%～70%的粒化高炉矿渣 | 1. 水化热较小；<br>2. 抗硫酸盐腐蚀性能较好；<br>3. 耐热性较好 | 1. 早期强度较低，后期强度增长较快；<br>2. 抗冻性差 |
| 火山灰硅酸盐水泥 | 硅酸盐水泥熟料、20%～50%的火山灰质混合材料 | 抗渗性较好，耐热性不及矿渣水泥，其他优点同矿渣硅酸盐水泥 | 1. 早期强度较低，后期强度增长较快；<br>2. 抗冻性差 |

续表

| 水泥品种 | 主要成分 | 特性 | |
|---|---|---|---|
| | | 优点 | 缺点 |
| 粉煤灰硅酸盐水泥 | 硅酸盐水泥熟料、20%～40%的粉煤灰 | 1. 干缩性较小；<br>2. 抗裂性较好；<br>3. 其他优点同矿渣水泥 | 1. 早期强度较低，后期强度增长较快；<br>2. 抗冻性差 |
| 复合硅酸盐水泥 | 硅酸盐水泥熟料、16%～50%的两种或两种以上混合材料 | 3d龄期强度高于矿渣水泥，其他优点同矿渣水泥 | 1. 早期强度较低，后期强度增长较快；<br>2. 抗冻性差 |

以上六种通用硅酸盐水泥的特性，也决定了其用途，其适用范围见表3.5。

**表3.5　通用硅酸盐水泥的选用**

| 混凝土工程特点或所处环境条件 | | 优先选用 | 可以使用 | 不宜使用 |
|---|---|---|---|---|
| 普通混凝土 | 1. 在普通气候环境中的混凝土 | 普通水泥 | 矿渣水泥<br>火山灰水泥<br>粉煤灰水泥<br>复合水泥 | |
| | 2. 在干燥环境中的混凝土 | 普通水泥 | 矿渣水泥 | 火山灰水泥<br>粉煤灰水泥 |
| | 3. 在高湿度环境中或永远处在水下的混凝土 | 矿渣水泥 | 普通水泥<br>火山灰水泥<br>粉煤灰水泥<br>复合水泥 | |
| | 4. 厚大体积的混凝土 | 粉煤灰水泥<br>矿渣水泥<br>火山灰水泥<br>复合水泥 | 普通水泥 | 硅酸盐水泥<br>快硬硅酸盐水泥 |
| 有特殊要求的混凝土 | 1. 要求快硬的混凝土 | 快硬硅酸盐水泥<br>硅酸盐水泥 | 普通水泥 | 矿渣水泥<br>火山灰水泥<br>粉煤灰水泥<br>复合水泥 |
| | 2. 高强（大于C40）的混凝土 | 硅酸盐水泥 | 普通水泥<br>矿渣水泥 | 火山灰水泥<br>粉煤灰水泥 |
| | 3. 严寒地区的露天混凝土，寒冷地区的处在水位升降范围内的混凝土 | 普通水泥 | 矿渣水泥<br>（强度等级＞32.5） | 火山灰水泥<br>粉煤灰水泥 |
| | 4. 严寒地区处在水位升降范围内的混凝土 | 普通水泥<br>（强度等级＞42.5） | | 矿渣水泥<br>火山灰水泥<br>粉煤灰水泥<br>复合水泥 |

续表

| 混凝土工程特点或所处环境条件 | | 优先选用 | 可以使用 | 不宜使用 |
|---|---|---|---|---|
| 有特殊要求的混凝土 | 5. 有抗渗性要求的混凝土 | 普通水泥<br>火山灰水泥 | | 矿渣水泥 |
| | 6. 有耐磨性要求的混凝土 | 硅酸盐水泥<br>普通水泥 | 矿渣水泥<br>(强度等级>32.5) | 火山灰水泥<br>粉煤灰水泥 |
| | 7. 受侵蚀性介质作用的混凝土 | 矿渣水泥<br>火山灰水泥<br>粉煤灰水泥<br>复合水泥 | | 硅酸盐水泥 |

# 任务 3.2 通用硅酸盐水泥的进场验收、取样与保管

## 任务导航:

任务内容及要求

| 知识目标 | 能力目标 | 素质目标 | 考核方式 |
|---|---|---|---|
| 1. 掌握通用硅酸盐水泥进场验收方法;<br>2. 掌握通用硅酸盐水泥的取样方法 | 1. 能够正确填写水泥物理性能检测任务委托单;<br>2. 能够完成通用硅酸盐水泥的见证取样 | 1. 培养良好的职业道德，养成科学严谨、诚实守信、刻苦负责等职业操守;<br>2. 培养团结协作能力;<br>3. 培养学生科学、缜密、严谨、实事求是的作风 | 过程性评价:考勤、课堂提问 |

### 3.2.1 通用硅酸盐水泥的进场验收

水泥的进场验收，是指水泥在进入施工现场时，施工单位及监理单位的相关负责人需要对水泥的品种、强度等级、数量等物理指标进行检验。水泥的验收工作是从以下两个方面进行，检验完毕，需填写水泥物理性能检测任务委托单（表 3.6）。

1. 外观验收

水泥的包装和标志在国家标准中都作了明确的规定：水泥袋上应清楚标明产品名称，代号，净含量，强度等级，生产许可证编号，生产者名称和地址，出厂编号，执行标准号，包装年、月、日等。外包装上印刷体的颜色也作了具体规定，如硅酸盐水泥和普通水泥的印刷采用红色，矿渣水泥采用绿色，火山灰和粉煤灰水泥采用黑色。

2. 数量验收

通用硅酸盐水泥的数量验收是根据国家标准的规定进行。国家标准规定：袋装水泥每袋净含量 50kg，且不得少于标志质量的 98%。随机抽取 20 袋总净质量不得少于 1000kg。

**表 3.6　　水泥物理性能检测任务委托单**

## 广西水利水电工程
## 水泥物理性能检测任务委托单

受控编号：GXSLSD－WT001A－2011　　　　检测编号：　　　　第　页共　页

| | | | | | | | | | | |
|---|---|---|---|---|---|---|---|---|---|---|
| 委托单位 | 名称 | | | 委托日期 | | | | | | |
| | 地址 | | | 要求完成日期 | | | | 保密要求 | □是　□否 | |
| 工程名称 | | | | 见证单位 | | | | | | |
| 样品数量 | | | | 组 | | | | | | |
| 样品编号 | 样品质量/kg | 工程部位 | 水泥品种/强度等级 | 生产厂家及牌号 | 生产日期 | 出厂编号 | 批量/t | 样品状态 | 检测依据 | 检测项目 |
| | | | | | | | | | | |
| | | | | | | | | | | |
| 检测依据 | | | | | | | | | | |
| 检测性质 | □施工委托检测　□ 监理平行（跟踪）检测　□ 监督检测　□ 验收前抽检　□ 事故检测　□ 其他 | | | | | | | | | |
| 样品状态 | ①无杂质，无结块　②有杂质　③有结块 | | | | | | | | | |
| 判定要求 | □ 按__________标准判定　□ 给出检测数据 | | | | | | | | | |
| 样品检后处理 | □封存　　天　□ 残次领回　□ 由检测单位处理 | | | | | | | | | |
| 报告交付方式 | □ 寄　□ 取　□ 传真　报告份数： | | | | | | | | | |
| 检测费用 | | | | | | | | | | |
| 送样人 | | | | 送样人联系电话 | | | | | | |
| 取样员 | | 取样号 | | 取样员联系电话 | | | | | | |
| 见证员 | | 见证号 | | 见证员联系电话 | | | | | | |
| 有关说明 | 1. 委托方承诺对所提供的一切资料、信息和样品的真实性负责；2. 检测单位对样品负责审查，不合格样品不得接收；3. 检测单位对检测数据负责；4. 委托单位同意按本委托单支付检测费用 | | | | | | | | | |
| 双方以上内容确定无误 | | 委托单位代表签字：　年　月　日 | | | | | | | | |
| | | 检测单位代表签字：　年　月　日 | | | | | | | | |
| 接样人 | | 项目等级 | | 任务下达日期 | | | | | | |
| 领样人 | | 专业负责人 | | 检测员 | | | | | | |
| 备注 | | | | | | | | | | |

注：1. 表中内容必须填写全，不全者按委托单位未注明处理；2. 选择项在□内打“√”或选择填写①、②、③；3. 本单共两联：一联交委托单位作为取报告的凭证，另一联交检测单位待检测工作完成后随原始记录和报告归档。

检测单位：××××水利水电工程质量检测有限公司　　　地址：广西××市××路×号

邮　编：　　　电话：　　　（传真）

### 3.2.2　通用硅酸盐水泥的取样

水泥取样方法有两种：一种用于出厂水泥的取样；一种用于水泥使用单位的现场取样。水泥使用单位现场取样按下述方法进行。

1. 散装水泥

对同一水泥厂生产的同期出厂的同品种、同标号的水泥，以一次进厂（场）的同一出厂编号的水泥为一批，且总重量不超过500t，随机从不少于3个罐车中采取等量水泥，经混拌均匀后称取不少于12kg。

2. 袋装水泥

对同一水泥厂生产的同期出厂的同品种、同标号水泥，以一次进厂（场）的同一出厂编号为一批，且总重量不超过100t。取样应有代表性，可以从20个以上不同部位的袋中取等量样品水泥，经混拌均匀后称取不少于12kg。取样工具如图3.4和图3.5所示。

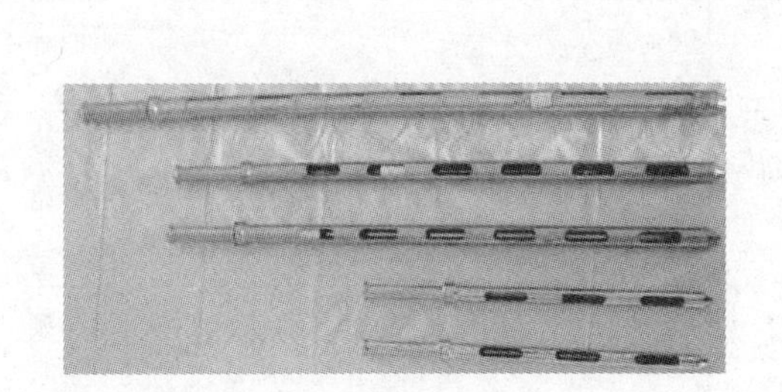

图3.4　手动水泥取样器示意图

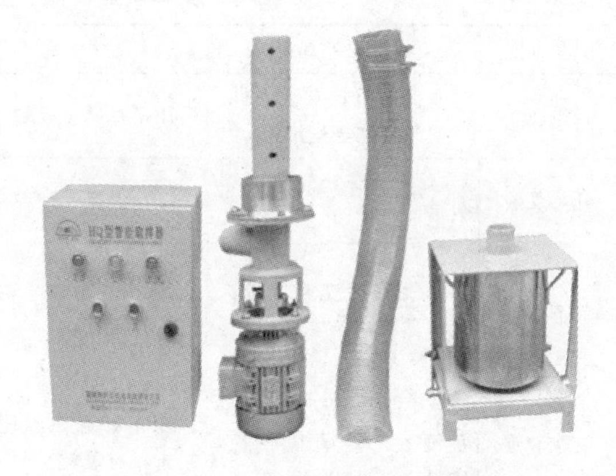

图3.5　自动水泥取样器示意图

按照上述方法取得的水泥样品，按标准规定进行检验前，将其分成两等份：一份用于标准检验，一份密封保管三个月，以备有疑问时复验。

对水泥质量发生疑问需作仲裁检验时，应按仲裁检验的办法进行。

注：仲裁检验——水泥出厂后三个月内，如购货单位对水泥质量提出疑问或施工过程中出现与水泥质量有关问题需要仲裁检验时，用水泥厂同一编号水泥的封存样进行。

若用户对水泥安定性、初凝时间有疑问要求现场取样仲裁时，生产厂应在接到用户要求后7d内会同用户共同取样，送水泥质量监督检验机构检验。生产厂在规定时间内不去现场，用户可单独取样送检，结果同等有效。仲裁检验由国家指定的省级以上水泥质量监督检验机构进行。

### 3.2.3　通用硅酸盐水泥的保管

水泥进场后的保管应注意以下问题：

(1) 不同生产厂家、不同品种、强度等级和不同出厂日期的水泥应分别堆放，不得混存混放，更不能混合使用。

(2) 水泥的吸湿性大，在储存和保管时必须注意防潮防水。临时存放的水泥要做好上盖下垫：必要时盖上塑料薄膜或防雨布，要垫高存放，离地面或墙面至少200mm以上。

（3）存放袋装水泥，堆垛不宜太高，一般以10袋为宜，太高会使底层水泥过重而造成袋包装破裂，使水泥受潮结块。如果储存期较短或场地太狭窄，堆垛可以适当加高，但最多不宜超过15袋。

（4）水泥储存时要合理安排库内出入通道和堆垛位置，以使水泥能够实行先进先出的发放原则。避免部分水泥因长期积压在不易运出的角落里，造成受潮而变质。

（5）水泥储存期不宜过长，以免受潮变质或引起强度降低。储存期按出厂日期起算，一般水泥为三个月，铝酸盐水泥为两个月，快硬水泥和快凝快硬水泥为一个月。水泥超过储存期必须重新检验，根据检验的结果决定是否继续使用或降低强度等级使用。

水泥在储存过程中易吸收空气中的水分而受潮，水泥受潮以后，多出现结块现象，而且烧失量增加，强度降低。对水泥受潮程度的鉴别和处理可见表3.7。

表3.7　受潮水泥的简易鉴别和处理方法

| 受潮程度 | 水泥外观 | 手　感 | 强度降低 | 处理方法 |
|---|---|---|---|---|
| 轻微受潮 | 水泥新鲜，有流动性，肉眼观察完全呈细粉 | 用手捏碾无硬粒 | 强度降低不超过5% | 使用不改变 |
| 开始受潮 | 水泥凝有小球粒，但易散成粉末 | 用手捏碾无硬粒 | 强度降低5%以下 | 用于要求不严格的工程部位 |
| 受潮加重 | 水泥细度变粗，有大量小球粒和松块 | 用手捏碾，球粒可成细粉，无硬粒 | 强度降低15%～20% | 将松块压成粉末，降低强度用于要求不严格的工程部位 |
| 受潮较重 | 水泥结成粒块，有少量硬块，但硬块较松，容易击碎 | 用手捏碾，不能变成粉末，有硬粒 | 强度降低30%～50% | 用筛子筛去硬粒、硬块，降低强度用于要求较低的工程部位 |
| 严重受潮 | 水泥中有许多硬粒、硬块，难以压碎 | 用手捏碾不动 | 强度降低50%以上 | 不能用于工程中 |

# 任务3.3　水泥的质量检测与评定

## 任务导航：

任务内容及要求

| 知识目标 | 能力目标 | 素质目标 | 考核方式 |
|---|---|---|---|
| 1. 掌握通用硅酸盐水泥的检测方法；<br>2. 掌握通用硅酸盐水泥的质量评定方法 | 1. 能够进行普通硅酸盐水泥细度测定、标准稠度用水量、凝结时间测定、胶砂强度测定、体积安定性等性能的测定；<br>2. 根据国家标准及行业标准完成对实验结果的评定 | 1. 培养良好的职业道德，养成科学严谨、诚实守信、刻苦负责等职业操守；<br>2. 培养团结协作能力；<br>3. 培养学生科学、缜密、严谨、实事求是的作风 | 1. 过程性评价：考勤、试验操作提问及课后作业；<br>2. 总结性评价：试验报告 |

### 3.3.1 通用硅酸盐水泥的质量检测

通用硅酸盐水泥的质量检测，即对其主要技术指标的检测，包括化学指标和物理指标两个方面。

#### 3.3.1.1 化学指标

通用硅酸盐水泥的化学指标应符合表3.8的规定。

表3.8 通用硅酸盐水泥的化学指标 %

<table>
<tr><th>品种</th><th>代号</th><th>不溶物（质量分数）</th><th>烧失量（质量分数）</th><th>三氧化硫（质量分数）</th><th>氧化镁（质量分数）</th><th>氯离子（质量分数）</th></tr>
<tr><td rowspan="2">硅酸盐水泥</td><td>P·Ⅰ</td><td>≤0.75</td><td>≤3.0</td><td rowspan="3">≤3.5</td><td rowspan="3">≤5.0[a]</td><td rowspan="8">≤0.06[c]</td></tr>
<tr><td>P·Ⅱ</td><td>≤1.50</td><td>≤3.5</td></tr>
<tr><td>普通硅酸盐水泥</td><td>P·O</td><td>—</td><td>≤5.0</td></tr>
<tr><td rowspan="2">矿渣硅酸盐水泥</td><td>P·S·A</td><td>—</td><td>—</td><td rowspan="2">≤4.0</td><td>≤6.0[b]</td></tr>
<tr><td>P·S·B</td><td>—</td><td>—</td><td>—</td></tr>
<tr><td>火山灰质硅酸盐水泥</td><td>P·P</td><td>—</td><td>—</td><td rowspan="3">≤3.5</td><td rowspan="3">≤6.0[b]</td></tr>
<tr><td>粉煤灰硅酸盐水泥</td><td>P·F</td><td>—</td><td>—</td></tr>
<tr><td>复合硅酸盐水泥</td><td>P·C</td><td>—</td><td>—</td></tr>
</table>

a 如果水泥压蒸试验合格，则水泥中氧化镁的含量（质量分数）允许放宽至6.0%。

b 如果水泥中氧化镁的含量（质量分数）大于6.0%时，需进行水泥压蒸安定性试验并合格。

c 当有更低要求时，该指标由买卖双方协商确定。

#### 3.3.1.2 物理指标

通用硅酸盐水泥的物理指标包括：细度、凝结时间、安定性、标准稠度用水量和强度。

1. 细度

水泥细度是指水泥颗粒粗细程度。同样成分的水泥，颗粒越细，与水接触的表面积越大，水化反应越快，早期强度发展快。但颗粒过细，易产生裂缝。所以细度应控制在适当范围。一般水泥颗粒小于40$\mu$m时，才具有较高的活性。

（1）检验目的。检验水泥颗粒的粗细程度，用以评定水泥的质量。

（2）检验方法。负压筛法。

（3）仪器设备。试验筛、天平和负压筛仪（图3.6）。负压筛析仪由负压筛、筛座、负压源及吸尘器组成。

（4）试验操作步骤：

1）筛析试验前，应把负压筛放在筛座上，盖上筛盖，接通电源，检查控制系统，调节负压至4000～6000Pa范围内。

图3.6 负压筛仪

2）称取试样25g，置于洁净的负压筛中，盖上筛盖，放在筛座上，并开支筛析仪连续筛析2min，在此期间如有试样附着在筛盖上，可轻轻地敲击，使试样落下。筛毕，用天平称量筛余物。

3）当工作负压小于4000Pa时，应清理吸尘器内水泥，使负压恢复正常。

(5) 试验数据处理。

水泥试样筛余百分数按下式计算：

$$F=\frac{R_s}{W}\times 100\% \tag{3.1}$$

式中 $F$——水泥试样的筛余百分数，%；

$R_s$——水泥筛余物的重量，g；

$W$——水泥试样的重量，g。

结果计算至0.1%。

(6) 成果评定标准。

《通用硅酸盐水泥》(GB 175—2007) 规定：硅酸盐水泥和普通硅酸盐水泥的细度以比表面积表示，其比表面积不小于300m²/kg；矿渣硅酸盐水泥、火山灰质硅酸盐水泥、粉煤灰硅酸盐水泥和复合硅酸盐水泥的细度以筛余表示，其80μm方孔筛筛余率不大于10%或45μm方孔筛筛余不大于30%。

2. 标准稠度用水量

标准稠度用水量是将水泥调制成具有标准稠度的净浆所需要的水量，以用水量与水泥质量的百分数表示。

(1) 检验目的。测定水泥调制成具有标准稠度的净浆所需要的水量，作为测定水泥的凝结时间、体积安定性试验的用水标准。

(2) 检验方法。标准法。

(3) 仪器设备。水泥净浆搅拌机（图3.7)、标准法维卡仪（图3.8)、天平（图3.9)、量筒（图3.10)、圆模等。

(4) 试验操作步骤：

1）试验前必须做到：维卡仪的金属棒能够自由滑动；调整至试杆接触玻璃板时指针对准零点；水泥净浆搅拌机运行正常。

图3.7 水泥净浆搅拌机

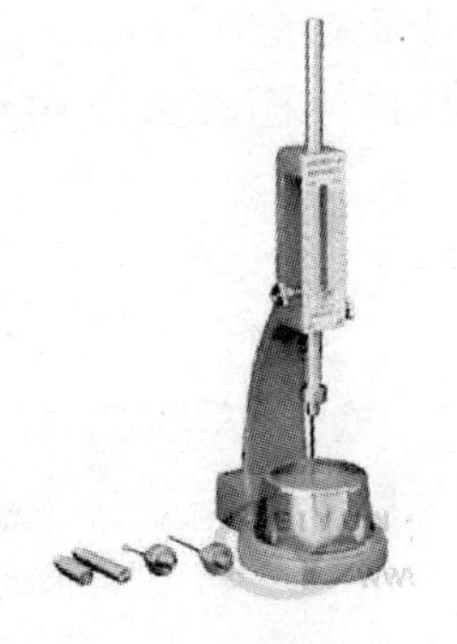

图3.8 标准法维卡仪

图 3.9 天平

图 3.10 量筒

2）拌制水泥净浆。用水泥净浆搅拌机搅拌，搅拌锅和搅拌叶片先用湿布擦过，将拌和水倒入搅拌锅中，然后 5～10s 内小心将称好的 500g 水泥加入水中，防止水和水泥溅出；拌和时，先将锅放在搅拌机的锅座上，升至搅拌机，低速搅拌 120s，停 15s，同时将叶片和锅壁上的水泥浆刮入锅中间，接着高速搅拌 120s 停机。

3）拌和结束后，立即将拌制好的水泥净浆装入已放在玻璃板上的试模中，用小刀插捣，轻轻振动数次，刮去多余的净浆。

4）抹平后迅速将试模和底板移到维卡仪上，并将其中心定在试杆上，降低试杆直到与水泥净浆表面接触，拧紧螺丝 1～2s 后，突然放松，使试杆垂直自由地沉入水泥净浆中。在试杆停止沉入或释放试杆 30s 时记录试杆到底板的距离，升起试杆后，立即擦净。

5）整个操作应在搅拌后 1.5min 内完成。

6）当试杆距底板小于 5mm 时，应适当减水，重复水泥浆的拌制和上述过程；若距离大于 7mm 时，则应适当加水，并重复水泥浆的拌制和上述过程。

（5）试验数据处理。以试杆沉入净浆并距底板（6±1)mm 的水泥净浆为标准稠度净浆，其拌和水量为该水泥的标准稠度用水量（$P$），记录此时所用的水与水泥的量，以用水量与水泥质量的百分数表示。按下式计算：

$$P=\frac{m_1}{m_2}\times 100\% \tag{3.2}$$

式中 $P$——水泥的标准稠度用水量，%；

$m_1$——水泥净浆达到标准稠度时拌和用水量，g；

$m_2$——水泥试样质量，g。

结果计算至 0.1%。

（6）成果判定标准。《水泥标准稠度用水量、凝结时间、安定性检验方法》（GB/T 1346—2011）中规定：硅酸盐水泥的标准稠度用水量一般在 21%～28%。

注：整个试验操作应在搅拌后 1.5min 内完成。

3. 凝结时间

水泥凝结的快慢用凝结时间表示，凝结时间分初凝和终凝。

初凝是从水泥加水拌和起至标准稠度净浆开始失去可塑性所需要的时间。

终凝是从水泥加水拌和起，至水泥浆完全失去塑性并开始产生强度所需的时间。

（1）检验目的：测定水泥的初凝时间和终凝时间，评定水泥的质量。

（2）检验方法：标准法。

（3）仪器设备：湿气养护箱，其他（同标准稠度用水量测定试验）。

（4）试验步骤：

1）测定前的准备工作：调整凝结时间测定仪的试针接触底板，使指针对准零；试件的制备。

2）初凝时间测定步骤：

a）记录水泥全部加入水中到初凝状态的时间作为初凝时间，用“min”计。

b）试件在湿气养护箱中养护至加水后30min时进行第一次测定。测定时，从湿气养护箱中取出试模放到试针下，降低试针与水泥净浆表面接触。拧紧螺丝1～2s后，突然放松，使试杆垂直自由地沉入水泥净浆中。观察试针停止沉入或释放试针30s时的指针的读数。

c）临近初凝时，每隔5min测定一次。当试针沉至距底板（4±1）mm时，为水泥达到初凝状态。

d）达到初凝时应立即重复测一次，当两次结论相同时才能定为达到初凝状态。

3）终凝时间测定步骤：

a）由水泥全部加入水中至终凝状态的时间作为终凝时间，用“min”计。

b）为了准确观察试件沉入的状况，在终凝针上安装了一个环形附件。在完成初凝时间测定后，立即将试模连同浆体以平移的方式从底板下翻转180°，直径大端向上、小端向下放在底板上，再放入湿气养护箱中继续养护。

c）临近终凝时间时每隔15min测定一次，当试针沉入试件0.5mm时，即环形附件开始不能在试件上留下痕迹时，为水泥达到终凝状态。

d）达到终凝时，应立即重复测一次，当两次结论相同时才能定为达到终凝状态。

测定凝结时间时应注意，在最初测定的操作时应轻轻扶持金属柱，使其徐徐下降，以防止试针撞弯，但结果以自由下落为准；在整个测试过程中试针沉入的位置至少要距试模内壁10mm。每次测定不能让试针落入原针孔，每次测试完毕应将试针擦净并将试模放回湿气养护箱内，整个测试过程要防止试模振动。

（5）试验数据处理。按照《水泥标准稠度用水量、凝结时间、安定性检验方法》（GB/T 1346—2011）的规定，记录试针沉至距底板（4±1）mm时所需要的时间；记录试针沉入水泥浆0.5mm时所需要的时间。

（6）成果判定标准。

国家标准规定：硅酸盐水泥初凝时间不得小于45min，终凝时间不得大于390min。

普通硅酸盐水泥、矿渣硅酸盐水泥、火山灰硅酸盐水泥、粉煤灰硅酸盐水泥和复合硅酸盐水泥的初凝时间不得小于45min，终凝时间不得大于600min。

结合案例分析，通用硅酸盐水泥的凝结时间不宜过早，以便有足够的时间对混凝土进行运输、搅拌和浇筑等工序，否则在施工前混凝土即已失去流动性和可塑性而无法施工。终凝时间不宜过迟，考虑到施工进度的安排，要求混凝土能尽快产生强度，有利于下一步

施工工序的进行，同时有利于模板的周转从而降低工程造价，否则将延长施工进度和模板周转期。

4. 体积安定性

水泥体积安定性是指是指水泥在凝结硬化过程中体积变化的均匀性。如果水泥硬化后产生不均匀的体积变化，即为体积安定性不良，安定性不合格的水泥应作废品处理，不能用于工程中。若使用安定性不良的水泥或水泥制品，会使构件产生膨胀性裂缝，降低建筑物的质量，甚至引起严重事故。

引起水泥安定性不良的原因有很多，主要有以下三种：熟料中所含的游离氧化钙过多、熟料中所含的游离氧化镁过多或掺入的石膏过多。

国家标准规定：水泥安定性经沸煮法检验（CaO）必须合格；水泥中氧化镁（MgO）含量不得超过5.0%，如果水泥经压蒸安定性试验合格，则水泥中氧化镁的含量允许放宽到6.0%；水泥中三氧化硫（$SO_3$）的含量不得超过3.5%。

（1）检验目的。测定水泥在凝结硬化过程中体积变化是否均匀，评定水泥的质量。

（2）检验方法。雷氏法（标准法）和代用法（试饼法）

（3）仪器设备。雷氏沸煮箱、雷氏夹、雷氏夹膨胀值测量仪、水泥净浆搅拌机和湿气养护箱等。

（4）试验步骤。

1）体积安定性的测定方法：雷氏法（标准法）。

图3.11　沸煮箱

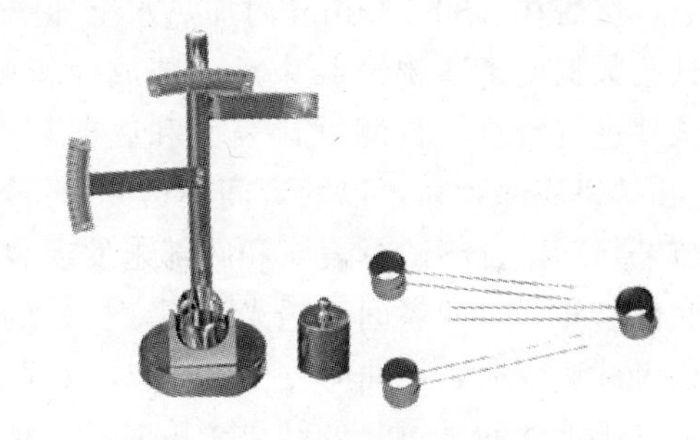

图3.12　雷氏夹测定仪及雷氏夹

（a）测定前的准备工作。每个试样需要两个试件，每个雷氏夹需配备质量约75～80g的玻璃板两块。凡与水泥净浆接触的玻璃板和雷氏夹表面都要稍稍涂上一层油。

（b）雷氏夹试件的制备方法。将预先准备好的雷氏夹放在已稍擦油的玻璃板上，并立刻将已制好的标准稠度净浆装满雷氏夹。装浆时一只手轻扶持雷氏夹，另一只手用宽约10mm的小刀插捣数次然后抹平，盖上稍涂油的玻璃板，接着立刻将雷氏夹移至湿气养护箱中养护（24±2)h。

（c）沸煮。

a）调整好沸煮箱内的水位，使之在整个沸煮过程中都能没过试件，不需中途添补试验用水，同时保证在（30±5)min内水能沸腾。

b）脱去玻璃板取下试件，先测量雷氏夹指针尖端间的距离$A$，精确到0.5mm，接着将试件放入水中箅板上，指针朝上，试件之间互不交叉，然后在（30±5)min内加热水至沸腾，并恒沸 3h±5min。

(d) 试验数据处理。沸煮结束后，即放掉箱中的热水，打开箱盖，待箱体冷却至室温，取出试件进行测量。测量雷氏夹指针尖端间的距离 $C$，精确到 0.5mm。

(e) 成果判定标准。当两个试件煮后增加距离（$C-A$）的平均值不大于 5.0mm 时，即认为该水泥安定性合格；当两个试件的（$C-A$）的值相差超过 4.0mm 时，应用同一样品立即重做一次试验。再如此，则认为该水泥为安定性不合格。

2) 体积安定性的测定方法：代用法（试饼法）。

(a) 测定前的准备工作。每个样品需要两块约 100mm×100mm 的玻璃板。凡与水泥净浆接触的玻璃板都要稍稍涂上一层隔离剂。

(b) 试饼的成形方法。将制好的净浆取出一部分分成两等份，使之成球形，放在预先准备好的玻璃板上，轻轻振动玻璃板并用湿布擦净的小刀由边缘向中央抹动，做成直径 70～80mm、中心厚约 10mm、边缘渐薄、表面光滑的试饼，接着将试饼放入湿气养护箱中养护（24±2)h。

(c) 沸煮。

a) 调整好沸煮箱内的水位，使之在整个沸煮过程中都能没过试件，不需中途添补试验用水，同时保证在（30±5)min 内水能沸腾。

b) 脱去玻璃板取下试件，先检查试饼是否完整（如已开裂、翘曲，要检查原因，确定无外因时，该试饼已属不合格品，不必沸煮），在试饼无缺陷的情况下将试饼放在放入水中箅板上，然后在（30±5)min 内加热水至沸腾，并恒沸 3h±5min。

(d) 试验数据处理。沸煮结束后，即放掉箱中的热水，打开箱盖，待箱体冷却至室温，取出试件进行观测。目测试饼表面和底部是否发现裂缝，用钢直尺检查是否有弯曲（使钢直尺和试饼底部紧靠，以两者间不透光为不弯曲）。

(e) 结果判别。目测试饼表面和底部未发现裂缝，用钢直尺检查也没有弯曲（使钢直尺和试饼底部紧靠，以两者间不透光为不弯曲）的试饼的安定性合格；当试饼表面出现崩裂、龟裂或者试饼弯曲、翘曲时（图 3.13)，则认定该水泥的安定性不合格。

注：当雷氏夹法和试饼法的结果矛盾时，以雷氏夹法为主。

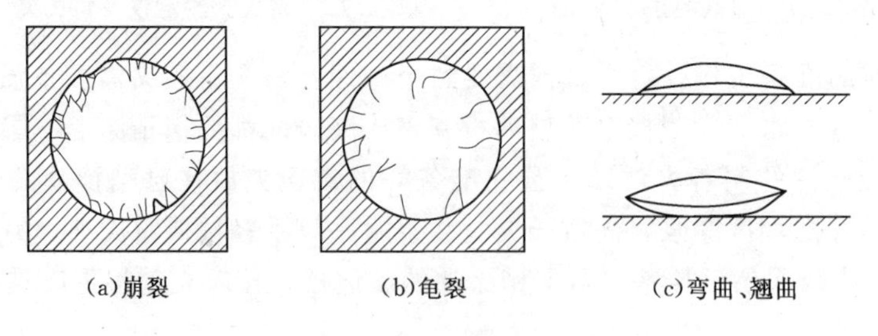


图 3.13　水泥安定性不合格的试饼示意图

5. 强度等级

水泥的强度是指水泥胶结砂的强度，包括抗折强度和抗压强度两个。由于水泥强度随着凝结硬化逐渐增长，所以国家标准规定了不同龄期的强度值，用以限定不同强度等级水泥的强度增长速度。《水泥胶砂强度检验方法（ISO 法）》（GB/T 17671—1999）规定，水

泥强度必须按照该标准的规定制作试件（试件尺寸 40mm×40mm×160mm），在标准养护条件［(20±1)℃］下，养护至3d和28d，测定各龄期的抗折强度和抗压强度，该值用以评定水泥的强度等级。

(1) 检验目的。检验水泥各龄期强度，以确定强度等级；或已知水泥强度等级，检验其强度是否满足水泥标准要求。

水泥胶砂强度检验主要是水泥抗折强度和抗压强度的检验。

(2) 检验方法。标准法。

(3) 仪器设备。

1) 行星式水泥胶砂搅拌机：搅拌叶和搅拌锅作相反方向转动。

2) 试模（图3.14）：可装拆的三连模，由隔板、端板和底座组成。

3) 振实台（图3.15）：由同步电机带动凸轮转动，使振动部分上升定值后自由落下，产生振动，振动频率为60次/(60±2)s，落距（15±0.3）mm。

4) 套模：壁高为20 mm的金属模套，当从上向下看时，模套壁与试模内壁应该重叠。

5) 抗折强度试验机。

6) 抗压试验机及抗压夹具：抗压试验机以200～300kN为宜，应有±1%精度，并具有按（2400±200)N/s速率的加荷能力。

7) 抗压夹具由硬质钢材制成，受压面积为40mm×40mm。

8) 两个播料器和金属刮平直尺。

图3.14 水泥试模示意图

图3.15 振实台示意图

(4) 试验步骤。

1) 试件的制备和养护。

(a) 胶砂的制备。胶砂的质量配合比为一份水泥、三份标准砂和半份水。一锅胶砂成三条试体，每锅材料需要量为水泥450g，水225g，标准砂1350g。

搅拌：把水加入锅内，再加入水泥，把锅放在固定架上，上升至固定位置。然后立即开动机器，低速搅拌30s后，在第二个30s开始的同时均匀地将砂加入（当各级砂是分装时，从最粗粒级开始，依次将所需的每级砂量加完），高速再拌30s后；停拌90s，在第一个15s内用一胶皮刮具将叶片和锅壁上的胶砂，刮入锅中间；在高速下继续搅拌60s。

(b) 试件成型。胶砂制备后立即进行成型。将涂机油的三联模和模套固定在振实台上，用一个适当勺子直接从搅拌锅里将胶砂分两层装入试模，装第一层时，每个槽里约放

300g胶砂，用大播料器垂直架在模套顶部沿每个模槽来回一次将料层播平，接着振实60次。再装入第二层胶砂，用小播料器播平，再振实60次。移走模套，取下试模，用金属直尺以近似90°的角度架在试模模顶的一端，然后沿试模长度方向以横向锯割动作慢慢向另一端移动，一次将超过试模部分的胶砂刮去，并用同一直尺以近乎水平的情况下将试体表面抹平。

（c）试件养护。

a）在试模上作标记后，将试件带试模放入雾室或湿箱的水平架上养护。对于24h以上龄期的应在成型后20～24h之间脱模；对于24h龄期的，应在破型试验前20min内脱模。脱模前，对试件进行编号，两个龄期以上的试件，在编号时应将同一试模中的三条试件分在两个以上龄期内。

b）将做好标记的试件立即水平或竖直放在（20±1）℃水中养护，水平放置时刮平面应朝上。养护期间试件之间间隔或试件上表面的水深不得小于5mm。每个养护池只养护同类型的水泥试件，试件水中养护期间不允许全部换水。除24h龄期或延迟至48h脱模的试件外，任何到龄期的试件应在试验前15min从水中取出。揩去试件表面沉积物，并用湿布覆盖至试验为止

2）强度试验。不同龄期强度试验应在规定时间里进行：24h±15min、48h±30min、72h±45min、7d±2h、>28d±8h。

（a）抗折强度试验。

a）将试件一个侧面放在试验机支撑圆柱上，试件长轴垂直于支撑圆柱，通过加荷圆柱以（50±10）N/s的速率均匀地将荷载垂直地加在棱柱体相对侧面上，直至折断，记录抗折破坏荷载$F_f$(N)。

b）抗折强度$R_f$按下式计算（精确至0.1MPa）：

$$R_f=\frac{1.5F_fL}{b^3} \tag{3.3}$$

式中　$F_f$——折断时施加于棱柱体中部的荷载，N；

$L$——支撑圆柱之间的距离，mm；

$b$——棱柱体正方形截面的边长，mm。

（b）抗压强度试验。将折断的半截棱柱体置于抗压夹具中，以试件的侧面作为受压面。半截棱柱体中心与压力机压板中心差应在±0.5mm内，试件露在压板外部分约有10mm。在整个加荷过程中以（2400±200）N/s的速率均匀地加荷直至破坏，并记录破坏荷载$F_c$(N)。

抗压强度$F_{ce,c}$按下式计算（精确至0.1MPa）：

$$F_{ce,c}=\frac{F_c}{A}\times 100\% \tag{3.4}$$

式中　$F_{ce,c}$——单块抗压强度测定值，MPa（精确至0.1MPa）；

$F_c$——破坏时的最大荷载，N；

$A$——受压部分面积，$mm^2$，40mm×40mm=1600$mm^2$。

3）试验数据处理。

抗折强度试验：以一组三个棱柱体抗折结果的平均值作为试验结果。当三个强度值中有超出平均值±10%时，应剔除后再取平均值作为抗折强度试验结果。

抗压强度试验：以一组三个棱柱体得到的6个抗压强度测定值的算术平均值为试验结果。如6个测定值中有一个超出6个平均值的±10%，应剔除这个结果，以剩下5个的平均数为结果。如5个测定值中再有超过它们平均数±10%时，则此组结果作废。

4）成果判定标准。不同品种不同强度等级的通用硅酸盐水泥，其不同龄期的强度应符合表3.9的规定。试验数据若低于表3.9中的规定，就与低一个级别的数值比较，符合第一个级别的就对该水泥降低使用；若没有可比性，则定为不合格品。

**表3.9　　通用硅酸盐水泥各龄期强度　　单位：MPa**

<table>
<tr><th rowspan="2">品　种</th><th rowspan="2">强度等级</th><th colspan="2">抗压强度</th><th colspan="2">抗折强度</th></tr>
<tr><th>3d</th><th>28d</th><th>3d</th><th>28d</th></tr>
<tr><td rowspan="6">硅酸盐水泥</td><td>42.5</td><td>≥17.0</td><td rowspan="2">≥42.5</td><td>≥3.5</td><td rowspan="2">≥6.5</td></tr>
<tr><td>42.5R</td><td>≥22.0</td><td>≥4.0</td></tr>
<tr><td>52.5</td><td>≥23.0</td><td rowspan="2">≥52.5</td><td>≥4.0</td><td rowspan="2">≥7.0</td></tr>
<tr><td>52.5R</td><td>≥27.0</td><td>≥5.0</td></tr>
<tr><td>62.5</td><td>≥28.0</td><td rowspan="2">≥62.5</td><td>≥5.0</td><td rowspan="2">≥8.0</td></tr>
<tr><td>62.5R</td><td>≥32.0</td><td>≥5.5</td></tr>
<tr><td rowspan="4">普通硅酸盐水泥</td><td>42.5</td><td>≥17.0</td><td rowspan="2">≥42.5</td><td>≥3.5</td><td rowspan="2">≥6.5</td></tr>
<tr><td>42.5R</td><td>≥22.0</td><td>≥4.0</td></tr>
<tr><td>52.5</td><td>≥23.0</td><td rowspan="2">≥52.5</td><td>≥4.0</td><td rowspan="2">≥7.0</td></tr>
<tr><td>52.5R</td><td>≥27.0</td><td>≥5.0</td></tr>
<tr><td rowspan="6">矿渣硅酸盐水泥<br>火山灰硅酸盐水泥<br>粉煤灰硅酸盐水泥<br>复合硅酸盐水泥</td><td>32.5</td><td>≥10.0</td><td rowspan="2">≥32.5</td><td>≥2.5</td><td rowspan="2">≥5.5</td></tr>
<tr><td>32.5R</td><td>≥15.0</td><td>≥3.5</td></tr>
<tr><td>42.5</td><td>≥15.0</td><td rowspan="2">≥42.5</td><td>≥3.5</td><td rowspan="2">≥6.5</td></tr>
<tr><td>42.5R</td><td>≥19.0</td><td>≥4.0</td></tr>
<tr><td>52.5</td><td>≥21.0</td><td rowspan="2">≥52.5</td><td>≥4.0</td><td rowspan="2">≥7.0</td></tr>
<tr><td>52.5R</td><td>≥23.0</td><td>≥4.5</td></tr>
</table>

结合案例分析，在选择水泥类型时，根据工程施工要求，相同强度等级的普通硅酸盐水泥与矿渣水泥28d强度指标相同，但普通硅酸盐水泥3d的强度指标要高于矿渣水泥3d的强度值，故从缩短工程工期来看选用普通硅酸盐水泥更为有利。

6. 水化热

水化热是指水泥和水之间发生化学反应放出的热量，通常以焦耳表示。

水泥水化热所放热量的大小取决于水泥熟料中的矿物组成和细度等因素。大部分水化热是在水化初期（7d内）放出的，以后逐步减少。

水化热大，对冬季施工是有利的，有利于水泥的凝结硬化和强度的发展；但是对大体积混凝土工程不利，容易使混凝土产生裂缝，从而影响建筑物的安全。在大体积混凝土工程（如大型基础、大坝、桥墩等），积聚在混凝土内部的水化热不易散出，常是其内部温度高达50～60℃，由于混凝土表面散热很快，内外温差引起的温度应力可使混凝土产生裂缝。因此，大体积混凝土工程通过采用中、低热水泥替代高热水泥的方法来降低水泥的水化热。

结合案例分析，在进行大坝浇筑时，优先选择粉煤灰水泥。因为粉煤灰水泥发生水化反应时，产生的水化热较低，属于低热水泥；此外对混凝土采取一定的降温措施，能够降低裂缝产生的可能性。

7. 不溶物、烧失量、氧化镁、三氧化硫和碱含量

不溶物是指水泥中含有的不能被一定浓度的酸和碱溶解的物质。烧失量是指水泥在一定的温度和灼烧时间内失去的质量和原有质量的比值。不溶物和烧失量可以间接地衡量水泥的质量，是评定水泥是否掺假的重要指标。

国标规定：

Ⅰ型硅酸盐水泥中不溶物不得超过0.75%；Ⅱ型硅酸盐水泥中不溶物不得超过1.50%。

Ⅰ型硅酸盐水泥中烧失量不得超过3.0%，Ⅱ型硅酸盐水泥中烧失量不得超过3.5%。用烧失量来限制石膏和混合材料中杂质含量，以保证水泥质量。

水泥中氧化镁的含量不宜超过5.0%。如果水泥经压蒸安定性试验合格，则水泥中氧化镁的含量允许放宽到6.0%。

水泥中三氧化硫的含量不得超过3.5%。三氧化硫过量会与铝酸钙矿物生成较多的钙矾石，产生较大的体积膨胀，引起水泥安定性不良。

水泥中碱含量按$Na_2O+0.658K_2O$计算值来表示。若使用活性骨料，要求提供低碱水泥时，水泥中碱含量不得大于0.60%或由供需双方商定。

结合案例对该工程所使用的强度为42.5的普通硅酸盐水泥进行物理性能检测，其检测结果见表3.10。

### 3.3.2 通用硅酸盐水泥的质量评定

通用硅酸盐水泥的质量验收是抽取实物试样，检验水泥的各项技术性质是否与国家标准的具体规定相符合。所有项目均符合标准规定的水泥为合格品，否则为不合格品。具体规定如下：

凡水泥的化学指标在表3.7中的规定、凝结时间、安定性或强度检验中的任一项不符合标准规定时，判定该水泥为不合格品。

水泥包装标志中水泥品种、强度等级、生产者名称和出厂编号不全的也属于不合格品。

结合案例对该工程中所使用强度为42.5的普通硅酸盐水泥的物理性能进行判定，判定结果见表3.11。

**表 3.10** 水泥物理性能检测记录表

## 广西水利水电工程
## 水泥物理性能检测记录表

受控编号：GXSLSD-SN001A-2011　　　　检测编号：　　　　第1页共1页

<table>
<tr><td>工程名称</td><td colspan="7"></td><td colspan="2">检测性质</td><td colspan="4">监理平行（跟踪）检测</td></tr>
<tr><td>样品编号</td><td colspan="7">0100-SN01</td><td colspan="2">检测依据</td><td colspan="4">GB 175—2007</td></tr>
<tr><td>品种/强度等级</td><td colspan="7">P·O 42.5</td><td colspan="2">检测日期</td><td colspan="4">2013-5-31</td></tr>
<tr><td>样品状态</td><td colspan="7">无杂质无结块</td><td colspan="2">仪器设备编号</td><td colspan="4">CL-152，CL-117</td></tr>
<tr><td>试验室温度</td><td>20.5℃</td><td colspan="2">试验室湿度</td><td colspan="2">67%</td><td colspan="2">养护箱温度</td><td colspan="2">20.2℃</td><td colspan="2">养护箱湿度</td><td colspan="2">99%</td></tr>
<tr><td rowspan="4">细度<br>（负压筛法）</td><td rowspan="2">试样质量<br>/g</td><td colspan="4" rowspan="2">80μm方孔筛筛余物<br>质量/g</td><td colspan="4" rowspan="4">检测筛修正系数</td><td colspan="4">细度/%</td></tr>
<tr><td colspan="2">单值</td><td colspan="2">平均值</td></tr>
<tr><td></td><td colspan="4"></td><td colspan="2"></td><td colspan="2" rowspan="2"></td></tr>
<tr><td></td><td colspan="4"></td><td colspan="2"></td></tr>
<tr><td rowspan="2">标准稠度</td><td>试样质量<br>/g</td><td colspan="2">用水量<br>/mL</td><td colspan="5">试杆下沉离底板距离<br>/mm</td><td colspan="5">标准稠度<br>/%</td></tr>
<tr><td>500</td><td colspan="2">128</td><td colspan="5">6</td><td colspan="5">25.6</td></tr>
<tr><td rowspan="3">凝结时间</td><td rowspan="2">加水时刻<br>/(h：min)</td><td colspan="2" rowspan="2">初凝时刻<br>/(h：min)</td><td colspan="4" rowspan="2">终凝时刻<br>/(h：min)</td><td colspan="6">凝结时间/min</td></tr>
<tr><td colspan="3">初凝</td><td colspan="3">终凝</td></tr>
<tr><td>15：40</td><td colspan="2">18：10</td><td colspan="4">19：05</td><td colspan="3">150</td><td colspan="3">205</td></tr>
<tr><td rowspan="4">体积安定性</td><td rowspan="2">饼法</td><td colspan="10">雷　氏　法</td><td colspan="2" rowspan="2">安定性<br>评定</td></tr>
<tr><td colspan="2">煮前指针<br>距离（A）<br>/mm</td><td colspan="2">煮后指针<br>距离(C)<br>/mm</td><td colspan="2">增加距离<br>(C−A)<br>/mm</td><td colspan="2">增加距离<br>(C−A)<br>平均值/mm</td><td colspan="2">两试件<br>(C−A)<br>差值/mm</td></tr>
<tr><td></td><td colspan="2">18</td><td colspan="2">21.5</td><td colspan="2">3.5</td><td colspan="2" rowspan="2">3.25</td><td colspan="2" rowspan="2">0.5</td><td colspan="2" rowspan="2">合格</td></tr>
<tr><td></td><td colspan="2">19</td><td colspan="2">22</td><td colspan="2">3</td></tr>
<tr><td>水泥胶砂<br>流动度测定</td><td>水泥胶砂流<br>动度/mm</td><td colspan="4">水泥/g</td><td colspan="4">砂/g</td><td colspan="4">水/mL</td></tr>
<tr><td>成型日期</td><td>2013年<br>5月31日<br>9时48分</td><td colspan="2">水泥用量<br>/g</td><td colspan="2">450</td><td colspan="2">砂用量<br>/g</td><td colspan="2">1350</td><td colspan="2">水用量<br>/g</td><td colspan="2">225</td></tr>
<tr><td colspan="2">龄　期</td><td colspan="6">3d　2013年6月3日9时38分</td><td colspan="6">28d　2013年6月28日　时　分</td></tr>
<tr><td rowspan="2">抗折强度</td><td>强度单值<br>/MPa</td><td colspan="2">4.2</td><td colspan="2">3.9</td><td colspan="2">3.9</td><td colspan="2">7.5</td><td colspan="2">7.5</td><td colspan="2">8.1</td></tr>
<tr><td>强度代表值<br>/MPa</td><td colspan="6">4.0</td><td colspan="6">7.7</td></tr>
<tr><td rowspan="3">抗压强度</td><td>最大荷载<br>/kN</td><td>29.70</td><td>29.40</td><td>29.30</td><td>29.20</td><td>29.80</td><td>30.70</td><td>75.20</td><td>75.40</td><td>80.90</td><td>71.40</td><td>81.40</td><td>76.30</td></tr>
<tr><td>强度单值<br>/MPa</td><td>18.6</td><td>18.4</td><td>18.3</td><td>18.2</td><td>18.6</td><td>19.2</td><td>47.0</td><td>47.1</td><td>50.6</td><td>44.6</td><td>50.9</td><td>47.7</td></tr>
<tr><td>强度代表值<br>/MPa</td><td colspan="6">18.6</td><td colspan="6">48.0</td></tr>
<tr><td>备注</td><td colspan="13"></td></tr>
<tr><td>校核：</td><td colspan="2"></td><td colspan="5">计算：</td><td colspan="6">检测：</td></tr>
</table>

**表 3.11** 水泥物理性能评定表

## 广西水利水电工程
## 水泥物理性能检测报告

受控编号： 检测编号： 第1页共1页

| 委托单位 | 名称 | | 送样日期（年-月-日） | 2013-05-28 | |
|---|---|---|---|---|---|
| | 地址 | | 检测日期（年-月-日） | 2013-05-31 | |
| 工程名称 | | | 报告日期（年-月-日） | 2013-07-01 | |
| 见证单位 | | | 检测性质 | 监理平行（跟踪）检测 | |
| 取样员 | | | 取样号 | | |
| 见证员 | | | 见证号 | | |
| 生产厂家及牌名 | | | 样品数量 | 共1组 | |
| 检测项目 | | 物理性能 | 检测依据 | GB 175—2007 | |
| 检测地点 | | | 环境条件 | 试验室温度20.5℃，湿度67%，养护箱温度20.2℃，湿度99%，养护室水温20.0℃ | |
| 说明 | | 1. 检测结果仅对来样负责；<br>2. 报告复印件未加盖检测报告专用章无效；<br>3. 对报告如有异议，应于收到报告15d内提出 | | | |

### 检测结果

| 样品编号 | 0100-SN01 | 工程部位 | 厂房尾水渠工程 | | |
|---|---|---|---|---|---|
| 水泥品种及强度等级 | P·O 42.5 | 生产日期（年-月-日） | 2013-04-10 | 批号/批量/t | P430113/200 |

| 序号 | 检测项目 | | 单位 | 技术要求 | 检测结果 | | | |
|---|---|---|---|---|---|---|---|---|
| 1 | 细度（80μm筛筛余） | | % | — | — | | | |
| 2 | 标准稠度用水量 | | % | — | 25.6 | | | |
| 3 | 凝结时间 | 初凝 | min | ≥45 | 150 | | | |
| | | 终凝 | min | ≤600 | 205 | | | |
| 4 | 体积安定性（沸煮法） | | — | 合格 | 合格 | | | |
| 5 | 胶砂流动度 | | mm | — | — | | | |
| 6 | 抗折强度 | 养护时间 | 单位 | 技术要求 | 单值 | | | 代表值 |
| | | 3d | MPa | ≥3.5 | 4.2 | 3.9 | 3.9 | 4.0 |
| | | 28d | MPa | ≥6.5 | 7.5 | 7.5 | 8.1 | 7.7 |
| 7 | 抗压强度 | 3d | MPa | ≥17.0 | 18.6 | 18.4 | 18.3 | 18.6 |
| | | | | | 18.2 | 18.6 | 19.2 | |
| | | 28d | MPa | ≥42.5 | 47.0 | 47.1 | 50.6 | 48.0 |
| | | | | | 44.6 | 50.9 | 47.7 | |
| 结论 | 所检项目符合GB 175—2007标准技术要求 | | | | | | | |

批准： 校核： 检测：

通用硅酸盐水泥按通用水泥质量等级（JC/T 452—1997）的规定划分为优等品、一等品和合格品三个质量等级。各质量等级的技术指标应符合表3.12的规定。

**表3.12 通用硅酸盐水泥的各质量等级的技术指标**

<table>
<tr><th colspan="2" rowspan="2">项目</th><th colspan="2">优等品</th><th colspan="2">一等品</th><th rowspan="2">合格品</th></tr>
<tr><th>硅酸盐水泥<br>复合水泥<br>石灰石硅酸盐水泥</th><th>矿渣水泥<br>火山灰水泥<br>粉煤灰水泥</th><th>硅酸盐水泥<br>复合水泥<br>石灰石硅酸盐水泥</th><th>矿渣水泥<br>火山灰水泥<br>粉煤灰水泥</th></tr>
<tr><td rowspan="3">抗压强度<br>/MPa</td><td>3d，≥</td><td>32.0</td><td>28.0</td><td>26.0</td><td>22.0</td><td rowspan="4">符合通用硅酸盐水泥各品种的技术要求</td></tr>
<tr><td>28d，≥</td><td>56.0</td><td>56.0</td><td>46.0</td><td>46.0</td></tr>
<tr><td>28d，≤</td><td>$1.1\overline{R}$</td><td>$1.1\overline{R}$</td><td>$1.1\overline{R}$</td><td>$1.1\overline{R}$</td></tr>
<tr><td colspan="2">终凝时间/h，≤</td><td>6.5</td><td>6.5</td><td>6.5</td><td>8.0</td></tr>
</table>

**注** $\overline{R}$为同品种同强度等级水泥的28d抗压强度上月平均值。

## 知识拓展

## 其他类型的胶凝材料

### 一、专用水泥和特性水泥

#### （一）抗硫酸盐硅酸盐水泥

以适当成分的硅酸盐水泥熟料，加入适量石膏，磨细制成的具有抵抗硫酸根离子侵蚀的水硬性胶凝材料，称为抗硫酸盐硅酸盐水泥。抗硫酸盐硅酸盐水泥又根据抵抗硫酸盐浓度的不同分为中抗硫酸盐硅酸盐水泥（简称中抗硫水泥，代号P·MSR）和高抗硫酸盐硅酸盐水泥（简称高抗硫水泥，代号P·HSR）。

中抗硫水泥和高抗硫水泥按其强度分为425、525两个标号。抗硫水泥一般能抵抗浓度不超过2500mg/L的纯硫酸盐的腐蚀，而高抗硫水泥一般可抵抗浓度不超过8000mg/L的纯硫酸盐的腐蚀。它们主要用于受到硫酸盐侵蚀的海港、水利、隧道、引水、道路和桥梁基础等工程部位。

#### （二）白色及彩色硅酸盐水泥

1. 白色硅酸盐水泥

由白色硅酸盐水泥熟料加入适量石膏，经磨细制成的水硬性胶凝材料，称为白色硅酸盐水泥（简称白水泥）。磨细时可加入5%以内的石灰石或窑灰。

白水泥系采用含极少量着色物质的原料，如纯净的高岭土、纯石英砂、纯石灰石或白垩等，在较高温度（1500～1600℃）烧成以硅酸盐为主要成分的熟料。为了保持其白度，在煅烧、粉磨和运输时均应防止着色物质混入，常采用天然气、煤气或重油作燃料，在球磨机中用硅质石材或坚硬的白色陶瓷作为衬板及研磨体。

白水泥的很多技术性质与普通水泥相同，按照《白色硅酸盐水泥》（GB/T 2015—2005）规定：氧化镁含量不得超过4.5%。而对三氧化硫含量、细度、安定性要求与普通硅酸盐水泥相同。初凝不得早于45min，终凝不得迟于12h。白水泥按规定龄期的抗压强度和抗折强度划分为32.5、42.5、52.5、62.5四个强度等级。

2. 彩色硅酸盐水泥

彩色硅酸盐水泥，简称彩色水泥。按其生产方法可分为两类：一类是在白水泥的生料中加入少量金属氧化物，直接烧成彩色水泥熟料，然后再加入适量石膏磨细制成；另一类是采用白色硅酸盐水泥熟料、适量石膏和耐碱矿物颜料共同磨细而制成。

耐碱矿物颜料对水泥不起有害作用，常用的有氧化铁（红、黄、褐、黑色）、氧化锰（褐、黑色）、氧化铬（绿色）、赭石（赭色）、群青（蓝色）以及普鲁士红等。

白色和彩色硅酸盐水泥，主要用于建筑物内外的表面装饰工程中，如地面、楼面、楼梯、墙、柱及台阶等。可做成水泥拉毛、彩色砂浆、水磨石、水刷石、斩假石等饰面，也可用于雕塑及装饰部件或制品。使用白色或彩色硅酸盐水泥时，应以彩色大理石、石灰石、白云石等彩色石子或石屑和石英砂作粗细骨料。制作方法可以在工地现场浇制，也可在工厂预制。

**（三）道路硅酸盐水泥**

由道路水泥熟料，0～10%活性混合材料和适量石膏磨细制成的水硬性胶凝材料，称为道路硅酸盐水泥（简称道路水泥）。

道路水泥的技术性质应符合《道路硅酸盐水泥》（GB 13693—2005）的规定：道路水泥熟料中铝酸三钙的含量不得大于5.0%，铁铝酸四钙的含量不得小于16.0%。初凝不得早于1h，终凝不得迟于10h。28d的干缩率不得大于0.10%。其耐磨性以磨损量表示，不得大于3.60kg/m$^2$。其他技术性质如细度、氧化镁、三氧化硫含量、体积安定性的要求同普通水泥。道路水泥分为42.5、52.5、62.5三个强度等级。

道路水泥早期强度较高，干缩值小，耐磨性好，适用于修筑道路路面和飞机场地面，也可用于一般土建类工程中。

**（四）快硬高强型水泥**

随着建筑业的发展，高强、早强类混凝土的应用量日益增加，快硬高强型水泥的品种与产量也随之增多，这类水泥最大的特点就是凝结硬化速度快，早期强度高，有些品种还具有一定的抗渗和抗硫酸盐腐蚀的能力。在工程中主要应用于有快硬、早强、高强、抗渗和抗硫酸盐腐蚀要求的工程部位。目前，我国快硬、高强水泥已有5个系列，近10个品种，是世界上少有的品种齐全的国家之一。下面介绍几种典型的快硬高强水泥。

1. 快硬硅酸盐水泥

凡以硅酸钙为主要成分的水泥熟料，加入适量石膏，经磨细制成的具有早期强度增进率较快的水硬性胶凝材料，称为快硬硅酸盐水泥，简称快硬水泥。熟料中硬化最快的矿物成分是铝酸三钙和硅酸三钙。制造快硬水泥时，应适当提高它们的含量，通常硅酸三钙为50%～60%，铝酸三钙为8%～14%，铝酸三钙和硅酸三钙的总量应不少于60%～65%。为加快硬化速度，可适当提高水泥的粉磨细度。快硬水泥以3d强度确定其强度等级。

快硬水泥主要用于配制早强混凝土，适用于紧急抢修工程和低温施工工程。

2. 快硬高强铝酸盐水泥

凡以铝酸钙为主要成分的熟料，加入适量的硬石膏，磨细制成的具有快硬高强性能的

水硬性胶凝材料，称为快硬高强铝酸盐水泥。其强度增进率较快，早期（1d）的强度就达到很高的水平。

快硬高强铝酸盐水泥适用于早强、高强、抗渗、抗腐蚀及抢修等特殊工程。为了发挥该水泥的快硬高强的特性，在配制混凝土时，每 $1m^3$ 混凝土的水泥用量不小于300kg，砂率控制在30%～34%，坍落度以20～40mm为宜。

3. 快硬硫铝酸盐水泥

以适当成分的生料，烧成以无水硫铝酸钙和硅酸二钙为主要矿物成分的熟料，加入适量石膏和0～10%的石灰石，磨细制成的早期强度高的水硬性胶凝材料，称为快硬硫铝酸盐水泥，代号R·SAC。

快硬硫铝酸盐水泥具有快凝、早强、不收缩的特点，可用于配制早强、抗渗和抗硫酸盐侵蚀的混凝土，适用于负温施工（冬季施工），浆锚、喷锚支护、抢修、堵漏工程及一般建筑工程。由于这种水泥的碱度低，适用于玻璃纤维增强水泥制品，但碱度低易使钢筋锈蚀，使用时应予注意。

4. 快硬铁铝酸盐水泥

以适当成分的生料，经煅烧所得以无水硫铝酸钙、铁相和硅酸二钙为主要矿物成分的熟料，加入适量石膏和0～10%的石灰石，磨细制成的早期强度高的水硬性胶凝材料，称为快硬铁铝酸盐水泥，代号R·FAC。

快硬铁铝酸盐水泥适用于要求快硬、早强、耐腐蚀、负温施工的海工、道路等工程。

**（五）砌筑水泥**

凡由一种或一种以上的水泥混合材料，加入适量硅酸盐水泥熟料和石膏，经磨细制成的和易性较好的水硬性胶凝材料，称为砌筑水泥，代号M。水泥中混合材料掺加量按重量百分比计应大于50%，允许掺入适量的石灰石或窑灰。水泥中混合材料掺加量不得与矿渣硅酸盐水泥重复。砌筑水泥技术性质的要求中有两项比较特殊：一是初凝不早于45min，终凝不迟于24h；二是水泥的标号只有175、275两个。

砌筑水泥的主要特点是凝结硬化慢、强度低，它是一种低强度水泥，但具有良好的和易性和保水性。主要用于配制建筑用的砌筑砂浆和内墙抹面砂浆，不能用于钢筋混凝土中，作其他用途时必须通过试验来决定。

**（六）大坝水泥**

大坝水泥有硅酸盐大坝水泥（俗称纯大坝水泥）、普通硅酸盐大坝水泥（简称普通大坝水泥）和矿渣硅酸盐大坝水泥（简称矿渣大坝水泥）三种。这三种水泥最大的特点就是水化热低，适用于要求水化热较低的大型基础、水坝、桥墩等大体积混凝土工程中。对于大体积混凝土构件，由于其体积较大，混凝土浇筑后所产生的水化热易积聚在内部，导致内部温度很快上升，使得构件内外部产生较大的温差，引起温度应力，最终可导致混凝土产生温度裂缝，因此水化热对大体积混凝土是一个非常有害的因素。在大体积混凝土工程中，不宜采用水化热较高的水泥品种。

**（七）膨胀型水泥**

一般的水泥品种，在凝结硬化后体积都有一定程度的收缩，很容易在水泥石中产生收缩裂缝，而膨胀型水泥在凝结硬化后会产生体积膨胀，这种特性可减少和防止混凝土的收缩裂缝，增加密实度，也可用于生产自应力水泥砂浆或混凝土。

膨胀型水泥适用于补偿收缩混凝土结构工程，防渗抗裂混凝土工程，补强和防渗抹面工程，大口径混凝土管及其接缝，梁柱和管道接头，固接机器底座和地脚螺栓。

**(八) 铝酸盐水泥**

铝酸盐水泥是以铝矾土和石灰石为原料，经煅烧制得的以铝酸钙为主要成分、氧化铝含量约50%的熟料，再磨制成的水硬性胶凝材料。铝酸盐水泥常为黄或褐色，也有呈灰色的。铝酸盐水泥的主要矿物成为铝酸一钙（$CaO \cdot Al_2O_3$，简写CA）及其他的铝酸盐，以及少量的硅酸二钙（$2CaO \cdot SiO_2$）等。

根据《硅酸盐水泥》(GB 201—2000) 的规定：铝酸盐水泥的密度和堆积密度与普通硅酸盐水泥相近。其细度为比表面积不小于 $300m^2/kg$ 或 $45\mu m$ 筛筛余不大于20%。铝酸盐水泥分为CA－50、CA－60、CA－70、CA－80四个类型，各类型水泥的凝结时间和各龄期强度不得低于标准的规定。

铝酸盐水泥凝结硬化速度快。1d强度可达最高强度的80%以上，主要用于工期紧急的工程，如国防、道路和特殊抢修工程等。

铝酸盐水泥水化热大，且放热量集中。1d内放出的水化热为总量的70%～80%，使混凝土内部温度上升较高，即使在－10℃下施工，铝酸盐水泥也能很快凝结硬化，可用于冬季施工的工程。

铝酸盐水泥在普通硬化条件下，由于水泥石中不含铝酸三钙和氢氧化钙，且密实度较大，因此具有很强的抗硫酸盐腐蚀作用。

铝酸盐水泥具有较高的耐热性。如采用耐火粗细骨料（如铬铁矿等）可制成使用温度达1300～1400℃的耐热混凝土。

但铝酸盐水泥的长期强度及其他性能有降低的趋势，长期强度约降低40%～50%，因此铝酸盐水泥不宜用于长期承重的结构及处在高温高湿环境的工程中，它只适用于紧急军事工程（筑路、桥）、抢修工程（堵漏等）、临时性工程，以及配制耐热混凝土等。

另外，铝酸盐水泥与硅酸盐水泥或石灰相混不但产生闪凝，而且由于生成高碱性的水化铝酸钙，使混凝土开裂，甚至破坏。因此施工时除不得与石灰或硅酸盐水泥混合外，也不得与未硬化的硅酸盐水泥接触使用。

## 二、气硬性胶凝材料

气硬性胶凝材料是指只能在空气中凝结硬化的胶凝材料，气硬性胶凝材料只适用于干燥环境中的工程部位。工程中常用的气硬性胶凝材料有石灰、石膏、水玻璃和菱苦土等。

**(一) 石灰**

1. 生石灰的生产

生石灰是以碳酸钙为主要成分的石灰石、白垩等为原料，在低于烧结温度下煅烧所得的产物，其主要成分是氧化钙。煅烧反应如下：

$$CaCO_3 \xrightarrow{\text{高温煅烧}} CaO + CO_2 \uparrow$$

$$MgCO_3 \xrightarrow{800 \sim 1000℃} MgO + CO_2 \uparrow$$

石灰生产中为了使 $CaCO_3$ 能充分分解生成 CaO，必须提高温度，但煅烧温度过高过低，或煅烧时间过长过短都会影响烧成生石灰的质量，如图 3.16 所示。

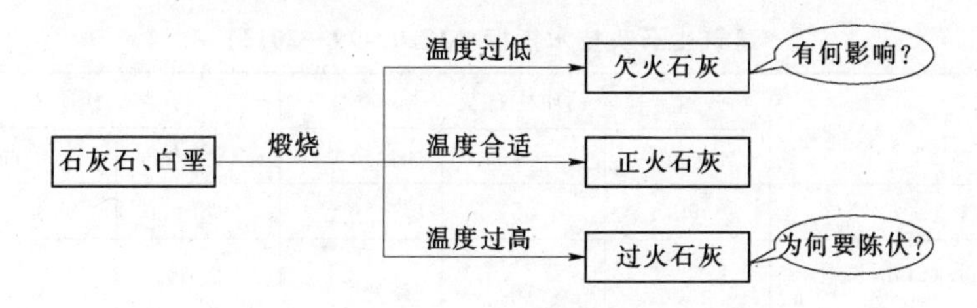


图 3.16　生石灰煅烧示意图

由于煅烧的不均匀性，或多或少都存在少量的欠火石灰和过火石灰。欠火石灰中 CaO 的含量低，会降低石灰的质量等级和利用率；过火石灰结构密实，熟化极其缓慢，当这种未充分熟化的石灰抹灰后，会吸收空气中大量的水蒸气，继续熟化，体积膨胀，致使墙面砂浆隆起、开裂，严重影响工程质量。

2. 生石灰的熟化

生石灰的熟化（又称消化或消解）是指生石灰与水发生化学反应生成熟石灰的过程。其反应式如下：

$$CaO + H_2O = Ca(OH)_2 + 64.9kJ$$

生石灰遇水反应剧烈，放出大量的热，同时体积膨胀 1～2.5 倍。

块状生石灰熟化后体积膨胀，产生的膨胀压力会致使石灰块自动分散成为粉末，应用此法可将块状生石灰加工成为消石灰粉。

熟化后的石灰在使用前必须进行“陈伏”。这是因为生石灰中存在着过火石灰。过火石灰结构密实，熟化极其缓慢，当这种未充分熟化的石灰抹灰后，会吸收空气中大量的水蒸气，继续熟化，体积膨胀，致使墙面砂浆隆起、开裂，严重影响工程质量。为了消除过火石灰的危害，生石灰在使用前应提前化灰，使石灰浆在灰坑中储存两周以上，以使生石灰得到充分熟化，这一过程称为“陈伏”。陈伏期间，为了防止石灰碳化，应在其表面保留一定厚度的水层，用以隔绝空气。

3. 石灰的硬化

石灰的硬化速度很缓慢，且硬化体强度很低。石灰浆体在空气中逐渐硬化，主要是干燥结晶和碳化这两个过程同时进行来完成的。

石灰的硬化主要依靠结晶作用，而结晶作用又主要依靠水分蒸发速度。由于自然界中水分的蒸发速度是有限的，因此石灰的硬化速度很缓慢。

结合案例分析，该工程在进行室内抹面时，使用了潮湿且长期暴露于空气中的生石灰粉，由于生石灰粉在潮湿环境中吸收了水分，转变成消石灰，消石灰又与空气中的二氧化碳反应生成碳酸钙，因此，碳酸钙无胶凝性，原来的生石灰粉已失去胶凝性，无法与墙面粘贴牢固，从而导致了墙体抹灰的大面积脱落。

4. 石灰的技术性质

按石灰中氧化镁的含量分类，生石灰可分为钙质生石灰（MgO 含量不大于 5%）和镁质生石灰（MgO 含量大于 5%）。镁质生石灰的熟化速度较慢，但硬化后其强度较高。

根据建材行业标准，建筑生石灰可划分为优等品、一等品和合格品共三个质量等级，见表3.13。

**表3.13　　建筑生石灰技术指标（JC/T 479—2013）**

| 项　目 | 钙质生石灰 | | | 镁质生石灰 | | |
|---|---|---|---|---|---|---|
| | 优等品 | 一等品 | 合格品 | 优等品 | 一等品 | 合格品 |
| CaO+MgO含量/%，≥ | 90 | 85 | 80 | 85 | 80 | 75 |
| 未消化残渣含量（5mm圆孔筛筛余）/%，≤ | 5 | 10 | 15 | 5 | 10 | 15 |
| $CO_2$含量/%，≤ | 5 | 7 | 9 | 6 | 8 | 10 |
| 产浆量/(L·$kg^{-1}$)，≥ | 2.8 | 2.3 | 2.0 | 2.8 | 2.3 | 2.0 |

5. 石灰的特性、应用及储存

（1）石灰的特性。

1）凝结硬化缓慢，强度低。石灰浆在空气中的碳化过程很缓慢，且结晶速度主要依赖于浆体中水分蒸发的速度，因此，石灰的凝结硬化速度是很缓慢的。

2）可塑性好，保水性好。生石灰熟化为石灰浆时，能形成颗粒极细（粒径为0.001mm）呈胶体分散状态的氢氧化钙粒子，表面吸附一层厚厚的水膜，使颗粒间的摩擦力减小，因而具有良好的可塑性。

3）硬化后体积收缩较大。石灰浆中存在大量的游离水，硬化后大量水分蒸发，导致石灰内部毛细管失水收缩，引起显著的体积收缩变形。这种收缩变形使得硬化石灰体产生开裂，因此，石灰浆不宜单独使用，通常工程施工中要掺入一定量的集料（砂子）或纤维材料（麻刀、纸筋等）。

4）吸湿性强，耐水性差。生石灰具有很强的吸湿性，传统的干燥剂常采用这类材料。生石灰水化后的产物其主要成分是$Ca(OH)_2$，能溶解在水中，若长期受潮或被水侵蚀，会使硬化的石灰溃散，因此它是一种气硬性胶凝材料，不宜用于潮湿的环境中，更不能用于水中。

（2）石灰的应用。石灰是建筑工程中面广量大的建筑材料之一，其常见的用途如下：

1）广泛用于建筑室内粉刷。石灰乳是一种廉价的涂料，且施工方便，颜色洁白，能为室内增白添亮，因此在建筑中应用十分广泛。

2）用于配制建筑砂浆。石灰和砂或麻刀、纸筋配制成石灰砂浆、麻刀灰、纸筋灰，主要用于内墙、顶棚的抹面砂浆。石灰与水泥和砂可配制成混合砂浆，主要用于墙体砌筑或抹面之用。

3）配制三合土和灰土。三合土是采用生石灰粉（或消石灰粉）、黏土和砂子按1∶2∶3的比例，再加水拌和，经夯实后而成。灰土是用生石灰粉和黏土按1∶(2～4)的比例加水拌和，经夯实后而成。经夯实后的三合土和灰土广泛应用于建筑物的基础、路面或地面垫层。

4）制作碳化石灰板。碳化石灰板是将磨细生石灰、纤维状填料（如玻璃纤维等）或轻质骨料（如矿渣等）经搅拌、成型，然后人工碳化而成的一种轻质板材。这种板材能

锯、刨、钉，适宜作非承重内墙板、天花板等。

5）生产硅酸盐制品。以石灰和硅质材料（如石英砂、粉煤灰等）为原料，加水拌和，经成型、蒸养或蒸压处理等工序而制成的建筑材料，统称为硅酸盐制品，如粉煤灰砖、灰砂砖、加气混凝土砌块等。

6）配制无熟料水泥。将具有一定活性的混合材料，按适当比例与石灰配合，经共同磨细，可得到水硬性的胶凝材料，即为无熟料水泥。

(3) 石灰的储存。生石灰具有很强的吸湿性，在空气中放置太久，会吸收空气中的水分而消化成消石灰粉而失去胶凝能力。因此储存生石灰时，一定要注意防潮防水，而且存期不宜过长。

另外，生石灰熟化时会释放大量的热，且体积膨胀，故在储存和运输生石灰时，还应注意将生石灰与易燃易爆物品分开保管，以免引起火灾和爆炸。

**（二）建筑石膏**

建筑中使用最多的石膏胶凝材料是建筑石膏，其次是高强石膏。建筑石膏及其制品具有许多优良性能，如轻质、耐火、隔音、绝热等，是一种比较理想的高效节能的材料。

1. 建筑石膏的生产

生产建筑石膏的原料主要是天然二水石膏，也可采用化学石膏。原料经过煅烧（在不同温度和压力条件下）、脱水，再经磨细而成。

2. 建筑石膏的凝结硬化

建筑石膏与适量的水相混合，最初形成具有良好可塑性的浆体，但很快就失去可塑性而发展成为具有一定强度的固体，这个过程就称为石膏的凝结硬化。其原因是由于浆体内部发生了一系列的物理化学变化，随着水化反应不断进行，水分不断蒸发，浆体失去可塑性，这一过程称为凝结；其后，晶体颗粒逐渐长大、连生、相互交错，使得强度不断增长，直到剩余水分完全蒸发，这一过程称为硬化。

3. 建筑石膏的技术性质

建筑石膏为白色粉末状材料，其密度约为 2.6～2.75g/cm$^3$，堆积密度约为 800～1100kg/m$^3$。建筑石膏技术性质主要有强度、细度、凝结时间。建筑石膏按其强度、细度的不同可划分为优等品、一等品和合格品三个质量等级。具体情况见表 3.14。

**表 3.14　建筑石膏等级标准**

| 技术指标 | | 优等品 | 一等品 | 合格品 |
|---|---|---|---|---|
| 强度/MPa | 抗折强度，≥ | 2.5 | 2.1 | 1.8 |
| | 抗压强度，≥ | 4.9 | 3.9 | 2.9 |
| 细度/% | 0.2mm 方孔筛筛余，≤ | 5.0 | 10.0 | 15.0 |
| 凝结时间/min | 初凝时间，≥ | 6 | | |
| | 终凝时间，≤ | 30 | | |

建筑石膏是在高温条件下煅烧而成的一种白色粉末状材料，本身易吸湿受潮，而且其凝结硬化速度很快，因此在储存和运输过程中，一定要注意防潮防水。同时，石膏若长期存放，强度也会降低，一般储存三个月后强度会下降 30%左右，因此建筑石膏储存时间

不宜过长，一般不超过三个月。若超过三个月，应重新检验并确定其质量等级。

4. 建筑石膏及其制品的特性

(1) 凝结硬化很快，强度较低。由于凝结快，在实际工程中使用时往往需要掺入适量的缓凝剂，如动物胶、亚硫酸盐酒精溶液、硼砂等。建筑石膏的强度较低，其抗压强度仅为3.0～5.0MPa，只能满足作为隔墙和饰面的要求。

(2) 硬化时体积略微膨胀。建筑石膏在凝结硬化时具有微膨胀性，其体积一般膨胀0.05%～0.15%。这种特性可使硬化成型的石膏制品表面光滑饱满，干燥时不开裂，且能使制品造型棱角清晰，尺寸准确，有利于制造复杂花纹图案的石膏装饰制品。

(3) 孔隙率大，体积密度小，保温隔热性能好，吸声性能好等。建筑石膏水化时的理论需水量仅为其质量的18.6%，但施工中为了保证浆体具有足够的流动性，其实际加水量常常达60%～80%，大量的水分会逐渐蒸发出来，而在硬化体内留下大量的孔隙，其孔隙率可达50%～60%。由于孔隙率大，因此石膏制品的体积密度小，属于轻质材料，而且具有良好的保温隔热性能和吸声性能。

(4) 耐水性差，抗冻性差。石膏是气硬性胶凝材料，水会削弱其晶体粒子间的结合力，从而导致破坏，因此在使用时应注意所处环境的条件。

(5) 防火性能良好。建筑石膏硬化后的主要成分是二水石膏，当其遇火时，二水石膏释放出部分结晶水，而水的热容量很大，蒸发时会吸收大量的热，并在制品表面形成蒸汽幕，可有效地防止火势的蔓延。

(6) 具有一定的调温调湿性能。由于石膏制品具有多孔结构，且其热容量较大，吸湿性强，当室内温度、湿度发生变化时，石膏制品能吸入水分或呼出水分，吸收热量或放出热量，可使环境的温度和湿度得到一定的调节。

(7) 石膏制品具有良好的可加工性，且装饰性能好。石膏制品可锯、可钉、可刨，便于施工操作。并且其表面细腻平整，色泽洁白，具有典雅的装饰效果。

5. 建筑石膏的应用

(1) 用作室内粉刷和抹灰。石膏洁白细腻，用于室内粉刷、抹灰，具有良好的装饰效果。经石膏抹灰后的内墙面、顶棚，还可直接涂刷涂料、粘贴壁纸。但在施工时应注意：由于建筑石膏凝结很快，施工时应掺入适量的缓凝剂，以保证施工质量。

(2) 制作石膏制品。建筑石膏制品的种类较多，我国生产的石膏制品主要有纸面石膏板、空心石膏条板、纤维石膏板、石膏砌块和其他石膏装饰板等。建筑石膏配以纤维增强材料、黏结剂等，还可以制作各种石膏角线、线板、角花、雕塑艺术装饰制品等。

(3) 生石膏可作为水泥生产的原料。水泥生产过程中必须掺入适量的石膏作为缓凝剂，不掺、少掺或多掺都会导致水泥无法正常使用或根本无法使用。

## 项目小结

本项目重点是掌握通用硅酸盐水泥的物理及化学性质，通用硅酸盐水泥的细度、标准稠度用水量、强度等性能的物理检测方法，数据的处理方法及物理性能的判定。注重理论

联系实际，突出实践动手能力的培养，同时也有利于培养学生科学严谨、细致认真的工作作风。

在掌握水硬性胶凝材料——水泥技术特性的基础上，了解气硬性胶凝材料——石灰和石膏的技术特性及其在实际工程中的应用。

# 项目4 混凝土的检测

## 项目导航：

混凝土，简称为“砼（tóng）”：是指由胶凝材料（有机的、无机的或有机无机复合的）、颗粒状骨料、水以及化学外加剂和矿物掺合料，按照适当的比例配合，经均匀拌和、密实成型及养护硬化而成的人造石材。其中以水泥为胶凝材料，以砂、石为骨料，加水和适量外加剂拌和而成的普通水泥混凝土（如无特殊说明，以下所指混凝土皆是普通水泥混凝土）在工程中使用最多。

混凝土广泛应用于水利水电建筑工程中，如混凝土重力坝、大坝基础、水闸、隧洞衬砌、渡槽、船闸、水电站厂房等。此外，也可用于建筑工程、公路工程、桥梁和隧道工程及特种结构等建设领域。据统计，目前全世界的混凝土年用量大约为70亿～80亿 $m^3$，我国混凝土的年总用量也在30亿 $m^3$，其技术与经济意义是其他建筑材料无法比拟的。其根本原因是混凝土材料具有如下优点：

(1) 普通混凝土使用的组成材料体积中，70%以上均为天然骨料砂、石子，因此可就地取材，降低了成本，满足经济原则。

(2) 拌和物具有良好的塑性，可以根据需要浇注成任意形状的结构或构件，即混凝土具有良好的可加工性。

(3) 可根据各项技术要求，通过调整其组成材料的品种和比例，以满足工程上不同的要求。

(4) 与钢筋黏结力强，一般不会锈蚀钢筋，质量符合标准要求的混凝土，对钢筋有较好的保护作用。

(5) 混凝土具有抗压强度高、耐久、耐火、维修费用低等许多优点，是一种较好的结构材料。

虽然混凝土有以上诸多优点，但其抗拉强度低（约为抗压强度的1/10～1/20）、变形性能差、自重大、比强度小、施工周期长等缺点在实际工程中不容忽视，需认真研究和改进。

由于混凝土是当代世界上用途最广、用量最大的建筑材料，其质量的合格与否直接关系到工程质量，关系到国计民生，关系到人民群众的生命安全。因此为保证混凝土的质量，必须依据国家或地方颁布的标准、规范及规定，对混凝土进行检测与试验，以判断其各项技术性能是否满足标准规定，防止不合格的混凝土用于水利工程中，影响水利工程的质量。

## 案例描述：

某混凝土重力坝所在地区最冷月月平均气温为－9℃，河水无侵蚀性，坝上游面水位

涨落区的外部混凝土最大作用水头45m，一年内的总冻融循环次数为60次，设计要求该处混凝土强度等级为C25，采用机械搅拌，振捣器振捣，用当地河砂和石灰岩石轧制的碎石作骨料。设计该坝上游面水位涨落区的外部混凝土的配合比。

（1）已知混凝土设计强度等级为C25，施工单位有强度统计历史资料，取$\sigma=3.9$，要求混凝土拌和物坍落度为30～50mm。

（2）组成材料：强度等级为42.5MPa的普通硅酸盐水泥，密度$\rho_c=3100\text{kg/m}^3$，水泥强度富余系数取1.13；河砂，细度模数$M_x=2.7$，级配良好，饱和面干状态表观密度$\rho_s=2610\text{kg/m}^3$，工地实测表面含水率为3%，实测超径含量为2%；碎石，最大粒径$D_M=80\text{mm}$，通过试验选定级配为：(5～20)：(20～40)：(40～80)=30：30：40，饱和面干状态表观密度$\rho_g=2670\text{kg/m}^3$，工地实测表面含水率分别为1.1%、0.3%、0.2%，实测超径含量分别为5%、4%、0%，实测逊径含量分别为10%、2%、5%。

## 任务4.1 混凝土的配合比设计

### 任务导航：

任务内容及要求

| 知识目标 | 能力目标 | 素质目标 | 考核方式 |
|---|---|---|---|
| 1. 掌握混凝土材料的组成与结构，技术性质及其要求；<br>2. 掌握水泥混凝土的配合比设计；<br>3. 熟悉水泥混凝土在水利水电工程中的应用 | 1. 能够完成不同标号水泥混凝土的配合比设计；<br>2. 能够测定水泥混凝土拌和物的和易性；<br>3. 能够完成水泥混凝土的配合比通知单 | 培养学生发现问题、分析问题、解决问题的能力 | 过程性评价：考勤、卷考、试验操作、试验报告 |

### 4.1.1 混凝土的组成材料与结构

普通混凝土由水泥、砂、石子、水以及必要时掺入的化学外加剂组成，其中水泥为胶凝材料，砂和石子为骨料。

水泥和水形成水泥浆，均匀填充砂子之间的空隙并包裹砂子表面形成水泥砂浆；水泥砂浆再均匀填充石子之间的空隙并略有富余，即形成混凝土拌和物（又称为“新拌混凝土”）；水泥凝结硬化后即形成硬化混凝土。硬化后的混凝土结构断面如图4.1所示。

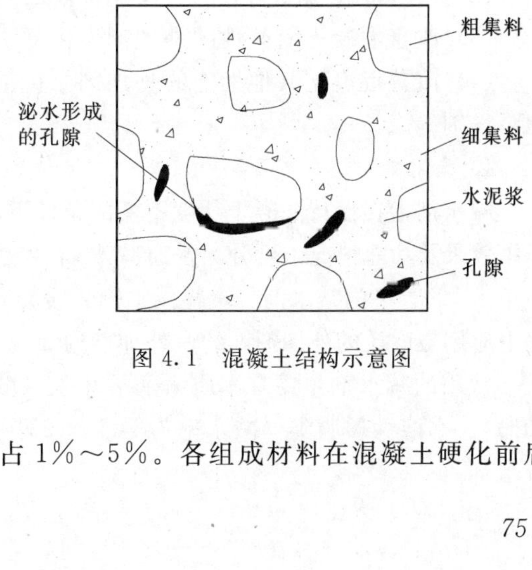

图4.1 混凝土结构示意图

在硬化混凝土的体积中，水泥石大约占25%，砂和石子占70%以上，孔隙和自由水占1%～5%。各组成材料在混凝土硬化前后的作用见表 4.1。

表 4.1　　各组成材料在混凝土硬化前后的作用

| 组成材料 | 硬化前的作用 | 硬化后的作用 |
|---|---|---|
| 水泥＋水 | 润滑作用 | 胶结作用 |
| 砂＋石子 | 填充作用 | 骨架作用 |

砂在混凝土中可以使混凝土结构均匀，同时可以抑制和减小水泥石硬化过程中产生的体积变形，如化学收缩、干燥收缩等，避免或减少混凝土硬化后产生收缩裂纹。

普通混凝土的质量和性能，取决于组成材料的性能、材料相对含量（即配合比）、混凝土的施工工艺（配料、搅拌、运输、浇注、成型、养护等）等因素，为此，要保证混凝土的质量，提高混凝土的技术性能和降低成本，必须正确合理地选择原材料。

**4.1.1.1　混凝土拌和及养护用水**

混凝土拌和用水宜选择洁净的饮用水。当采用其他水源时，水质应符合国家现行行业标准《混凝土拌和用水标准》（JGJ 63—2006）的规定，且要求有水质质检报告。未经处理的工业废水及生活污水、污水、沼泽水以及 pH 值<4 的酸性水等均不能使用。

素混凝土可以采用海水拌制，但海水中含有较多的 $SO_4^-$ 和 $Cl^-$，对混凝土中钢筋有锈蚀作用，因此钢筋混凝土和预应力混凝土，不得采用海水拌制；有饰面要求的混凝土，也不得采用海水拌制，以免因表面盐析产生白斑而影响装饰效果。

**4.1.1.2　水泥、石和砂**

水泥、石和砂等混凝土组成材料的具体情况，参考项目 2 和项目 3 的相关内容。

**4.1.1.3　混凝土外加剂**

混凝土外加剂是在拌制混凝土过程中，掺量一般不超过水泥质量的 5%的无机、有机或无机与有机的化合物，用以改善混凝土性能的物质。外加剂的使用是混凝土技术的重大突破。

混凝土外加剂种类繁多，根据《混凝土外加剂的分类、命名与定义》（GB 8075—2005）的规定，混凝土外加剂按其主要功能分为四类：

（1）改善混凝土拌和物流变性能的外加剂。包括各种减水剂、引气剂和泵送剂等。

（2）调节混凝土凝结时间、硬化性能的外加剂。包括缓凝剂、早强剂和速凝剂等。

（3）改善混凝土耐久性的外加剂。包括引气剂、防水剂和阻锈剂、减缩剂等。

（4）改善混凝土其他性能的外加剂。包括加气剂、膨胀剂、防冻剂、着色剂、防水剂和泵送剂等。

1. 减水剂

减水剂指在保持混凝土稠度不变的条件下，具有减水增强作用的外加剂。根据减水剂的作用效果及功能情况，可分为普通减水剂（减水率为 8%～15%）、高效减水剂（减水率不小于 15%）、早强减水剂、缓凝减水剂、缓凝高效减水剂及引气减水剂等。减水剂是目前工程中应用最广泛的外加剂，约占外加剂的 80%左右，常用的减水剂为阴离子表面活性剂。

常用的减水剂主要有木质素磺酸盐系（减水率为 10%左右）、萘系（减水率为 15%～30%）、水溶性树脂类（减水率为 20%～27%）、糖蜜类（减水率为 6%～10%）和复合型减水剂。

2. 早强剂

早强剂是加速混凝土早期强度发展，并对后期强度无显著影响的外加剂。早强剂能加速水泥的水化和硬化，缩短养护期，从而达到尽早拆模、提高模板周转率，加快施工速度的目的。早强剂可以在常温、低温和负温（不低于-5℃）条件下加速混凝土的硬化过程，多用于冬季施工和抢修工程。

工程中常用的早强剂主要有氯盐类、硫酸盐类、三乙醇胺、三异丙醇胺和以其为基础的复合早强剂。

3. 缓凝剂

缓凝剂指能延缓混凝土凝结时间，并对混凝土后期强度发展无不利影响的外加剂。

缓凝剂主要有四类：糖类，如糖蜜，木质素磺酸盐类，如木钙、木钠；羟基羧酸及其盐类，如柠檬酸、酒石酸；无机盐类，如锌盐、硼酸盐等。常用的缓凝剂是木钙和糖蜜，其中糖蜜的缓凝效果最好。

缓凝剂具有缓凝、减水、降低水化热和增强作用，对钢筋也无锈蚀作用。主要适用于大体积混凝土和炎热气候下施工的混凝土，泵送混凝土及滑模施工的混凝土，以及需长时间停放或长距离运输的混凝土。

4. 引气剂

引气剂指在混凝土搅拌过程中，能引入大量分布均匀的微小气泡，以减少混凝土拌和物的泌水、离析，改善和易性，并能显著提高硬化混凝土抗冻性、耐久性的外加剂。

目前，应用较多的引气剂为松香热聚物、松香皂、烷基苯磺酸盐等。工程中常用的引气剂为松香热聚物，其掺量为水泥用量的0.01%～0.02%。

引气剂可用于抗渗混凝土、抗冻混凝土、抗硫酸盐侵蚀混凝土、泌水严重的混凝土、贫混凝土、轻混凝土，以及对饰面有要求的混凝土等，但引气剂不宜用于蒸养混凝土及预应力混凝土。

5. 防冻剂

防冻剂能使混凝土在负温下硬化，并在规定养护条件下达到预期足够防冻强度的外加剂。

常用的防冻剂为复合型，由防冻、早强、减小、引气等多组分组成，各组分各尽其能，完成预定抗冻性能。

不同类别的防冻剂性能具有差异，合理的选用十分重要。氯盐类防冻剂适用于无筋混凝土，氯盐阻锈类防冻剂可用于钢筋混凝土，无氯盐类防冻剂可用于钢筋混凝土工程和预应力钢筋混凝土工程。硝酸盐、亚硝酸盐、碳酸盐易引起钢筋的应力腐蚀，故此类防冻剂不适用于预应力混凝土以及与镀锌钢材相接触部位的钢筋混凝土结构。

6. 速凝剂

速凝剂指能使混凝土迅速凝结硬化的外加剂。

速凝剂主要有无机盐类和有机物类两类。我国常用的速凝剂是无机盐类，主要有红星Ⅰ型、711型、728型、8604型等。在满足施工要求的前提下，以最小掺量为宜。

速凝剂掺入混凝土后，能使混凝土在5min内初凝，10min内终凝，1h就可产生强度，1d强度提高2～3倍，但后期强度会下降，28d强度约为不掺时的80%～90%。

速凝剂主要用于矿山井巷、铁路隧道、引水涵洞、地下工程以及喷锚支护时的喷射混凝土或喷射砂浆工程。

#### 4.1.1.4 混凝土掺合料

为节约水泥，改善混凝土的性能，在混凝土拌和时掺入的掺量大于水泥质量5%的矿物粉末，称为混凝土掺合料。主要品种有粉煤灰、硅粉、超细矿渣及各种天然的火山灰质粉末。目前，混凝土掺合料已是调节混凝土性能，配制大体积混凝土、碾压混凝土、高性能混凝土等不可缺少的组分，配合比设计中根据情况要计入掺合料的影响。

1. 粉煤灰

粉煤灰是从火电厂煤粉炉烟道气体中收集到的颗粒粉末。其主要化学成分为活性的$SiO_2$、$Al_2O_3$。

由于粉煤灰本身的化学活性、结构和颗粒形状等特征，在混凝土中产生增强作用、降低水化热、改善和易性、增大密实度等四种效果。

2. 硅粉

硅粉亦称硅灰，是从冶炼硅铁和其他硅金属工厂的废烟气中回收的副产品。其主要成分是$SiO_2$（含量达85%～96%），活性很高。

混凝土中使用硅粉的效果是改善拌和物的和易性，配制高强混凝土，改善混凝土的孔隙结构，抗侵蚀性较好，抗冲磨性得以提高。

3. 磨细矿渣

磨细矿渣是粒化的高炉矿渣经干燥、磨细等工艺达到规定细度的产品。其主要化学成分为活性的$SiO_2$、$Al_2O_3$。

磨细矿渣掺入混凝土后可以配制高强和超高强混凝土（≥C100），改善新拌混凝土和易性，大大改善混凝土的耐久性。

### 4.1.2 混凝土的主要技术性质

混凝土的主要性质包括两个方面：一是混凝土硬化前的性质，即和易性；二是混凝土硬化之后的性质，即力学性能和耐久性。

#### 4.1.2.1 混凝土拌和物和易性

普通混凝土组成材料按一定比例混合，经拌和均匀后即形成混凝土拌和物，又称为新拌混凝土或混凝土拌和物，简称拌和物。混凝土拌和物应具有良好的和易性，以便于施工操作，得到结构均匀、成型密实的混凝土，保证混凝土的质量。

1. 和易性的概念

和易性又称工作性，是指拌和物便于施工操作（主要包括搅拌、运输、浇注、成型、养护等），能够获得结构均匀、成型密实的混凝土的性能。和易性是一项综合性能，主要包括流动性、黏聚性和保水性三个方面的性质。

（1）流动性。流动性是指混凝土拌和物在本身自重或施工机械振捣作用下，能产生流动并且均匀密实地填满模板的性能。其大小反映了混凝土拌和物的稀稠程度。流动性好的混凝土拌和物，则施工操作方便，易于使混凝土成型和振捣密实。

（2）黏聚性。黏聚性也称抗离析性，是指混凝土拌和物各组成材料之间具有一定的内

聚力，在运输和浇注过程中不致产生离析和分层现象的性质。黏聚性不良的拌合物，砂浆容易与石子分离，振捣后会出现蜂窝、空洞等现象，严重影响工程质量。

(3) 保水性。保水性是混凝土拌和物具有一定的保持内部水分的能力，在施工过程中不致发生泌水现象的性质。保水性差的混凝土拌和物，在凝结硬化前容易泌水。泌水是指拌和物内部水分向表面移动过程中形成毛细管通道，或水分及泡沫等轻物质浮于表面，引起混凝土表面疏松，或水分停留在石子及钢筋的下面形成水隙，削弱水泥浆与石子及钢筋的黏结力，降低混凝土的密实度、强度和耐久性，且硬化后的混凝土表面易起砂。

混凝土拌和物的流动性、黏聚性和保水性三者对立统一。流动性好的拌和物，黏聚性和保水性往往较差；而黏聚性、保水性好的拌和物，一般流动性可能较差。在实际工程中，应尽可能达到三者统一，即满足混凝土施工时要求的流动性，同时也具有良好的黏聚性和保水性。和易性良好既是施工的要求也是获得质量均匀密实混凝土的基本保证。

2. 和易性的测定方法及指标

混凝土拌和物和易性的评定，通常采用测定混凝土拌和物的流动性，辅以直观经验评定黏聚性和保水性的方法。定量测定流动性的常用方法主要有坍落度法和维勃稠度法两种。

(1) 坍落度法。测定混凝土拌和物在自重作用下产生的变形值——坍落度（单位mm）。将混凝土拌和物按规定的试验方法装入坍落度筒内，提起坍落度筒后，拌和物因自重而向下坍落，坍落的尺寸即为拌和物的坍落度值（mm），以 $T$ 表示，如图 4.2、图 4.3 所示。在测定坍落度时观察黏聚性和保水性，具体方法见试验四。坍落度法适用于骨料最大粒径不大于 40mm、坍落度值不小于 10mm 的低塑性混凝土、塑性混凝土的流动性测定。案例描述中“要求混凝土拌和物坍落度为 30～50mm”。

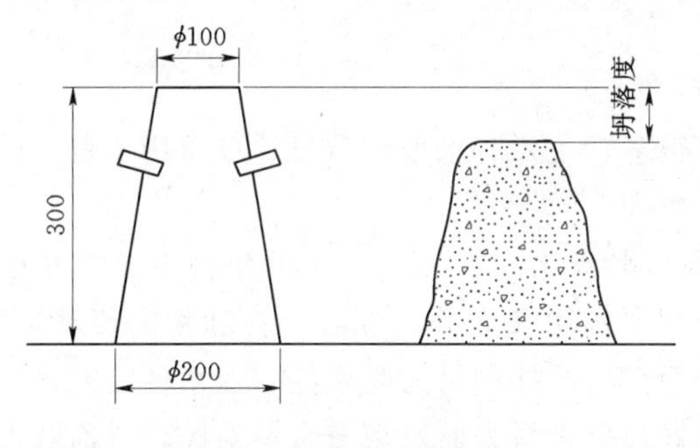


图 4.2　坍落度的测定

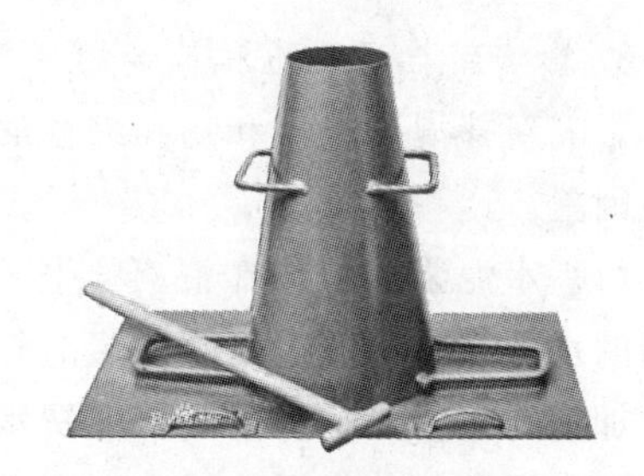

图 4.3　坍落筒和捣棒

按《混凝土质量控制标准》（GB 50164—2011）的规定，混凝土拌和物按坍落度值的大小分为四级，见表 4.2。

**表 4.2　　混凝土按坍落度的分级**

| 级　别 | 名　称 | 坍落度/mm |
|---|---|---|
| $T_1$ | 低塑性混凝土 | 10～40 |
| $T_2$ | 塑性混凝土 | 50～90 |
| $T_3$ | 流动性混凝土 | 100～150 |
| $T_4$ | 大流动性混凝土 | ≥160 |

（2）维勃稠度法。对于干硬性混凝土，常采用维勃稠度（*VB* 稠度值）来反映其干硬程度。维勃稠度法的原理是测定使混凝土拌和物密实所需要的时间(s)。适用于骨料最大粒径不大于 40mm、维勃稠度在 5～30s 之间的干硬性混凝土拌和物的流动性测定。

图 4.4　维勃稠度仪

混凝土拌和物流动性按维勃稠度大小，可分为 4 级：超干硬性（≥31s）、特干硬性（30～21s）、干硬性（20～11s）、半干硬性（10～5s）。

（3）坍落度指标选择。混凝土拌和物坍落度的选择，应根据施工条件、构件截面尺寸、配筋情况、施工方法等来确定。一般，构件截面尺寸较小、钢筋较密，或采用人工拌和与插捣时，坍落度应选择大些。混凝土浇注时的坍落度，宜按表 4.3 选用。

**表 4.3　　混凝土浇注时的坍落度**　　单位：mm

| 《混凝土结构工程施工质量验收规范》(GB 50204—2011) | | 《水工混凝土施工规范》(DL/T 5144—2001) | |
|---|---|---|---|
| 结构种类 | 坍落度 | 混凝土类别 | 坍落度 |
| 基础或地面等的垫层，无配筋的大体积结构（挡土墙、基础等）或配筋稀疏的结构 | 10～30 | 素混凝土或少筋混凝土 | 10～40 |
| 板、梁和大型及中型截面的柱子等 | 30～50 | 配筋率不超过 1%的钢筋混凝土 | 30～60 |
| 配筋密列的结构（如薄壁、斗仓、筒仓、细柱等） | 50～70 | 配筋率超过 1%的钢筋混凝土 | 50～90 |
| 配筋特密的结构 | 70～90 | | |

注　表中数值系机械振捣混凝土时的坍落度，当采用人工振捣时其值可适当增大。对于轻骨料混凝土的坍落度，宜比表中数值减少 10～30mm。

3. 影响新拌混凝土和易性的主要因素

影响新拌混凝土拌和物和易性的因素很多，主要有水泥浆数量、单位用水量、砂率及其他因素。

（1）水泥浆数量。在混凝土骨料用量、水灰比（$W/C$）一定的条件下，填充在骨料之间的水泥浆数量越多，水泥浆对骨料的润滑作用较充分，混凝土拌和物的流动性增大。但增加水泥浆数量过多，不仅浪费水泥，而且会使拌和物的黏聚性、保水性变差，产生分层、泌水现象。若水泥浆过少，则无法很好包裹骨料表面及填充骨料空隙，反而降低流动性。新拌混凝土中水泥浆的数量不应任意加大，应以实际要求的流动性为准，且保证拌和物黏聚性和保水性的要求。

（2）单位用水量（$m_{w0}$）。水泥浆与骨料间的比例关系，常用单位用水量衡量，即单位体积混凝土的用水量，简称单位用水量。

实践证明，在骨料一定的条件下，为了达到拌和物流动性的要求，所加的拌和水量基本是一个固定值，即使水泥用量在一定范围内改变（每立方米混凝土增减 50～100kg），也不会影响流动性，因此，混凝土中的用水量对拌和物的流动性起决定性的作用。同时，在施工中为了保证混凝土的强度和耐久性，不允许采用单纯增加用水量的方法来提高拌和物的流动性，应在保持水灰比一定时，同时增加水泥浆的数量，骨料绝对数量一定但相对

数量减少，使拌和物满足施工要求。

(3) 砂率 ($\beta_s$)。砂率是指混凝土中砂的质量占砂、石子总质量的百分数。即

$$\beta_s=\frac{m_s}{m_s+m_g}\times 100\% \tag{4.1}$$

式中 $\beta_s$——砂率,%；

$m_s$——$1m^3$ 混凝土中砂用量，kg；

$m_g$——$1m^3$ 混凝土中石子用量，kg。

砂率反映新拌混凝土中砂子与石子的相对含量。由于砂子的粒径远小于石子，砂率的变化会使骨料的空隙率和总表面积显著改变，因而对和易性产生较大影响。

砂率过大，骨料总表面积及空隙率会增大，在一定水泥浆用量的情况下，包裹骨料表面的水泥浆数量减少，水泥浆的润滑作用减弱，拌和物的流动性变差。砂率过小，砂不能填满石子之间的空隙，或填满后不能保证石子之间有足够厚度的砂浆层，不仅会降低拌和物的流动性，而且还会影响拌和物的黏聚性和保水性。砂率过大或过小都使新拌混凝土的和易性变差，导致水泥用量增加。

因此，需要找出一个既能保证拌和物具有良好的流动性，而且能使拌和物的黏聚性、保水性良好，这一砂率称为“合理砂率”。合理砂率是指在水泥浆数量一定的条件下，能使拌和物的流动性（坍落度）达到最大，且黏聚性和保水性良好时的砂率，如图 4.5 所示；或者是在流动性（坍落度）、强度一定，黏聚性良好时，水泥用量最小时的砂率，如图 4.6 所示。

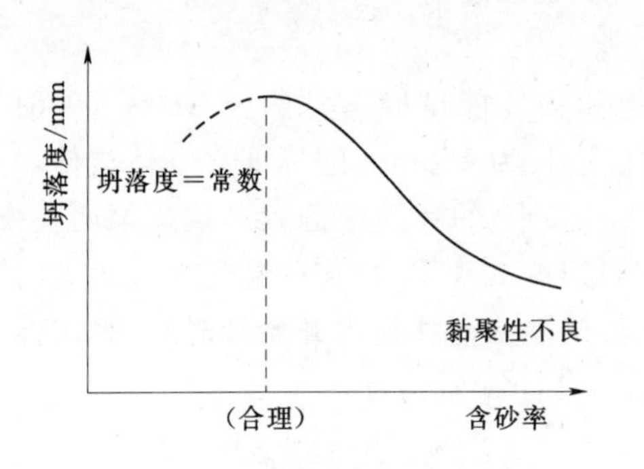


图 4.5 砂率与坍落度的关系

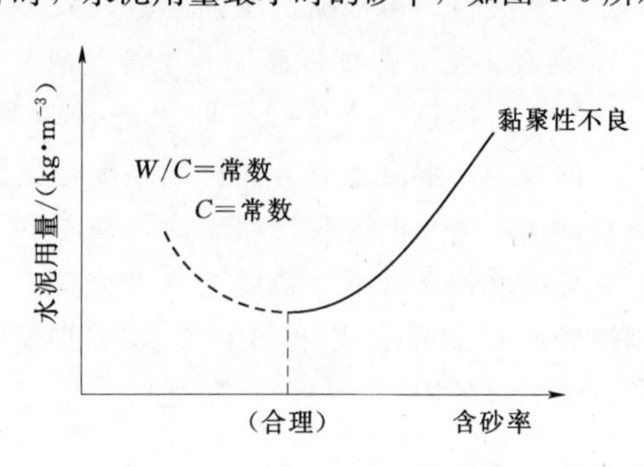


图 4.6 砂率与水泥用量的关系

一般工程的砂率可以根据施工经验数值初定，当无经验数据时，新拌混凝土坍落度为 10～60mm，可通过式 (4.2) 计算：

$$\beta_s=\frac{K\rho_s p}{K\rho_s p+\rho_g}\times 100\% \tag{4.2}$$

式中 $\beta_s$——砂率,%；

$\rho_s$、$\rho_g$、$p$——砂子、石子的松散堆积密度（$kg/m^3$）和石子的空隙率；

$K$——砂子的富余系数，一般取 1.1～1.4；坍落度大取大值，反之取小值。

该公式的基本假定是混凝土中用砂子填充石子空隙并略有多余，使拨开石子颗粒时，在石子周围形成足够的砂浆层。

(4) 其他影响因素。

1) 水泥品种和骨料性质的影响。在水泥用量和用水量一定的情况下，采用矿渣水泥或火山灰水泥拌制的混凝土拌和物，其流动性比用普通水泥时小，且矿渣水泥拌制的混凝土拌和物泌水性较大。

采用卵石和河沙拌制的混凝土拌和物，其流动性比碎石和山砂拌制的好；用级配好的骨料拌制的混凝土拌和物和易性好。采用粗砂时，黏聚性和保水性较差；采用细砂时，流动性较小。

2）掺合料和外加剂的影响。掺合料的品质及惨量对新拌混凝土的和易性有很大影响，当掺入优质粉煤灰时，可改变拌和物的和易性；当掺入劣质粉煤灰时，往往降低流动性。

掺入减水剂或引气剂，流动性明显提高，引气剂还可以有效地改善混凝土拌和物的黏聚性和保水性，显著改善拌和物和易性。

3）施工条件和环境温度及存放时间的影响。新拌混凝土拌和得越完全越充分，和易性就越好，强制搅拌机比自落式搅拌机拌和的和易性好，适当延长搅拌时间，可以获得较好的和易性。和易性随环境温度的升高而降低，随着时间的延长，新拌混凝土会逐渐变得干稠，流动性降低。

**4.1.2.2　混凝土的强度**

强度是新拌混凝土硬化后的重要力学性质，也是混凝土质量控制的主要指标。混凝土的强度包括抗压、抗拉、抗剪和抗弯强度等。其中抗压强度最高，因此在使用中主要利用混凝土抗压强度高的特点，用于承受压力的工程部位。混凝土的抗压强度与其他强度之间有一定的相关性，可根据抗压强度值的大小，估计其他强度值。

1. 混凝土立方体抗压强度和强度等级

（1）立方体抗压强度。按照《普通混凝土拌和物性能试验方法》（GB/T 50081—2002）的规定，混凝土立方体抗压强度是指制作以边长为150mm的标准立方体试件，成型后立即用不透水的薄膜覆盖表面，在温度为（20±5）℃的环境中静置一昼夜至两昼夜，然后在标准养护条件下［温度为（20±2）℃，相对湿度95%以上或在温度为（20±2）℃的不流动的$Ca(OH)_2$饱和溶液中］，养护至28d龄期（从搅拌加水开始计时），采用标准试验方法测得的混凝土极限抗压强度，用$f_{cu}$表示。其计算公式为

$$f_{cu}=\frac{F}{A} \tag{4.3}$$

式中　$f_{cu}$——混凝土立方体抗压强度（三个试件的平均值），MPa；

$F$——试件破坏荷载，N；

$A$——试件承压面积，$mm^2$。

立方体抗压强度测定采用的标准试件尺寸为150mm×150mm×150mm。也可根据粗骨料的最大粒径选择尺寸为100mm×100mm×100mm和200mm×200mm×200mm的非标准试件，但强度测定结果必须乘以换算系数，具体见表4.4。

**表4.4　试件的尺寸选择及换算系数**

| 试件种类 | 试件尺寸/（mm×mm×mm） | 粗骨料最大粒径/mm | 换算系数 |
|---|---|---|---|
| 标准试件 | 150×150×150 | ≤40 | 1.00 |
| 非标准试件 | 100×100×100 | ≤31.5 | 0.95 |
| | 200×200×200 | ≤63 | 1.05 |

(2) 强度等级。混凝土强度等级是根据混凝土立方体抗压强度标准值划分的级别，以“C”和“混凝土立方体抗压强度标准值（$f_{cu,k}$）”表示。主要有C15、C20、C25、C30、C35、C40、C45、C50、C55、C60共10个强度等级。

混凝土立方体抗压强度标准值（$f_{cu,k}$）指按标准方法制作和养护的边长为150mm的立方体试件，在28d龄期，用标准试验方法测得的抗压强度总体分布中的一个值，具有95%强度保证率的立方体抗压强度。

2. 混凝土轴心抗压强度

轴心抗压强度，是以尺寸为150mm×150mm×300mm的标准试件，在标准养护条件下养护28d测得的抗压强度，以 $f_{cp}$ 表示。

混凝土的棱柱体抗压强度是钢筋混凝土结构设计的依据。在钢筋混凝土结构计算中，计算轴心受压构件时以棱柱体抗压强度作为依据，因为其接近于混凝土构件的实际受力状态。由于棱柱体抗压强度受压时受到的摩擦力作用范围比立方体试件的小，因此棱柱体抗压强度值比立方体抗压强度值低，实际中 $f_{cp}=(0.70\sim0.80)f_{cu}$，在结构设计计算时，一般取 $f_{cp}=0.67f_{cu}$。

3. 混凝土抗拉强度

混凝土的抗拉强度采用劈裂抗拉试验法测得，但其值较低，一般为抗压强度的1/10～1/20。在工程设计时，一般没有考虑混凝土的抗拉强度。但混凝土的抗拉强度对抵抗裂缝的产生具有重要意义，在结构设计中，混凝土抗拉强度是确定混凝土抗裂度的重要指标。

4. 影响混凝土强度的因素

(1) 水泥的强度和水灰比。在混凝土中，由于水泥石黏结了骨料，使混凝土成为具有一定强度的人造石材，因此水泥强度直接影响混凝土强度，在配合比相同的情况下，所用水泥强度越高，则水泥石与骨料的黏结强度越大，混凝土的强度越高。

在拌制混凝土时，为了使拌和物具有较好的和易性，通常加入较多的水，约占水泥质量的40%～70%。而水泥水化需要的水分大约只占水泥质量的23%左右，剩余的水分或泌出，或积聚在水泥石与骨料黏结的表面，会增大混凝土内部孔隙和降低水泥石与骨料之间的黏结力。因此在水泥强度及其他条件相同时，混凝土的抗压强度主要取决于水灰比，这一规律称为水灰比定则。水灰比越小，则混凝土的强度越高，如图4.7所示。但水灰比过小，拌和物和易性不易保证，硬化后的强度反而降低。

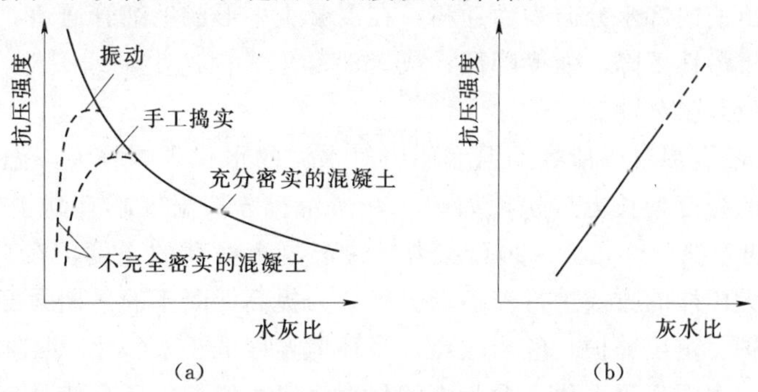


图4.7 混凝土强度与灰水比的关系

根据大量试验结果及工程实践，得出水泥强度及灰水比与混凝土强度的关系式(4.4)，称为混凝土强度公式，也叫做保罗米公式。

$$f_{cu}=\alpha_a \cdot f_{ce}\left(\frac{C}{W}-\alpha_b\right) \tag{4.4}$$

式中 $f_{cu}$——混凝土28d龄期的抗压强度值，MPa；

$f_{ce}$——水泥28d抗压强度的实测值，MPa；当无实测值时 $f_{ce}=(1.0\sim1.3)f_{ce,g}$；

$f_{ce,g}$——水泥强度等级，MPa；

$C/W$——混凝土灰水比；

$\alpha_a$、$\alpha_b$——回归系数，与水泥、骨料的品种有关。由工程所用水泥、骨料，通过试验建立水灰比与强度的关系式确定，无条件时可采用表4.5中的数据。

**表4.5　混凝土强度公式的回归系数 $\alpha_a$、$\alpha_b$ 选用表**

| 回归系数 | 骨料以干燥状态为基准 | | 骨料以饱和面干状态为基准 | | | |
|---|---|---|---|---|---|---|
| | 卵石 | 碎石 | 卵石 | | 碎石 | |
| | | | 普通水泥 | 矿渣水泥 | 普通水泥 | 矿渣水泥 |
| $\alpha_a$ | 0.48 | 0.46 | 0.539 | 0.608 | 0.637 | 0.610 |
| $\alpha_b$ | 0.33 | 0.07 | 0.459 | 0.666 | 0.569 | 0.581 |

利用上述经验公式，可以根据水泥强度和水灰比值的大小估计混凝土的强度；也可以根据水泥强度和要求的混凝土强度计算混凝土的水灰比。

(2) 粗骨料的品种。粗骨料在混凝土硬化后主要起骨架作用。水泥石与骨料的黏结强度不仅取决于水泥石的强度，而且还与粗骨料的品种有关。碎石形状不规则，表面粗糙、多棱角，与水泥石的黏结强度较高；卵石呈圆形或卵圆形，表面光滑，与水泥石的黏结强度较低。所以，碎石混凝土较卵石混凝土的强度高。

(3) 养护条件。在适当的温度和适当条件下，水泥的水化才能顺利进行，促使混凝土强度发展。为混凝土创造适当的温度、湿度条件以利其水化和硬化的工序称为养护。温度和湿度养护是的基本条件。

1) 湿度的影响。环境的湿度是保证混凝土中水泥正常水化的重要条件。在适当的湿度下，水泥能正常水化，有利于混凝土强度的增长，如图4.8所示。湿度过低，混凝土表面会产生失水，迫使内部水分向表面迁移，在混凝土中形成毛细管通道，导致混凝土的密实度、抗冻性、抗渗性下降，强度降低；或者混凝土表面产生干缩裂缝，不仅强度较低，而且影响表面质量和耐久性。

2) 温度的影响。混凝土所处的温度环境对水泥的水化影响较大。温度越高，水化速度越快，混凝土的强度增长也越快，如图4.9所示。养护温度不宜高于40℃，也不宜低于0℃，最适宜的养护温度是5～20℃。为尽快混凝土提高的强度，在自然养护的同时，采取覆盖、利用太阳能的方式进行养护。另外，为提高混凝土的早期强度，还可以采用热养护，如蒸汽养护、蒸压养护。应当注意，当环境温度低于0℃时，混凝土中的大部分或全部水分结成冰，水泥不再水化，混凝土的强度将停止增长，还会使已有的强度受损。因此，低温施工时，混凝土浇筑完毕应立即覆盖保温。

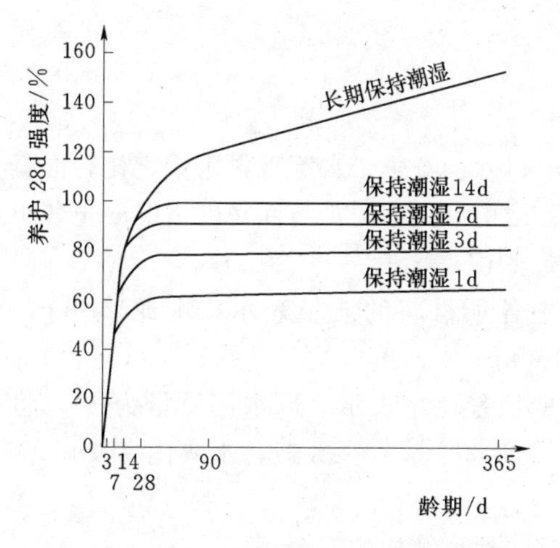


图 4.8 混凝土强度与保持湿度日期的关系

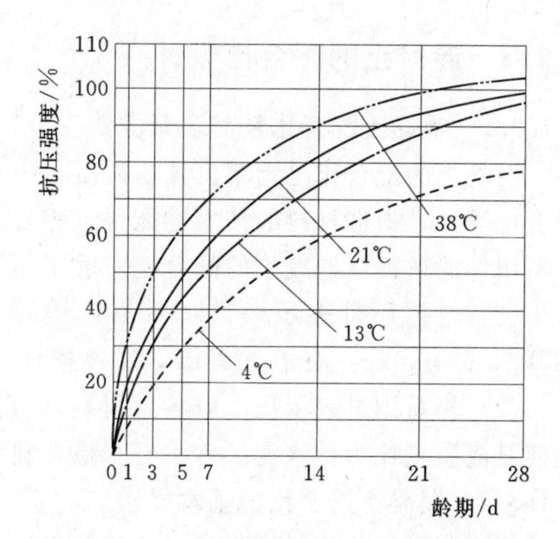


图 4.9 养护温度对混凝土强度的影响

《混凝土结构工程施工及验收规范》（GB 50204—2002）规定，对已浇注完毕的混凝土，应在12h内加以覆盖和浇水。覆盖可采用锯末、塑料薄膜、麻袋片等；浇水养护时间，对于硅酸盐水泥、普通硅酸盐水泥或矿渣硅酸盐水泥拌制的混凝土，浇水养护时间不得少于7昼夜，对掺缓凝型外加剂或有抗渗要求的混凝土不得少于14昼夜，浇水次数应能保持混凝土表面长期处于潮湿状态。当环境温度低于4℃时，不得浇水养护。

（4）龄期。龄期是指混凝土在正常养护条件下所经历的时间。在正常的养护条件下，混凝土的抗压强度随龄期的增加而不断增长，在7～14d内强度增长较快，以后逐渐减慢，28d后强度增长更慢。由于水泥水化的原因，混凝土的强度增长可持续数十年。

试验证明，采用普通水泥拌制的、中等强度等级的混凝土，在标准养护条件下，混凝土的抗压强度与其龄期的对数成正比。

$$\frac{f_n}{\lg n}=\frac{f_{28}}{\lg 28} \tag{4.5}$$

式中 $f_n$、$f_{28}$——$n$、28d龄期的抗压强度，MPa。其中$n$大于3。

利用该经验公式，可以推算在28d之前达到某一强度值所需要的养护天数，以便组织生产，确定何时拆模、撤除保温、保湿设施、起吊等施工日程。

大坝混凝土常选用较长龄期，利用混凝土的后期强度以节约水泥。但也不能选取过长的龄期，以免造成早期强度过低，给施工带来困难。应根据建筑物型式、地区气候条件以及开始承受荷载的时间，选用28d、60d、90d或180d为设计龄期，最长不宜超过365d。在选用长龄期为设计龄期时，应榀出28d龄期的强度要求。施工期间控制混凝土质量一般仍以28d强度为准。

（5）施工工艺和方法。施工工艺包括混凝土的配料、拌和、运输、浇筑、振捣、养护等工序，每一道工序对其质量都有影响，如配料误差过大、搅拌不均匀、采用机械拌和较人工拌和的混凝土强度高等。同时，可以通过掺入适量减水剂或早强剂，改善混凝土强度。

### 4.1.3 混凝土的配合比设计

#### 4.1.3.1 混凝土配合比及其表示方法

混凝土的配合比是指单位体积混凝土中水泥、砂、石子、水等材料用量之比，混凝土配合比设计是根据材料的技术性能、工程要求、结构形式和施工条件来确定混凝土各组成材料用量的过程。混凝土的配合比一般采用“质量比”表示。

(1) 单位用量表示法。以每 $1m^3$ 混凝土中各项材料的质量表示：水泥 240kg，水 180kg，砂 630kg，石子 1280kg，矿物掺合料 160kg。

(2) 相对用量表示法。以各项材料相互间的质量比来表示（以水泥质量为 1），将上例换算成质量比为：水泥：砂：石：掺合料＝1：2.63：5.33：0.67，水灰比＝0.45。

#### 4.1.3.2 混凝土配合比的基本要求

(1) 满足结构物设计强度（强度等级）要求，保证结构的安全。

(2) 满足施工工作性要求，和易性与施工条件相适应。

(3) 满足与使用环境相适应的耐久性要求，保证混凝土经久耐用。

(4) 满足业主或施工单位的经济性要求，尽量降低成本。

#### 4.1.3.3 混凝土配合比的基本资料

在进行混凝土配合比设计前，要充分了解结构对混凝土性能的要求；准备采用的施工方法和工作环境条件；选择各组成材料的品种和等级，并做一些必要的原材料试验，确定相关数据。具体情况如下：

(1) 混凝土设计强度和保证率，施工单位生产管理水平等，便于确定混凝土强度标准差 $\sigma$ 和配制强度（$f_{cu,0}$）。

(2) 施工方法与和易性要求，以确定用水量（$m_{w0}$）。

(3) 结构所处环境条件，明确混凝土的耐久性要求，以便确定混凝土的最大水灰比［$\max(W/C)$］和最小水泥用量［$\min(m_{c0})$］。

(4) 结构型式和配筋情况，以确定粗骨料的最大粒径［$\max(D_M)$］。

(5) 组成材料的质量和性能指标，如粗细骨料的种类、级配和有害杂质含量等质量指标，粗、细骨料表观密度（$\rho_g$、$\rho_s$），水泥的强度等级（$f_{ce}$）等。

具体基本资料情况可参考案例描述的相关内容。

#### 4.1.3.4 混凝土配合比设计中的三个重要参数

混凝土配合比设计，实质上就是确定胶凝材料、水、砂和石子这四种组成材料用量之间的三个比例关系：水灰比（$W/C$）、单位用水量（$m_w$）和砂率（$\beta_s$）。这三个参数反映了混凝土的主要技术性质，正确选定这些参数是合理设计满足施工和易性、结构强度和耐久性以及符合经济要求混凝土配合比的关键。

#### 4.1.3.5 混凝土配合比设计

配合比设计时，首先根据工程要求，依照有关标准给定的公式和表格进行计算，这样得出“初步配合比”；在“初步配合比”的基础上试拌调整（满足和易性要求），得到供检验强度和耐久性用的“基准配合比”；通过实验室对强度和耐久性检验后调整后，确定“实验室配合比”；在实验室中，骨料采用干燥或饱和面干的标准状态，而在工地上，所用

骨料大多在露天堆放，含有一定数量的水分并且经常变化，因此要根据现场实际情况（如骨料的含水量）将“实验室配合”比换算成“施工配合比”。整个配合比设计过程，以案例描述中的工程案例展开。

1. 初步配合比

初步配合比是借助一些经验公式和数据计算出来的，或是利用经验资料查得的，因而与实际混凝土的强度有一定的误差。

（1）确定配制强度。当设计要求的混凝土强度等级（$f_{cu,k}$）、混凝土强度标准差（$\sigma$）已知时，混凝土的配制强度可由式（4.6）、式（4.7）或式（4.8）确定，即

普通混凝土强度等级小于C60时，配制强度

$$f_{cu,0}=f_{cu,k}+1.645\sigma \tag{4.6}$$

普通混凝土强度等级不小于C60时，配制强度

$$f_{cu,0}=1.15f_{cu,k} \tag{4.7}$$

水工大坝混凝土时，配制强度

$$f_{cu,0}=f_{cu,k}+0.84\sigma \tag{4.8}$$

式中 $f_{cu,0}$——混凝土配制强度值，MPa；

$f_{cu,k}$——混凝土立方体抗压强度标准值，取混凝土的设计强度等级值，MPa；

$\sigma$——混凝土强度标准差，施工单位的混凝土强度标准差的历史统计水平，MPa；若无统计资料，式（4.6）和式（4.7）可采用表4.6中的数据，式（4.8）可采用表4.7中的数据。

**表4.6 普通混凝土强度标准差$\sigma$值**

**［《普通混凝土配合比设计规程》（JGJ 55—2011）］** 单位：MPa

| 混凝土强度等级 | ≤C20 | C25～C45 | C50～C55 |
|---|---|---|---|
| $\sigma$ | 4.0 | 5.0 | 6.0 |

**表4.7 水工普通混凝土强度标准差$\sigma$值**

**［《水工混凝土配合比设计规程》（DL/T 5330—2005）］** 单位：MPa

| 混凝土强度等级 | $\leqslant C_{90}15$ | $C_{90}20$～$C_{90}25$ | $C_{90}30$～$C_{90}35$ | $C_{90}40$～$C_{90}45$ | $\geqslant C_{90}50$ |
|---|---|---|---|---|---|
| $\sigma$ | 3.5 | 4.0 | 4.5 | 5.0 | 5.5 |

**注** $C_{90}15$表示90d龄期的混凝土立方体抗压强度标准值为15MPa。

**【例4.1】** 题目如案例描述的内容。上游水位涨落区的C25混凝土，施工单位无强度统计历史资料，取$\sigma=3.9$，试计算该区混凝土的配制强度。

**解：** 本混凝土为大坝所用，采用式（4.6）计算配制强度：

$$f_{cu,0}=f_{cu,k}+0.84\sigma=25+1.645\times3.9=31.4(\text{MPa})$$

（2）确定水灰比（$W/C$）。水灰比选择时要遵循单项选大值、综合选小值。如抗渗要求的水灰比有一个范围，选其较大值既满足抗渗要求又可节约水泥达到经济的目的。在强度、抗渗、抗冻与环境要求比较中选最小值，以满足上述四个方面对水灰比的要求。

1）根据配制强度确定水灰比。由式（4.4）得：

$$W/C=\alpha_a f_{ce}/(f_{cu,0}+\alpha_a\alpha_b f_{ce})$$

**【例 4.2】** 题目如案例描述的内容。普通水泥，水泥强度富余系数取 1.13，混凝土采用碎石，其他条件同［例 4.1］，试计算混凝土强度要求的水灰比。

**解：** $W/C=\alpha_a f_{ce}/(f_{cu,0}+\alpha_a\alpha_b f_{ce})$

$=0.637\times1.13\times42.5/(31.4+0.637\times0.569\times1.13\times42.5)$

$=0.63$

2）根据耐久性要求确定水灰比。混凝土的耐久性是一种综合性质，是混凝土所处环境和使用条件下经久耐用的性能。水利水电工程上常根据混凝土破坏的性质不同将混凝土的耐久性分为抗渗性、抗冻性、抗侵蚀性、抗碳化性、抗碱骨料反应、抗冲磨性等。

（a）抗渗性。混凝土抗渗性同样采用抗渗等级表示。混凝土抗渗等级是根据 28d 龄期的标准试件，采用标准试验方法，以每组 6 个试件中 4 个未出现渗水时的最大水压力表示。分为 W2、W4、W6、W8、W10、W12 等。

设计中确定混凝土抗渗等级，应根据所受水压情况（包括水头 $H$、水力梯度 $i$ 和下游排水条件），按有关规范选择，见表 4.8。

**表 4.8　混凝土抗渗等级最小允许值［《水工混凝土结构设计规范》(SL 191—2008)］**

| 结构类型及运用条件 | | 抗渗等级 |
|---|---|---|
| 大体积混凝土结构的下游面外部或建筑物内部 | | W2 |
| 大体积混凝土结构的挡水面外部 | $H<30$m | W4 |
| | $H=30\sim70$m | W6 |
| | $H=70\sim150$m | W8 |
| | $H>150$m | W10 |
| 混凝土及钢筋混凝土结构构件（其背面能自由渗水者） | $i<10$ | W4 |
| | $i=10\sim30$ | W6 |
| | $i=30\sim50$ | W8 |
| | $i>50$ | W10 |

注　1. 表中 $H$ 为水头，$i$ 为最大水力梯度。水力梯度是指水头与该处结构厚度的比值。
2. 当建筑物的表层设有专门可靠的防渗层时，表中规定的混凝土抗渗等级可适当降低。
3. 承受腐蚀性水作用的结构，混凝土抗渗等级应进行专门的试验研究，但不得低于 P4。
4. 埋置在地基中的结构构件（如基础防渗墙等），可根据防渗要求参照表中项次 3 的规定选择其抗渗等级。
5. 对背水面能自由渗水的混凝土及钢筋混凝土结构构件，当水头小于 10m 时，其混凝土抗渗等级可按表中项次 3 降低一级。
6. 对于严寒、寒冷地区且水力梯度较大的结构，其抗渗等级应按表中的规定提高一级。

混凝土中水灰比对抗渗能力起决定作用。抗渗等级与水灰比的关系见表 4.9。提高混凝土的抗渗性的主要措施是提高混凝土的密实性。

**表 4.9　抗渗等级允许的最大水灰比**

| 28d 抗渗等级 | 水灰比 | 28d 抗渗等级 | 水灰比 |
|---|---|---|---|
| W2 | <0.75 | W6 | 0.55～0.60 |
| W4 | 0.60～0.65 | W8 | 0.50～0.55 |

（b）抗冻性。混凝土的抗冻性是指混凝土在饱和水状态下，能抵抗多次冻融循环作用而不发生破坏，强度也不显著降低的性质。在寒冷地区，特别是在严寒地区处于潮湿环

境或干湿交替环境的混凝土，抗冻性是评定混凝土耐久性的重要指标。

混凝土的耐久性用抗冻等级表示。抗冻等级是以28d龄期的混凝土标准试件，在饱和水状态下，强度损失不超过25%，且质量损失不超过5%时，混凝土所能承受的最大冻融循环次数来表示，有F50、F100、F150、F200、F250、F300和F400等。

混凝土的抗冻等级，依据建筑物的类别和所在地区的气候条件及工作条件按表4.10选用。水灰比的大小对混凝土抗冻性能起重要作用，根据抗冻等级选择适宜的灰水比，抗冻等级与水灰比关系见表4.11。

**表4.10　混凝土抗冻等级［《水工混凝土结构设计规范》(SL 191—2008)］**

| 气候分区 | | 严寒 | | 寒冷 | | 温和 |
|---|---|---|---|---|---|---|
| 年冻融循环次数/次 | | ≥100 | <100 | ≥100 | <100 | — |
| 受冻后果严重且难于检修的部位 | 1. 水电站尾水部位、蓄能电站进出口的冬季水位变化区，闸门槽二期混凝土，轨道基础；<br>2. 冬季通航或受电站尾水位影响的不通航船闸的水位变化区；<br>3. 流速大于25m/s、过冰、多沙或多推移质的溢洪道，或其他输水部位的过水面及二期混凝土；<br>4. 冬季有水的露天钢筋混凝土压力水管、渡槽、薄壁闸门井 | F400 | F300 | F300 | F200 | F100 |
| 受冻后果严重但有检修条件的部位 | 1. 大体积混凝土结构上游面冬季水位变化区；<br>2. 水电站或船闸的尾水渠及引航道的挡墙、护坡；<br>3. 流速小于25m/s的溢洪道、输水洞、引水系统的过水面；<br>4. 易积雪、结霜或饱和的路面、平台栏杆、挑檐及竖井薄壁等构件 | F300 | F250 | F200 | F150 | F50 |
| 受冻较重部位 | 1. 大体积混凝土结构外露的阴面部位；<br>2. 冬季有水或易长期积雪结冰的渠系建筑物 | F250 | F200 | F150 | F150 | F50 |
| 受冻较轻部位 | 1. 大体积混凝土结构外露的阳面部位；<br>2. 冬季无水干燥的渠系建筑物；<br>3. 水下薄壁构件；<br>4. 流速大于25m/s的水下过水面 | F200 | F150 | F100 | F100 | F50 |
| 水下、土中及大体积内部的混凝土 | | F50 | F50 | — | — | — |

注 1. 气候分区划分标准为：严寒，最冷月平均气温低于－10℃；寒冷，最冷月平均气温高于－10℃，但低于－3℃；温和，最冷月平均气温高于－3℃。

2. 冬季水位变化区是指运行期可能遇到的冬季最低水位以下0.5～1m至冬季最高水位以上1m（阳面）、2m（阴面）、4m（水电站尾水区）的部位。

3. 阳面指冬季大多为晴天，平均每天有4h阳光照射，不受山体或建筑物遮挡的表面，否则均按阴面考虑。

4. 最冷月平均气温低于－25℃地区的混凝土抗冻等级应根据具体情况研究确定。

5. 在无抗冻要求的地区，混凝土抗冻等级也不宜低于F50。

**表 4.11　　抗冻等级允许的最大水灰比**

| 28d 抗冻等级 | 普通混凝土 | 引气混凝土 |
|---|---|---|
| F50 | 0.65 | 0.65 |
| F100 | 0.55 | 0.60 |
| F150 | — | 0.55 |
| F200 | — | 0.50 |

提高混凝土抗冻性的有效方法可以采用加气混凝土或密实混凝土，但使用时须注意加气后混凝土强度有所降低。

(c) 混凝土的最大水灰比和最小水泥用量。在混凝土配合比设计中，除了按强度要求确定混凝土的水灰比和水泥用量外，还应按照国家和各行业规范规定的满足耐久性要求确定混凝土的最大水灰比和最小水泥用量，见表 4.12～表 4.14。

**表 4.12　　混凝土的最大水灰比和最小水泥用量**

| 《混凝土结构设计规范》(GB 50010—2010) | | | | 《普通混凝土配合比设计规程》(JGJ 55—2011) | | | |
|---|---|---|---|---|---|---|---|
| 环境条件 | 结构物类别 | 最大水灰比 | 最低强度等级 | 最大水灰比 | 最小水泥用量/(kg·m⁻³) | | |
| | | | | | 素混凝土 | 钢筋混凝土 | 预应力混凝土 |
| 一 | 1. 室内干燥环境；<br>2. 无侵蚀性静水浸没环境 | 0.60 | C20 | 0.60 | 250 | 280 | 300 |
| 二 a | 1. 室内湿度环境；<br>2. 非严寒和非严寒地区的露天环境；<br>3. 非严寒和非严寒地区与无侵蚀性的水或土壤直接接触的环境；<br>4. 严寒和寒冷地区的冰冻线以下与无侵蚀性的水或土壤直接接触的环境 | 0.55 | C25 | 0.55 | 280 | 300 | 300 |
| 二 b | 1. 干湿交替环境；<br>2. 水位频繁变动环境；<br>3. 严寒和寒冷地区的露天环境；<br>4. 严寒和寒冷地区的冰冻线以上与无侵蚀性的水或土壤直接接触的环境 | 0.55<br>(0.50) | C30<br>(C25) | 0.50 | 320 | | |
| 三 a | 1. 严寒和寒冷地区冬季水位变动区环境；<br>2. 受除冰盐影响环境；<br>3. 海风影响 | 0.45<br>(0.50) | C35<br>(C30) | ≤0.45 | 330 | | |
| 三 b | 1. 盐渍土环境；<br>2. 受除冰盐作用环境；<br>3. 海岸环境 | 0.40 | C40 | | | | |
| 四 | 海水影响 | — | — | | | | |
| 五 | 受人为或自然侵蚀性物质影响的环境 | — | — | | | | |

注　1. 室内潮湿环境是指构件表面经常处于结露或湿润的环境；

2. 受除冰盐影响环境是指受到除冰盐盐雾影响的环境；受除冰盐作用环境是指被除冰盐溶液溅射的环境以及使用除冰盐地区的洗车房、停车楼等建筑。

**表 4.13　　水工混凝土最大水灰比和最小水泥用量**

**[《水工混凝土结构设计规范》(DL/T 5057—2009)]**

| 环境条件类别 | 最大水灰比 | 最小水泥用量/($kg \cdot m^{-3}$) | | |
|---|---|---|---|---|
| | | 素混凝土 | 钢筋混凝土 | 预应力混凝土 |
| 一 | 0.65 | 200 | 220 | 280 |
| 二 | 0.60 | 230 | 260 | 300 |
| 三 | 0.55 | 270 | 300 | 340 |
| 四 | 0.45 | 300 | 360 | 380 |

注　一类，室内正常环境；二类，露天环境，长期处于地下或水下的环境；三类，水位变动区，或有侵蚀性地下水的地下环境；四类，海水浪溅区及盐雾作用区，潮湿并有严重侵蚀性介质作用的环境。同时，当掺加有效外加剂及高效掺合料时，最小水泥用量可适当减小。

**表 4.14　　水工混凝土水灰比最大值**

**[《水工混凝土施工规范》(DL/T 5144—2001)]**

| 部　位 | 严寒地区 | 寒冷地区 | 温和地区 |
|---|---|---|---|
| 上、下游水位以上（坝体外部） | 0.50 | 0.55 | 0.60 |
| 上、下游水位变化区（坝体外部） | 0.45 | 0.50 | 0.55 |
| 上、下游水位以下（坝体外部） | 0.50 | 0.55 | 0.60 |
| 基础 | 0.50 | 0.55 | 0.60 |
| 内部 | 0.60 | 0.65 | 0.65 |
| 受水流冲刷部位 | 0.45 | 0.50 | 0.50 |

注　在有环境水侵蚀情况下，水位变化区外部及水下混凝土最大允许水胶比（或水灰比）应减小 0.05。

**【例 4.3】** 题目如案例描述的内容。所在地区最冷月月平均气温为 9℃，河水无侵蚀性，坝上游面水位涨落区的外部混凝土最大作用水头 45m，其他条件同［例 4.1］、［例 4.2］，试计算混凝土耐久性要求的水灰比。

**解：** 1）抗渗性：由表 4.8 确定其抗渗等级为 P6，由表 4.9 得水灰比为 0.55～0.60，选 0.60。

2）抗冻性：由表 4.10 确定其抗渗等级为 F150，由表 4.11 得水灰比为 0.55。

3）混凝土的最大水灰比：由表 4.13 选水灰比为 0.55，由表 4.14 选水灰比为 0.50。

4）由于该混凝土处于坝上游面水位涨落区，根据《混凝土重力坝设计规范》（SL 319—2005）中的要求，该区混凝土的最大水灰比为 0.50。

依据以上分析，在满足强度、耐久性和结构物设计规范的前提下，初步强度水灰比为 0.50。

（3）确定单位用水量 $m_{w0}$。在进行混凝土配合比设计时，首先应根据所要求的流动性指标（坍落度或维勃稠度），合理确定单位用水量。表 4.15～表 4.17 列出的单位用水量供设计时参考。

**表 4.15　干硬性混凝土的用水量**

**[《普通混凝土配合比设计规程》(JGJ 55—2000)]**　单位：kg/m³

| 拌和物稠度 | | 卵石最大粒径/mm | | | 碎石最大粒径/mm | | |
|---|---|---|---|---|---|---|---|
| 项目 | 指标 | 10 | 20 | 40 | 16 | 20 | 40 |
| 维勃稠度/s | 16～20 | 175 | 160 | 145 | 180 | 170 | 155 |
| | 11～15 | 180 | 165 | 150 | 185 | 175 | 160 |
| | 5～10 | 185 | 170 | 155 | 190 | 180 | 165 |

**表 4.16　塑性混凝土的用水量 [《普通混凝土配合比设计规程》(JGJ 55—2000)]** 单位：kg/m³

| 拌和物稠度 | | 卵石最大粒径/mm | | | | 碎石最大粒径/mm | | | |
|---|---|---|---|---|---|---|---|---|---|
| 项目 | 指标 | 10 | 20 | 31.5 | 40 | 16 | 20 | 31.5 | 40 |
| 坍落度/mm | 10～30 | 190 | 170 | 160 | 150 | 200 | 185 | 175 | 165 |
| | 35～50 | 200 | 180 | 170 | 160 | 210 | 195 | 185 | 175 |
| | 55～70 | 210 | 190 | 180 | 170 | 220 | 205 | 195 | 185 |
| | 75～90 | 215 | 195 | 185 | 175 | 230 | 215 | 205 | 195 |

注　1. 本表用水量系采用中砂时的平均取值。采用细砂时，每立方米混凝土用水量可增加 5～10kg；采用粗砂时则可减少 5～10kg。
2. 掺用各种外加剂或掺合料时，用水量应相应调整。
3. 本表适用的水灰比为 0.40～0.80。

**表 4.17　水工常态混凝土初选用水量**

**[《水工混凝土配合比设计规程》(DL/T 5330—2005)]**　单位：kg/m³

| 混凝土坍落度/mm | 卵石最大粒径/mm | | | | 碎石最大粒径/mm | | | |
|---|---|---|---|---|---|---|---|---|
| | 20 | 40 | 80 | 150 | 20 | 40 | 80 | 150 |
| 10～30 | 160 | 140 | 120 | 105 | 175 | 155 | 135 | 120 |
| 30～50 | 165 | 145 | 125 | 110 | 180 | 160 | 140 | 125 |
| 50～70 | 170 | 150 | 130 | 115 | 185 | 165 | 145 | 130 |
| 70～90 | 175 | 155 | 135 | 120 | 190 | 170 | 150 | 135 |

注　1. 本表用适用于细度模数为 2.6～2.8 的天然中砂。当使用细砂或粗砂时，用水量需增加或减少 3～5kg/m³。
2. 采用人工砂时，用水量需增加 5～10kg/m³。
3. 掺入火山灰质掺合料时，用水量需增加 10～20kg/m³；采用Ⅰ级粉煤灰时，用水量需减少 5～10kg/m³。
4. 采用外加剂时，用水量应根据外加剂的减水率适当调整，外加剂的减水率通过试验确定。
5. 本表适用于骨料含水状态为饱和面干状态。
6. 本表适用的水灰比为 0.40～0.70。

**【例 4.4】** 题目如案例描述的内容。混凝土的坍落度为 30～50mm，卵石最大粒径 $D_M$=80mm，其他条件同 [例 4.1]～[例 4.3]，试计算该混凝土的单位用水量。

**解：** 由表 4.18，可得单位用水量 $m_{w0}$ 为 140kg/m³。

(4) 确定合理砂率 $\beta_s$。合理砂率主要是由新拌混凝土的和易性来确定。一般通过试验或本单位所用材料的经验找出合理砂率。无试验资料和经验时，可根据确定的粗骨料种类、粗骨料最大粒径、水灰比，参考表 4.18 或表 4.19 初步选择合理砂率，也可由式

(4.2) 计算。

**表 4.18　混凝土砂率初选表［《普通混凝土配合比设计规程》(JGJ 55—2000)］** %

| 水灰比 | 卵石最大粒径/mm | | | 碎石最大粒径/mm | | |
|---|---|---|---|---|---|---|
| | 10 | 20 | 40 | 16 | 20 | 40 |
| 0.40 | 26～32 | 25～31 | 24～30 | 30～35 | 29～34 | 27～32 |
| 0.50 | 30～35 | 29～34 | 28～33 | 33～38 | 32～37 | 30～35 |
| 0.60 | 33～38 | 32～37 | 31～36 | 36～41 | 35～40 | 33～38 |
| 0.70 | 36～41 | 35～40 | 34～39 | 39～44 | 38～43 | 36～41 |

注 1. 本表数值系中砂的选用砂率，对细砂或粗砂，可相应地减少或增大砂率。
2. 只用一个单粒级粗骨料配制混凝土时，砂率应适当增大。
3. 对薄壁构件，砂率取偏大值。
4. 本表中的砂率系指砂与骨料总量的重量比。

**表 4.19　水工常态混凝土砂率初选表**
**［《水工混凝土配合比设计规程》(DL/T 5330—2005)］** %

| 骨料最大粒径/mm | 水灰比 | | | |
|---|---|---|---|---|
| | 0.40 | 0.50 | 0.60 | 0.70 |
| 20 | 36～38 | 38～40 | 40～42 | 42～44 |
| 40 | 30～32 | 32～34 | 34～36 | 36～38 |
| 80 | 24～26 | 26～28 | 28～30 | 30～32 |
| 150 | 20～22 | 22～24 | 24～26 | 26～28 |

注 1. 本表适用于卵石、细度模数为 2.6～2.8 的天然中砂拌制的混凝土。
2. 砂的细度模数每增减 0.1，砂率相应增减 0.5%～1.0%。
3. 使用碎石时，砂率需增加 3%～5%。
4. 使用人工砂时，砂率需增加 2%～3%。
5. 掺用引气剂时，砂率可减小 2%～3%；掺用粉煤灰时，砂率可减小 1%～2%。
6. 坍落度大于 60mm 的混凝土砂率，可经试验确定，也可在表 4.19 的基础上，按坍落度每增加 20mm，砂率增大 1%的幅度调整。

**【例 4.5】** 题目如案例描述的内容。卵石最大粒径 $D_M=80$mm，$W/C$ 如前计算得 0.50，其他条件同［例 4.1］～［例 4.4］，试计算该混凝土的合理砂率。

**解：** 由表 4.20，砂率为 26%～28%，取中间值 27%，因石子为碎石，砂率应增加 3%～5%，$\beta_s=27\%+4\%=31\%$

(5) 确定单位水泥用量 $m_{c0}$。用初步确定的 $W/C$ 及单位用水量，按下式计算：

$$m_{c0}=m_{w0}/(W/C) \tag{4.9}$$

同样为保证混凝土耐久性，除上式计算得到的水泥用量外，还须根据混凝土所处环境与表 4.12 或表 4.13 耐久性要求的最小水泥用量比较，选取较大值作为设计混凝土的单位水泥用量。

**【例 4.6】** 题目如案例描述的内容。按［例 4.1］～［例 4.5］给定的条件，试计算该混凝土的单位水泥用量。

**解：** $m_{c0}=m_{w0}/(W/C)=140/0.5=280(\text{kg/m}^3)$

耐久性检验，因处于水位变动区，由表 4.13 得，允许的最小水泥用量为 270kg/m$^3$。

水泥用量取上述计算的较大值，即 $m_{c0}$ 取 280kg/m$^3$。

(6) 确定砂 ($m_{s0}$) 和石子 ($m_{g0}$) 用量。

在单位用水量、水泥用量、砂率已知的情况下,可用“绝对体积法”(简称“体积法”)或“假定表观密度法”(简称“质量法”)计算砂和石子的用量。

1) 假定表观密度法。假定表观密度法的原理为:1m³ 混凝土的质量(即混凝土的表观密度)恰好等于各组成材料之和,可用式 (4.10) 表示:

$$\left.\begin{aligned} m_{c0}+m_{s0}+m_{g0}+m_{w0}=m_{cp} \\ \beta_s=\frac{m_{s0}}{m_{s0}+m_{g0}}\times 100\% \end{aligned}\right\} \tag{4.10}$$

式中 $m_{c0}$——1m³ 混凝土中水泥的用量,kg/m³;

$m_{s0}$——1m³ 混凝土中砂的用量,kg/m³;

$m_{g0}$——1m³ 混凝土中石子的用量,kg/m³;

$m_{w0}$——1m³ 混凝土中水的用量,kg/m³;

$m_{cp}$——1m³ 混凝土拌和物的假定质量,kg/m³,可取 2350~2450kg/m³;水工混凝土也可参考表 4.20;

$\beta_s$——砂率,%。

联立以上两式可求出砂、石子的用量。

**表 4.20　水工混凝土拌和物质量假定值**

**[《水工混凝土配合比设计规程》(DL/T 5330—2005)]**　单位:kg/m³

| 混凝土种类 | 石子最大粒径/mm | | | | |
|---|---|---|---|---|---|
| | 20 | 40 | 80 | 120 | 150 |
| 普通混凝土 | 2380 | 2400 | 2430 | 2450 | 2460 |
| 引气混凝土 | 2280<br>(5.5%) | 2320<br>(4.5%) | 2350<br>(35.5%) | 2380<br>(3.0%) | 2390<br>(3.0%) |

注 1. 本表适用于表观密度为 2600~2650kg/m³ 的混凝土。
2. 骨料表观密度每增减 100kg/m³,混凝土拌和物相应增减 60kg/m³,混凝土含气量每增、减 1%,拌和物质量相应减、增 1%。
3. 表中括弧内的数字为引气混凝土的含气量。

**【例 4.7】** 题目如案例描述的内容。按 [例 4.1]~[例 4.6] 给定的条件或计算结果,试用假定表观密度法计算该混凝土的砂和石子的用量。

**解:** 由上述条件知粗骨料的最大粒径 $D_M=80$mm,参考表 4.20,得 $m_{cp}=2430$kg/m³。按照假定表观密度法,由式 (4.10) 得:

$$\left.\begin{aligned} 280+140+m_{s0}+m_{g0}=2430 \\ \frac{m_{s0}}{m_{s0}+m_{g0}}=0.31 \end{aligned}\right\}$$

解方程,得砂和石子的质量:$m_{s0}=623$kg/m³,$m_{g0}=1387$kg/m³。

其中,5~20mm 小石为 416kg/m³,20~40mm 中石为 416kg/m³,40~80mm 大石为 555kg/m³。

2) 绝对体积法。绝对体积法的原理为:1m³ 混凝土中的组成材料经过拌和均匀、成型密实后,混凝土的体积为 1m³,即混凝土拌和物的体积等于各项材料的绝对体积与空气

体积之和，可用式（4.11）表示：

$$\left.\begin{aligned}&\frac{m_{c0}}{\rho_c}+\frac{m_{s0}}{\rho_s}+\frac{m_{g0}}{\rho_g}+\frac{m_{w0}}{\rho_w}+0.01\alpha=1\\&\beta_s=\frac{m_{s0}}{m_{s0}+m_{g0}}\times100\%\end{aligned}\right\}\tag{4.11}$$

式中 $\rho_c$——水泥密度，$kg/m^3$，可取 2900～3100$kg/m^3$；

$\rho_g$——粗骨料的表观密度，$kg/m^3$，当其含水状态以饱和面干为基准时，则为饱和面干表观密度；

$\rho_s$——细骨料的表观密度，$kg/m^3$；

$\rho_w$——水的密度，$kg/m^3$，一般取 1000$kg/m^3$；

$\alpha$——混凝土的含气量百分数，在不使用引气型外加剂时，$\alpha$ 可取为 1。

**【例 4.8】** 题目如案例描述的内容。按［例 4.1］～［例 4.6］给定的条件或计算结果，试用绝对体积法计算该混凝土的砂和石子的用量。

**解：** 由已知条件的组成材料可知砂和石子的饱和面干密度；同时该混凝土为使用引气剂，可取 $\alpha=1.0$，由式（4.11）得：

$$\left.\begin{aligned}&\frac{280}{3100}+\frac{m_{s0}}{2610}+\frac{m_{g0}}{2670}+\frac{140}{1000}+0.01=1\\&\frac{m_{s0}}{m_{s0}+m_{g0}}=0.31\end{aligned}\right\}$$

解方程，得砂和石子的质量：$m_{s0}=624kg/m^3$，$m_{g0}=1389kg/m^3$。

其中，5～20mm 小石为 417$kg/m^3$，20～40mm 中石为 417$kg/m^3$，40～80mm 大石为 555$kg/m^3$。

（7）确定初步配合比。经过上述计算，可得出每 1$m^3$ 混凝土中材料的计算用量，并可求出以水泥用量为 1$m^3$ 的各材料的比值。

$$m_{c0}:m_{s0}:m_{g0}:m_{w0}=1:\frac{m_{s0}}{m_{c0}}:\frac{m_{g0}}{m_{c0}}:\frac{m_{w0}}{m_{c0}}$$

**【例 4.9】** 按［例 4.7］、［例 4.8］的计算结果，确定该混凝土的初步配合比。

**解：** 1）假定表观密度法确定初步配合比：

$$m_{c0}:m_{s0}:m_{g0}:m_{w0}=1:\frac{m_{s0}}{m_{c0}}:\frac{m_{g0}}{m_{c0}}:\frac{m_{w0}}{m_{c0}}=1:\frac{623}{280}:\frac{1387}{280}:\frac{140}{280}=1:2.23:4.95:0.50$$

2）绝对体积法确定初步配合比：

$$m_{c0}:m_{s0}:m_{g0}:m_{w0}=1:\frac{m_{s0}}{m_{c0}}:\frac{m_{g0}}{m_{c0}}:\frac{m_{w0}}{m_{c0}}=1:\frac{624}{280}:\frac{1389}{280}:\frac{140}{280}=1:2.23:4.96:0.50$$

通过计算发现，只要每 1$m^3$ 混凝土拌和物的假定质量正确，假定表观密度法和绝对体积法求出的初步配合比基本相同。

2. 基准配合比

因为初步配合比是借助一些经验公式、数据计算等确定而来的，它们不一定符合实际情况。需通过试拌、调整，以得到满足混凝土和易性要求，求出满足混凝土强度和耐久性的基准配合比。

(1) 初步配合比的试拌、调整。按初步配合比，称取15～40L混凝土所需的各项材料，按试验规程拌制混凝土，试配的最小拌和量与所选骨料最大粒径 $D_M$ 有关，符合表4.21、表4.22的规定，当采用机械搅拌时，其搅拌量不应小于搅拌机额定搅拌量的1/4。

**表4.21 混凝土试配的最小拌和量［《普通混凝土配合比设计规程》(JGJ 55—2011)］**

| 骨料最大粒径 $D_M$/mm | 拌和量数量/L |
|---|---|
| ≤31.5 | 20 |
| 40 | 25 |

**表4.22 水工混凝土试配的最小拌和量**
**［《水工混凝土配合比设计规程》(DL/T 5330—2005)］**

| 骨料最大粒径 $D_M$/mm | 拌和量数量/L |
|---|---|
| 20 | 15 |
| 40 | 25 |
| ≥80 | 40 |

拌和均匀后，先测定坍落度，并观察黏聚性和保水性。若和易性不符合要求，则调整砂率或用水量（保持水灰比不变），再进行拌和试验，直至符合要求。

具体调整的原则如下：

(a) 当坍落度太大，可在保持砂率不变的条件下，适当增加骨料用量，以减少水泥浆的相对含量。

(b) 当坍落度太小，可在保持水灰比不变的条件下，适当增加水泥浆量。一般每增加10mm坍落度，约需增加水泥浆用量2%～4%。

(c) 当混凝土拌和物显得砂浆量不足，黏聚性和保水性差时，应适当增大砂率。

(d) 当混凝土拌和物显得砂浆量过多，黏聚性和保水性不良，应适当减少砂率。

每次加入少量材料对水泥浆和砂率进行调整，重复测试并观察和易性，直到满足设计要求为止。和易性调整好后，需测出该拌和物的实测表观密度（$\rho_{c,t}$）和本次拌和时各材料的实际用量（$m_{cb}$、$m_{sb}$、$m_{gb}$、$m_{wb}$）。

(2) 基准配合比的计算。根据试拌时各材料的实际用量（$m_{cb}$、$m_{sb}$、$m_{gb}$、$m_{wb}$）和实测的拌和物的表观密度（$\rho_{c,t}$），则基准配合比为：

令
$$K=\frac{\rho_{cp}\times 1}{m_{cb}+m_{sb}+m_{gb}+m_{wb}}$$

则
$$m_{cJ}=Km_{cb},m_{sJ}=Km_{sb},m_{gJ}=Km_{gb},m_{wJ}=Km_{wb} \tag{4.12}$$

式中 $m_{cJ}$、$m_{sJ}$、$m_{gJ}$、$m_{wJ}$——基准配合比1m³混凝土中水泥的用量、砂的用量、石子的用量和水的用量，kg。

**【例4.10】** 按［例4.9］质量法的计算结果，进行该混凝土的和易性检测和调整，并确定基准配合比。

**解：** 1) 检测时材料的用量。按表4.22规定，取40L材料，各材料用量为：

$$m_c=280\times 40/1000=11.2(\text{kg})$$
$$m_s=623\times 40/1000=24.92(\text{kg})$$

$$m_g = 1387 \times 40/1000 = 55.48(\mathrm{kg})$$

$$m_w = 140 \times 40/1000 = 5.6(\mathrm{kg})$$

此时拌和物的质量为 97.2kg，其中 5～20mm 小石为 16.644kg，20～40mm 中石为 16.644kg，40～80mm 大石为 22.192kg。

2）调整，确定基准配合比。第一次试拌测得混凝土拌和物的坍落度为 20mm，黏聚性及保水性较好（表明砂率合适），其坍落度较设计平均值小 20mm，在保持水灰比不变的条件下增加用水量。根据调整原则（b），每增减 10mm，加水量 2%～4%，取平均值 3%，故增加用水量 5.6×3%×2＝0.336(kg)，水泥用量增加 0.672kg。第二次拌和的材料用量分别为：$m_c=11.872\mathrm{kg}$，$m_w=5.936\mathrm{kg}$，$m_s=24.92\mathrm{kg}$，$m_g=55.48\mathrm{kg}$（砂、石保持不变）。经试拌后测得坍落度为 40mm，满足要求，并测得拌和物的表观密度为 $\rho_{c,t}=2425\mathrm{kg/m^3}$，由式（4.12）计算 $K=24.95$，基准配合比为：

$$m_{cJ} = Km_{cb} = 24.95 \times 11.872 = 296(\mathrm{kg/m^3})$$

$$m_{sJ} = Km_{sb} = 24.95 \times 24.92 = 622(\mathrm{kg/m^3})$$

$$m_{gJ} = Km_{gb} = 24.95 \times 55.48 = 1384(\mathrm{kg/m^3})$$

$$m_{wJ} = Km_{wb} = 24.95 \times 5.936 = 148(\mathrm{kg/m^3})$$

其中：5～20mm 小石为 415kg/m$^3$，20～40mm 中石为 415kg/m$^3$，40～80mm 大石为 554kg/m$^3$。

3. 确定实验室配合比

经过和易性调整后得到的基准配合比，其水灰比选择不一定恰当，即混凝土强度和耐久性有可能不符合要求，应检验强度和耐久性。一般工程通常在基准配合比确定后，还要在实验室进行强度和耐久性的检验，确定实验室配合比，这样才可以用于实际工程施工料单的计算。

（1）强度和耐久性的检验。混凝土强度试验时至少应采用三个不同的配合比。当采用三个不同配合比时，其中一个应为计算出的基准配合比，另外两个配合比的水灰比，宜较基准配合比分别增加和减少 0.05；用水量应与基准配合比相同，砂率可分别增加或减少 1%。

当不同水灰比的混凝土拌和物坍落度与要求值的差超过允许偏差时，可通过增、减用水量进行调整。

制作混凝土强度试验试件时，应检验混凝土拌和物的坍落度或维勃稠度、黏聚性、保水性及拌和物的体积密度，并以此结果代表相应配合比的混凝土拌和物性能。每种配合比至少应制作一组试件（三块），标准养护至 28d 时进行抗压试验（如对混凝土还有抗渗、抗冻等耐久性要求，还应增添相应的项目试验）。最后按以下原则确定 1m$^3$ 混凝土拌和物的各种材料用量，即为实验室配合比。

（2）确定试验室配合比。

1）根据强度试验得出的混凝土强度与其相应的灰水比（$C/W$）关系，用作图法或计算法求出与混凝土配制强度（$f_{cu,0}$）相对应的灰水比，并按下列原则确定 1m$^3$ 混凝土中的组成材料用量：

（a）单位用水量（$m_w$）应在基准配合比用水量的基础上，根据制作强度试件时测得的坍落度或维勃稠度进行调整确定。

(b) 水泥用量 ($m_c$) 应以用水量乘以选定出来的灰水比计算确定。

(c) 砂和石子用量 ($m_s$、$m_g$) 应在基准配合比的用量基础上，按选定的灰水比进行调整后确定。

2) 经试配确定配合比后，还应按下列步骤进行校正：

(a) 按上述方法确定的各组成材料用量按下式计算混凝土的体积密度计算值 $\rho_{c,c}$：

$$\rho_{c,c}=m_c+m_s+m_g+m_w \tag{4.13}$$

(b) 应按下式计算混凝土配合比校正系数 $\delta$：

$$\delta=\frac{\rho_{c,t}}{\rho_{c,c}} \tag{4.14}$$

式中 $\rho_{c,t}$——混凝土表观密度实测值，$kg/m^3$；

$\rho_{c,c}$——混凝土表观密度计算值，$kg/m^3$。

(c) 当 $\frac{|\rho_{c,t}-\rho_{c,c}|}{\rho_{c,c}}\times100\%\leqslant2\%$ 时，按 1) 确定的配合比即为确定的实验室配合比；当 $\frac{|\rho_{c,t}-\rho_{c,c}|}{\rho_{c,c}}\times100\%>2\%$ 时，应将配合比中各组成材料用量均乘以校正系数 $\delta$，即为确定的实验室配合比。

**【例 4.11】** 按［例 4.10］～［例 4.14］的条件或计算结果，进行该混凝土的强度检验和调整，并确定实验室配合比。

**解：** 以基准配合比中的水灰比 0.50 为基准，另取 0.45 和 0.55 共 3 个水灰比，砂率保持不变，分别制成混凝土试件，进行强度、抗渗性、抗冻性试验。三组试件的抗渗性和抗冻性均符合要求，测试件 28d 的强度见表 4.23。

**表 4.23　实践 28d 的强度试验结果**

| 试件 | 水灰比 W/C | 灰水比 C/W | 试件抗压强度 $f_{cu}$/MPa |
|---|---|---|---|
| 1 | 0.45 | 2.22 | 38.4 |
| 2 | 0.50 | 2.00 | 32.2 |
| 3 | 0.55 | 1.82 | 27.2 |

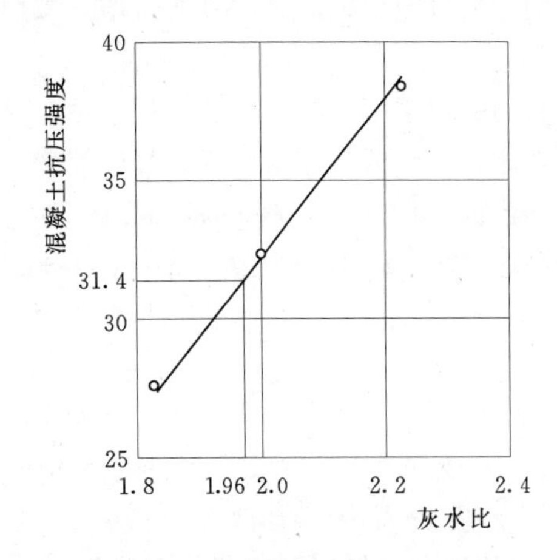


图 4.10　实测混凝土抗压强度与灰水比关系曲线

绘制表 4.23 中强度与灰水比的关系，由图 4.10 查出对应灰水比为 2.0，即水灰比为 0.50 的混凝土抗压强度 $f_{cu}=32.2MPa$，既满足配制强度 $f_{cu,0}=31.4MPa$（对应的灰水比为 1.96），又满足了耐久性要求。

符合强度要求的配合比为：

用水量 $m_w=m_{wJ}=148kg$，水泥用量 $m_c=148\times1.96=290(kg)$。按体积法重新计算砂和石子的用量，得 $m_s=615kg$，$m_g=1369kg$。实测混凝土表观密度 $\rho_{c,t}=2420kg/m^3$，计算表观密度 $\rho_{c,c}=m_c+m_s+m_g+m_w=290+615+1369+148=2422(kg/m^3)$。

由式（4.14）得混凝土配合比校正系数 $\delta=\rho_{c,t}/\rho_{c,c}=0.9992$，同时 $\frac{|\rho_{c,t}-\rho_{c,c}|}{\rho_{c,c}}\times 100\%\leqslant 2\%$，故可不再进行调整。即混凝土实验室配合比为：

$$m_{c,sh}=290\text{kg/m}^3,\quad m_{s,sh}=615\text{kg/m}^3,$$

$$m_{g,sh}=1369\text{kg/m}^3,\quad m_{w,sh}=148\text{kg/m}^3$$

其中：5～20mm 小石为 411kg/m³，20～40mm 中石为 411kg/m³，40～80mm 大石为 547kg/m³。

4. 确定施工配合比

施工配合比换算也称为施工配料单换算，这一阶段主要是根据工程现场砂、石料的含水率、骨料超逊径情况，对实验室配合比进行调整，以获得满足实际工程条件的配合比。在实验室配合比设计中，普通工民建工程中砂、石子以干燥为基准，水利工程中砂、石子以饱和面干为基准。在施工现场和施工过程中，工地砂和石子含水状况、级配等发生变化时，为保证混凝土质量，应根据工地实际条件将试验室确定的配合比进行换算和调整，得出施工配合比。

（1）骨料含水量变化时施工配料单的换算。实验室配合比，若以干燥状态的砂石为标准，则施工时应扣除砂石的全部含水量；若以饱和面干状态的砂石为标准，则应扣除砂石的表面含水量或补足达到饱和面干所需吸收的水量。同时，相应地调整砂石用量。

假定实测工地砂和石子的含水率（或表面含水率）分别 $a\%$ 和 $b\%$，则混凝土施工配合比的各项材料用量（配料单）为：

$$\left.\begin{aligned}m'_c&=m_{c,sh}\\m'_s&=m_{s,sh}(1+a\%)\\m'_g&=m_{g,sh}(1+b\%)\\m'_w&=m_{w,sh}-m_{s,sh}\cdot a\%-m_{g,sh}\cdot b\%\end{aligned}\right\}\qquad(4.15)$$

（2）骨料含超逊径颗粒时施工配料单的换算。根据施工现场实测某级骨料超径、逊径颗粒含量时，将其该粒级骨料中超径含量计入上一级骨料，逊径含量计入下一级骨料中，则该级骨料校正量为：

本级骨料校正量=(本级超径量+本级逊径量)-(下一级超径量+上一级逊径量)

(4.16)

调整后的本级骨料用量=原计算量+校正量

**【例 4.12】** 按［例 4.11］的计算结果，由案例描述知：砂的表面含水率为 3%，实测超径含量为 2%；石子的表面含水率分别为：5～20mm 小石，1.1%，20～40mm 中石，0.3%，40～80mm 大石，0.2%，实测超径含量分别为：5%、4%、0%，实测逊径含量分别为：10%、2%、5%。试换算施工配合比。

**解：** 根据实验室配合比及式（4.15）～式（4.17）对施工现场骨料超逊径量和含水量进行施工配合比换算，详见表 4.24。

表 4.24　　各级骨料用量及用水量调整换算表

| 项　目 | 编号 | 砂 | 石子/mm | | | 用水量 |
|---|---|---|---|---|---|---|
| | | | 小石<br>5～20 | 中石<br>20～40 | 大石<br>40～80 | |
| 实验室配合比骨料用量/kg | ① | 615 | 411 | 411 | 547 | 148 |
| 现场实测骨料超径含量/% | ② | 2 | 5 | 4 | | |
| 现场实测骨料逊径含量/% | ③ | | 10 | 2 | 5 | |
| 超径量/kg | ④=①×② | 12.3 | 20.55 | 16.44 | | |
| 逊径量/kg | ⑤=①③ | | 41.1 | 8.22 | 27.35 | |
| 骨料校正量/kg | ⑥［参考式（4.16）］ | −28.8 | 41.13 | −23.24 | 10.91 | |
| 换算后骨料的用量/kg | ⑦=①+⑥ | 586.2 | 452.13 | 387.76 | 557.91 | |
| 骨料表面含水率/% | ⑧ | 3.0 | 1.1 | 0.3 | 0.2 | |
| 用水量校正量/kg | ⑨=⑦×⑧ | 17.59 | 4.97 | 1.16 | 1.12 | −24.84 |
| 施工配合比/kg | ⑩=⑦+⑨ | 604 | 457 | 389 | 559 | 123 |

换算后的施工配合比为：

$$m'_c=290\text{kg/m}^3, m'_s=604\text{kg/m}^3, m'_g=1405\text{kg/m}^3, m'_w=123\text{kg/m}^3$$

其中：5～20mm 小石为 457kg/m$^3$，20～40mm 中石为 389kg/m$^3$，40～80mm 大石为 559kg/m$^3$。

# 任务 4.2　混凝土的取样与检测

## 任务导航：

任务内容及要求

| 知识目标 | 能力目标 | 素质目标 | 考核方式 |
|---|---|---|---|
| 1. 掌握水泥混凝土的取样方法<br>2. 掌握水泥混凝土质量检测方法 | 1. 能够正确进行水泥混凝土的取样<br>2. 能够对水泥混凝土进行检测<br>3. 能够完成水泥混凝土的检验报告 | 通过取样、试验、填写报告，培养学生勇于负责的道德品质和爱岗敬业的工作态度，以及合作、创新和环保的意识 | 过程性评价：考勤、卷考、试验操作、试验报告 |

### 4.2.1　混凝土取样

#### 4.2.1.1　混凝土拌和物性能检测取样

依据《普通混凝土拌和物性能试验方法标准》(GB/T 50080—2002) 进行取样，取样规则如下。

1. 取样

(1) 同一组混凝土拌和物的取样应从同一盘混凝土或同一车混凝土中取样。取样量应

多于试验所需量的 1.5 倍；且宜不小于 20L。

(2) 混凝土拌和物的取样应具有代表性，宜采用多次采样的方法。一般在同一盘混凝土或同一车混凝土中的约 1/4 处、1/2 处和 3/4 处之间分别取样，从第一次取样到最后一次取样不宜超过 15min，然后人工搅拌均匀。

(3) 从取样完毕到开始做各项性能试验不宜超过 5min。

2. 记录

取样记录：取样日期和时间，工程名称，结构部位，混凝土强度等级，取样方法，试样编号，试样数量，环境温度及取样的混凝土温度（表 4.25）。

**表 4.25　　混凝土取样记录表**

| 试件编号 | 工程名称 | 部位 | 配合比编号 | 取样车号时间 | 试件尺寸 | 坍落度 | 和易性 | 凝结时间 | 备注 | 签名 |
|---|---|---|---|---|---|---|---|---|---|---|
| | | | | | | | | | | |
| | | | | | | | | | | |
| | | | | | | | | | | |
| | | | | | | | | | | |
| | | | | | | | | | | |
| | | | | | | | | | | |
| | | | | | | | | | | |
| | | | | | | | | | | |
| | | | | | | | | | | |
| | | | | | | | | | | |
| | | | | | | | | | | |
| | | | | | | | | | | |
| | | | | | | | | | | |
| | | | | | | | | | | |

#### 4.2.1.2 预拌混凝土工作性能检测取样

依据《预拌混凝土》(GB/T 14902—2012) 进行取样与组批。

(1) 混凝土出厂检验应在搅拌地点取样；混凝土交货检验应在交货地点取样，交货检验试样应随机从同一运转车卸料量的 1/4～3/4 抽取。

(2) 混凝土交货检验取样及坍落度试验应在混凝土运到交货地点时开始算起 20min 内完成，试件制作应在混凝土运到交货地点时开始算起 40min 内完成。

(3) 混凝土强度检验的取样频率应符合下列规定：

(a) 出厂检验时，每 100 盘相同配合比混凝土取样不应少于 1 次，每一个工作班相同配合比混凝土达不到 100 盘时应按 100 盘计，每次取样应至少进行一组试验。

(b) 交货检验的取样频率应符合 GB/T 50107 的规定。

(4) 混凝土坍落度检验的取样频率应与强度检验相同。

(5) 同一配合比混凝土拌和物中的水溶性氯离子含量检验应至少取样检验 1 次。海砂混凝土拌和物中的水溶性氯离子含量检验的取样频率应符合《海砂混凝土应用技术规范》（JGJ 206—2010）的规定。

（6）混凝土耐久性能检验的取样频率应符合《混凝土耐久性检验评定标准》（JGJ/T 193—2009）的规定。

（7）混凝土的含气量、扩展度及其他项目检验的取样频率应符合国家现行有关标准和合同的规定。

#### 4.2.1.3 混凝土力学性能检测取样

依据《普通混凝土拌和物性能试验方法标准》（GB/T 50080—2002）、《普通混凝土力学性能试验方法标准》（GB/T 50081—2002）进行取样。

普通混凝土的取样应符合《普通混凝土拌和物性能试验方法标准》（GB/T 50080—2002）中的有关规定，普通混凝土力学性能试验应以三个试件为一组，每组试件所用的拌和物应从同一盘混凝土或同一车混凝土中取样。

#### 4.2.1.4 混凝土见证取样

混凝土试件必须由施工单位送样人会同建设单位（或委托监理单位）见证人（有见证人员证书）一起陪同送样。委托时，应认真填写好“委托单”（表 4.26）上所要求的全部内容，如工程名称、使用部位、设计强度等级、捣制日期、配合比、坍落度等。

表 4.26　混凝土试件见证取样送样委托单

| 工程名称 | | | | | | 工程地点 | | |
|---|---|---|---|---|---|---|---|---|
| 委托单位 | | | | | | 施工单位 | | |
| 建设单位 | | | | | | 监理单位 | | |
| 见证单位（盖章） | | | | 见证人（签字） | | 送样人（签字） | | |
| 样品来源 | 见证取样 | | 委托日期 | 年　月　日 | | 联系电话 | | |
| 检验编号 | 试件尺寸/（mm×mm×mm） | 设计强度等级 | 成型日期 | 要求试验龄期 | 送样数量 | 代表批量 | 养护方法 | 使用部位 |
| | 150×150×150 | | | | | | | |
| | 150×150×150 | | | | | | | |
| | | | | | | | | |
| | | | | | | | | |
| | | | | | | | | |
| | | | | | | | | |
| 检验项目 | | | | | | | | |
| 收样日期 | 年　月　日 | 收样人 | | 预定取报告日期 | 年　月　日 | 付款方式 | | |
| 说明 | 1. 见证单位为建设单位或监理单位，见证人为其单位具有初级以上技术职称或具有建筑施工专业知识的持证人员。<br>2. 见证人员及取样人员对试样的代表性和真实性负有法定责任。<br>3. 见证人员有责任对试样进行监护，并和送样人一起将试样送到检测试验机构，然后在委托单上签字，否则，所引起的责任由见证人员负责。<br>4. 检测试验报告上应注明见证单位和见证人。否则，其报告一律无效。 | | | | | | | |

## 4.2.2 混凝土性能检测

### 4.2.2.1 混凝土拌和物和易性检测

1. 坍落度检测

(1) 试验设备：坍落筒（上口直径100mm、下口直径200mm、高300mm，呈喇叭状。筒外壁上部焊有 两只手柄，下部焊有两片踏脚片）、捣棒（直径16mm、长650mm的钢棒，端部磨圆），如图4.11所示。

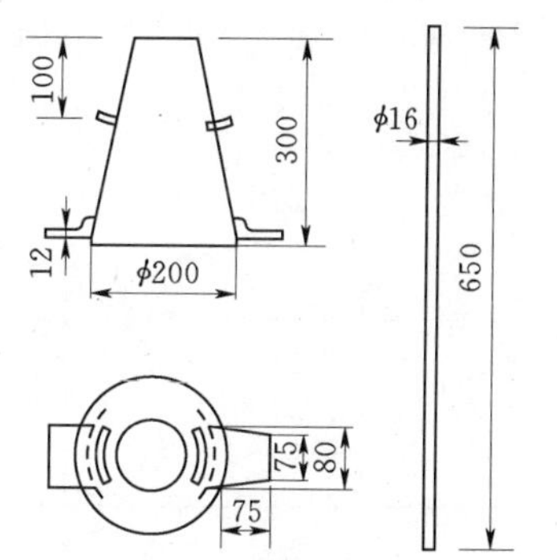


图4.11 坍落筒及捣棒

（单位：mm）

(2) 试验步骤。

1) 先用湿布抹湿坍落筒、铁锹、拌和板等用具。

2) 按配合比称量材料：先称取水泥和砂并倒在拌和板上搅拌均匀，再称出石子一起拌和。将料堆的中心扒开，倒入所需水的一半，仔细拌和均匀后，再倒入剩余的水，继续拌和至均匀。拌和时间大约4～5min。

3) 将坍落筒放于不吸水的刚性平板上，漏斗放在坍落筒上，脚踩踏板，拌和物分三层装入筒内，每层装填的高度约占筒高的1/3。每层用捣棒沿螺旋线由边缘至中心插捣25次，不得冲击。各次插捣应在界面上均匀分布。插捣筒边混凝土时，捣棒可以稍稍倾斜。插捣底层时，捣棒应贯穿整个深度，插捣其他两层时，应插透本层并插入下层约20～30mm。

4) 装填结束后，用镘刀刮去多余的拌和物，并抹平筒口，清除筒底周围的混凝土。随即立即提起坍落筒，提筒在5～10s内完成，并使混凝土不受横向及扭力作用。从开始装料到提出坍落度筒整个过程应在150s内完成。

5) 将坍落筒放在锥体混凝土试样一旁，筒顶平放一个朝向拌和物的直尺，用钢尺量出直尺底面到试样最高点的垂直距离，即为该混凝土拌和物的坍落度，精确至1mm，结果修约至最接近的5mm。当混凝土试件的一侧发生崩坍或一边剪切破坏，则应重新取样另测。如果第二次仍发生上述情况，则表示该混凝土和易性不好，应记录。

6) 当混凝土拌和物的坍落度大于220mm时，用钢尺测量混凝土扩展后最终的最大直径和最小直径，在这两个直径之差小于50mm的条件下，用其算术平均值作为坍落扩展度值，否则，此次试验无效。坍落扩展度精确值1mm，结果修约至最接近的5mm。

(3) 工作性能评价。坍落度试验的同时，可用目测方法评定混凝土拌和物的工作性能，见表4.27，并予记录。

2. 维勃稠度检测

(1) 试验设备：维勃稠度测定仪，如图4.12所示。

(2) 试验步骤。

1) 把本仪器放在坚实水平的平台上，用湿布把容器、坍落度筒、喂料口内壁及其他用具湿润。

2) 将喂料口提到坍落度筒上方扣紧，校正容器位置，使其轴线与喂料口轴线重合，然后拧紧蝶形螺母。

**表 4.27　　混凝土拌和物的工作性能评价方法**

| 指标 | 棍　度 | | 含砂情况 | | 黏聚性 | 保水性 | |
|---|---|---|---|---|---|---|---|
| 含义 | 插捣混凝土拌和物时的难易程度 | | 拌和物外观含砂多少 | | 观测拌和物各组成成分相互黏聚情况 | 水分从拌和物中析出情况 | |
| 评价方法 | 上 | 插捣容易 | 多 | 用镘刀抹拌和物表面时，一两次即可使拌和物表面平整无蜂窝 | 用捣棒在已坍落的混凝土锥体一侧轻打，如锥体在轻打后渐渐下沉，表示黏聚性良好；如锥体突然倒坍，部分崩裂或发生石子离析现象，则表示黏聚性不好 | 多量 | 提起坍落筒后，有较多水分从底部析出 |
| | 中 | 插捣时稍有石子阻滞的感觉 | 中 | 抹五六次才使表面平整无蜂窝 | | 少量 | 提起坍落筒后，有少量水分从底部析出 |
| | 下 | 很难插捣 | 少 | 抹面困难，不易抹平，有空隙及石子外露等现象 | | 无 | 提起坍落度筒后，没有水分从底部析出 |

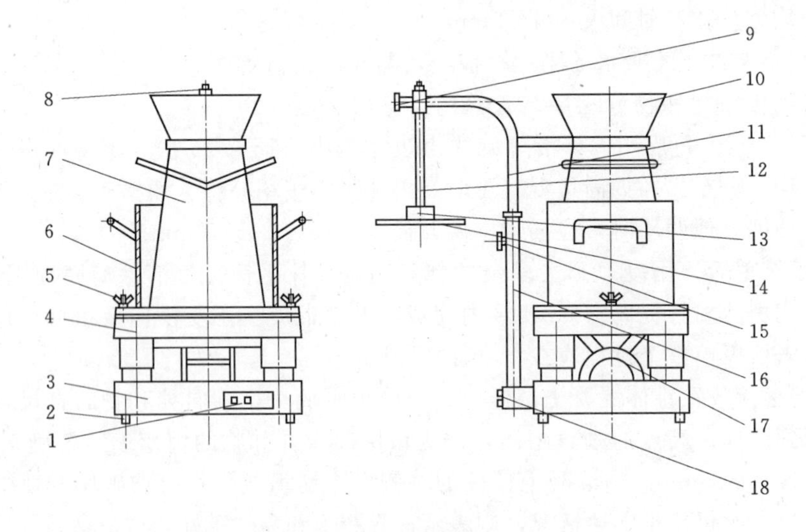


图 4.12　维勃稠度测定仪

1—控制器；2—机脚；3—底座；4—上座；5—蝶形螺母；6—容器；7—坍落度筒；8—螺钉；9—定位螺钉；10—喂料口；11—旋转架；12—测杆；13—配种螺母；14—透明圆盘；15—固定螺钉；16—立柱；17—电机；18—六角头螺栓

3）装试样同测坍落度方法。

4）使喂料口、圆盘转离，垂直地提起坍落度筒，此时并应注意不使混凝土试样产生横向扭动。

5）把透明圆盘转到混凝土圆台体顶面，放松定位螺丝，降下圆盘，使其能轻轻接触到混凝土顶面。

6）按控制器“启动/停止”按钮，同时按下秒表计时，当震动到透明圆盘的底面被水泥浆部满的瞬间再按“启动/停止”按妞，同时按下秒表停止计时，震动停止，读出秒表数值（s）即为该混凝土拌和物的维勃稠度值。

维勃工作度测定仪法：振动开始计时至混凝土一半面积出浆所经过的时间 $VC$ 值（s）。但不关闭振动台，断续振 60s 时停机。从试样表面的平整情况及出浆程度进行评分，见表 4.28。

**表 4.28　　平整情况及出浆程度评分表**

| 平整及出浆程度 | 不平无浆 | 有缺陷出浆不足 | 平整基本出浆 | 平整出浆较好 | 平整出浆好 |
|---|---|---|---|---|---|
| 分值 | 1 | 2 | 3 | 4 | 5 |

3. 试验判定与检测报告填写（表 4.29）

**表 4.29　　水泥混凝土拌和物坍落度、稠度（维勃仪法）试验记录表**

| 承包单位 | | | | 合同号 | | | |
|---|---|---|---|---|---|---|---|
| 监理单位 | | | | 编 号 | | | |
| 试验单位 | | | | 试验日期 | | | |
| 样品名称 | | | | 样品来源 | | | |
| 配合比 | | | | 外加剂 | | | |
| 设计强度 | | | | 气温/℃ | | | |
| 试验号 | 试样最大粒径/mm | | 振动台工作频率/Hz | 振动台振幅/mm | | 维勃稠度/s | |
| | | | | | | | |
| | | | | | | | |
| | | | | | | | |
| 试验号 | 坍落度/mm | | | 目测内容 | | | |
| | 1 | 2 | 平均 | 稠度 | 含砂情况 | 黏聚性 | 保水性 |
| | | | | | | | |
| | | | | | | | |
| | | | | | | | |
| | | | | | | | |
| | | | | | | | |
| | | | | | | | |
| | | | | | | | |
| | | | | | | | |
| | | | | | | | |
| 承包人自检意见：　日期： | | | | | | | |
| 试验监理工程师意见：<br>日期： | | | | | | | |

试验人员：　　　　　　　　　　　　复核：

#### 4.2.2.2 混凝土拌和物表观密度检测

测定混凝土拌和物捣实后的单位体积质量，为实验室配合比设计提供数据。

（1）试验设备。

1）容量筒：金属制圆筒，当骨料最大粒径不超过40mm时，采用容量为5L的容量筒，其内径与筒高均为（186±2）mm，壁厚3mm；当骨料最大粒径超过40mm时，容量筒的内径与筒高应大于骨料最大粒径的4倍。容量筒内壁及上缘应光滑平整，顶面与底面应平行，并与圆柱体轴向垂直。

2）台秤：称量100kg，感量50g。

3）振动台：频率为（50±3）Hz，空载振幅为（0.5±0.1）mm。

4）捣棒：直径16mm，长600mm的钢棒，端部应磨圆。

（2）试验步骤。

1）用湿布把容量筒内外擦干净，称出容量筒质量，精确至50g。

2）混凝土的装料及捣实方法应根据拌和物的稠度而定。坍落度不大于70mm的混凝土，用振动台振实为宜，坍落度大于70mm的混凝土用捣棒捣实为宜。采用捣棒捣实时，应根据容量筒的大小决定分几层装入以及确定每层插捣次数。用5L容量筒时，混凝土拌和物应分两层装入，每层的插捣25次，用大于5L的容量筒时，每层混凝土的高度不应大于100mm，每层插捣次数应按每100cm$^2$截面不少于12次计算。每层插捣应均匀分布在每层截面上，插捣底层时捣棒应贯穿混凝土的整个深度，插捣第二层插透本层到下一层的表面。每层插捣完毕后，可把捣棒垫在容器底部，将容器左右交替地颠击地面各15次。用振动台振实时，一次将混凝土装到高出容量筒筒口，装料时可用捣棒稍加插捣，振实过程中混凝土如果沉落到低于筒口，则要随时添加混凝土，振动至混凝土表面出浆为止。

3）用直尺刮齐筒口，将多余的混凝土拌和物刮去，使混凝土表面和筒口平齐，如有凹陷应补平。擦净容量筒外壁，用台秤称量总质量，精确到50g。

（3）试验判定与检测报告填写。

1）混凝土拌和物表观密度（$\gamma_h$）按下式计算（计算结果精确值10kg/m$^3$）：

$$\gamma_h=\frac{W_1-W_2}{V}\times1000 \tag{4.17}$$

式中 $W_1$——容量筒质量，kg；

$W_2$——容量筒及拌和物总质量，kg；

$V$——容量筒实际体积，L。

2）试验检测报告（表4.30）。

#### 4.2.2.3 混凝土立方体抗压强度检测

本检测规定了测定混凝土抗压极限强度试件制作、养护方法及强度测定方法，检查混凝土施工品质和确定混凝土的强度。

（1）试验设备。压力试验机（精度不低于±2%，试验时有试件最大荷载选择压力机量程。使试件破坏时的荷载位于全量程的20%～80%），如图4.13所示；振动台［频率(50±3)Hz，空载振幅约为0.5mm］；搅拌机、试模、捣棒、抹刀等。

（2）试件制作与养护。

表 4.30　　**混凝土拌和物表观密度试验记录表**

| 试验标准 | GB/T 50080—2002 | | 试验编号 | | |
|---|---|---|---|---|---|
| 工程名称 | | | 施工部位 | | |
| 试验日期 | | | 试验环境 | | |
| 强度等级 | | 坍落度/mm | | 砂率 | |
| 搅拌方式 | | 成型方式 | | 水胶比 | |

| 仪器设备 | |
|---|---|
| 容量筒 | |
| 台秤 | |
| 振动台 | |
| 其他 | |

| 原材料及配合比 | | | | | | | | | | |
|---|---|---|---|---|---|---|---|---|---|---|
| 材料名称 | 水泥 | 细骨料 | | 粗骨料 | 掺和料 | | | 水 | 外加剂 | 合计 |
| 品种及产地 | | | | | | | | | | |
| 视比重 | | | | | | | | | | |
| 配合比 | | | | | | | | | | |

| 试验结果 | | | | | |
|---|---|---|---|---|---|
| 容量筒质量 $W_1$ /kg | | 容量筒容积 $V$ /L | | 容量筒和试样总质量 $W_2$ /kg | |
| 表观密度 $\gamma_h$ /(kg·m$^{-3}$) | $\gamma_h=(W_2-W_1)/V\times1000=$ | | | | |
| 备　注 | | | | | |

主管：　　　　试验人员：　　　　签发日期：　　年　　月　　日

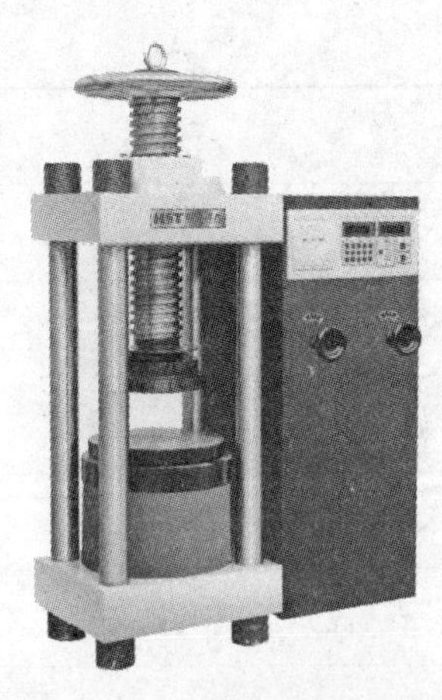

图 4.13　混凝土压力试验机

1）混凝土立方体抗压强度测定，以三个试件为一组。每组试件所用的拌和物的取样或拌制方法按 4.2.2.1 的方法进行。

2）混凝土试件的尺寸按集料最大粒径选定。制作试件前，应将试模擦干净并在试模内表面涂一层脱模剂，再将混凝土拌和物装入试模成型。

3）对于坍落度不大于 70mm 的混凝土拌和物，将其一次装入试模并高出试模表面，将试件移至振动台上，开动振动台振至混凝土表面出现水泥浆并无气泡向上冒时为止。振动时应防止试模在振动台上跳动。刮去多余的混凝土，用抹刀抹平。记录振动时间。对于坍落度大于 70mm 的混凝土拌和物，将其分两层装入试模，每层厚度大约相等。用捣棒按螺旋方向从边缘向中心均匀插捣，次数一般每 $100cm^2$ 应不少于 12 次。用抹刀沿试模内壁插入数次，最后刮去多余混凝土并抹平。

4）养护。按照试验目的不同，试件可采用标准养护，采用标准养护的试件成型后表面应覆盖，以防止水分蒸发，并在（20±5)℃的条件下静置 1～2 昼夜，然后编号拆模。拆模后的试件立即放入温度为（20±2)℃，湿度为 95%以上的标准养护室进行养护，直至试验龄期 28d。在标准养护室内试件应搁放在架上，彼此间隔为 10～20mm，避免用水直接冲淋试件。当无标准养护室时，混凝土试件可在温度为（20±2)℃的不流动的 $Ca(OH)_2$ 饱和溶液中养护。

（3）试验步骤。

1）试件从养护室取出后尽快试验。将试件擦拭干净，测量其尺寸（精确至 1mm），据此计算出试件的受压面积。如实测尺寸与公称尺寸之差不超过 1mm，则按公称尺寸计算。

2）将试件安放在试验机的下压板上，试件的承压面与成型面垂直。开动试验机，当上压板与试件接近时，调整球座，使其接触均匀。

3）加荷时应连续而均匀，加荷速度为：当混凝土强度等级低于 C30 时，取 0.3～0.5MPa/s；高于或等于 C30 时，取 0.5～0.8MPa/s。当试件接近破坏而开始迅速变形时，停止调整试验机油门，直至试件破坏，记录破坏荷载 $P$(N)。

（4）试验判定与检测报告填写。

1）混凝土立方体抗压强度 $f_{cu}$（MPa，精确至 0.01MPa）按式（4.3）计算。

2）取标准试件 150mm×150mm×150mm 的抗压强度值为标准，对 100mm×100mm×100mm 和 200mm×200mm×200mm 的非标准试件，须将计算结果乘以相应的换算系数换算为标准强度。换算系数见表 4.4。

3）以三个试件强度值的算术平均值作为该组试件的抗压强度代表值（精确至 0.1MPa）。三个测值中的最大值或最小值与中间值之差超过中间值的 15%时，取中间值作为该组试件的抗压强度代表值；如最大值和最小值与中间值之差均超过中间值的 15%时，则该组试件的试验结果无效。

4）试验检测报告（见表 4.31）。

表 4.31 混凝土立方体抗压强度检验记录表

<table>
<tr><td>委托单位</td><td colspan="9"></td><td colspan="3">检验编号</td><td colspan="2"></td></tr>
<tr><td>建设单位</td><td colspan="9"></td><td colspan="3">强度等级</td><td colspan="2"></td></tr>
<tr><td rowspan="3">工程名称及部位</td><td rowspan="3">养护条件</td><td rowspan="3">制作日期</td><td rowspan="3">检验日期</td><td rowspan="3">龄期/d</td><td colspan="4">试块鉴定</td><td rowspan="3">破坏荷载/kN</td><td colspan="3" rowspan="2">抗压强度/MPa</td><td rowspan="3">取值描述</td><td rowspan="3">达到设计强度/%</td></tr>
<tr><td colspan="3">尺寸/mm</td><td rowspan="2">受压面积/mm²</td></tr>
<tr><td>长</td><td>宽</td><td>高</td><td>单块</td><td>取值</td><td>换算系数</td></tr>
<tr><td rowspan="3"></td><td rowspan="3"></td><td rowspan="3"></td><td rowspan="3"></td><td rowspan="3"></td><td></td><td></td><td></td><td></td><td></td><td></td><td rowspan="3"></td><td rowspan="3"></td><td rowspan="3"></td><td rowspan="3"></td></tr>
<tr><td></td><td></td><td></td><td></td><td></td><td></td></tr>
<tr><td></td><td></td><td></td><td></td><td></td><td></td></tr>
<tr><td rowspan="3"></td><td rowspan="3"></td><td rowspan="3"></td><td rowspan="3"></td><td rowspan="3"></td><td></td><td></td><td></td><td></td><td></td><td></td><td rowspan="3"></td><td rowspan="3"></td><td rowspan="3"></td><td rowspan="3"></td></tr>
<tr><td></td><td></td><td></td><td></td><td></td><td></td></tr>
<tr><td></td><td></td><td></td><td></td><td></td><td></td></tr>
<tr><td rowspan="3"></td><td rowspan="3"></td><td rowspan="3"></td><td rowspan="3"></td><td rowspan="3"></td><td></td><td></td><td></td><td></td><td></td><td></td><td rowspan="3"></td><td rowspan="3"></td><td rowspan="3"></td><td rowspan="3"></td></tr>
<tr><td></td><td></td><td></td><td></td><td></td><td></td></tr>
<tr><td></td><td></td><td></td><td></td><td></td><td></td></tr>
<tr><td>检验依据</td><td colspan="8">《混凝土强度检验评定标准》(GB/T 50107—2010)、《普通混凝土力学性能试验方法》(GB/T 50081—2002)</td><td colspan="2">加荷速度/(kN·s⁻¹)</td><td colspan="4"></td></tr>
<tr><td>仪器设备名称及型号</td><td colspan="8"></td><td colspan="2">检测室温度/℃</td><td colspan="4"></td></tr>
</table>

检验： 复核：

#### 4.2.2.4 混凝土抗渗性检测

混凝土抗渗性检测主要用于检测混凝土硬化后的防水性能以测定其抗渗标号。检测依据《混凝土结构工程施工质量验收规范》（GB 50204—2002）、《水工混凝土试验规程》（SL 352—2006）。

（1）试验设备。

1）混凝土渗透仪：仪器施加压力范围为0.1～2.0MPa。

2）试模、圆台试模标准尺寸：上口直径175mm，下口直径185mm，高150mm。

3）密封材料：石蜡加松香或水泥加黄油等，也可采用一定厚度的橡胶套。

4）钢尺：分度值为1mm。

5）加压设备。

6）辅助设备：烘箱、电炉、浅盘、铁锅、钢丝网等。

（2）试件制作与养护。每组试件为六个，如用人工插捣成型时，分两层装入混凝土拌和物，每层插捣25次，在标准条件下养护，如结合工程需要，则在浇筑地点制作，每单位工程制件不少于两组，其中至少一组应在标准条件下养护，其余试件与构件相同条件下养护，试块养护期不少于28d，不超过90d。试件成型后24h拆模，用钢丝刷刷净两端面水泥浆膜，标准养护龄期为28d。

（3）试验步骤。试件到期后取出，擦干表面，用钢丝刷刷净两端面，待表面干燥后，在试件侧面滚涂一层溶化的密封材料（黄油掺滑石粉）装入抗渗仪上进行试验。

如在试验中，水从试件周边渗出，说明密封不好，要重新密封。试验时，水压从0.2MPa开始，每隔8h增加水压0.1MPa，并随时注意观察试件端面情况，一直加至6个试件中3个试件表面发现渗水，记下此时的水压力，即可停止试验。

注：当加压至设计抗渗标号，经过8h后第三个试件仍不渗水，表明混凝土以满足设计要求，也可停止试验。

（4）试验判定与检测报告填写。

1）混凝土的抗渗标号以每组6个试件中4个未发生渗水现象的最大压力表示。抗渗标号按下列计算：

$$S=10H-1 \tag{4.18}$$

式中 $S$——混凝土抗渗标号；

$H$——第三个试件顶面开始有渗水时的水压力，MPa。

注：混凝土抗渗标号分级为P2、P4、P6、P8、P10、P12，若压力加至1.2MPa，经过8h，第三个试件仍未渗水，则停止试验，试件的抗渗标号以P12表示。

2）试验检测报告（见表4.32）。

**表 4.32** **混凝土抗渗性能检测报告**

<table>
<tr><td>委托单位</td><td colspan="4"></td><td>报告编号</td><td></td></tr>
<tr><td>工程名称</td><td colspan="4"></td><td>检测编号</td><td></td></tr>
<tr><td>样品名称</td><td></td><td>样品状态</td><td colspan="2"></td><td>强度等级</td><td></td></tr>
<tr><td>工程部位</td><td colspan="4"></td><td>抗渗等级</td><td></td></tr>
<tr><td>检测依据</td><td colspan="4"></td><td>送样日期</td><td></td></tr>
<tr><td>养护条件</td><td colspan="4">标准养护</td><td>制作日期</td><td></td></tr>
<tr><td>环境条件</td><td></td><td>龄期/d</td><td colspan="2"></td><td>检测日期</td><td></td></tr>
<tr><td>试验室地址</td><td colspan="4"></td><td>邮政编码</td><td></td></tr>
<tr><td colspan="7">检 测 内 容</td></tr>
<tr><td>试件序号</td><td>1</td><td>2</td><td>3</td><td>4</td><td>5</td><td>6</td></tr>
<tr><td>是否透水</td><td></td><td></td><td></td><td></td><td></td><td></td></tr>
<tr><td>最大实验压力/MPa</td><td></td><td></td><td></td><td></td><td></td><td></td></tr>
<tr><td>综合结论</td><td colspan="6"></td></tr>
<tr><td>检测说明</td><td colspan="6">检验结果仅对来样负责<br>检验类别：委托检验<br>委托人：</td></tr>
</table>

批准： 校核： 主检： 检测单位：（盖章）

# 任务 4.3 混凝土的质量评定标准与合格判定

## 任务导航：

任务内容及要求

| 知识目标 | 能力目标 | 素质目标 | 考核方式 |
| --- | --- | --- | --- |
| 掌握水泥混凝土质量评定标准与合格判定的方法 | 能够进行水泥混凝土质量评定标准与合格判定 | 通过分析、评定，培养科学严谨、实事求是的工作态度 | 过程性评价：考勤、试验报告 |

混凝土在施工过程中由于原材料、施工条件、试验条件等许多复杂因素的影响，其质量总是波动的。为了使混凝土的质量变化满足规范要求，就必须在施工过程中对原材料、坍落度、强度等各个方面进行质量控制。评定混凝土质量的一个重要指标混凝土强度（主要是指抗压强度），因为它能较为综合地反映混凝土的各项质量指标，所以工程中常常以混凝土的强度来控制混凝土的质量。

### 4.3.1 混凝土强度的评定方法和标准

#### 4.3.1.1 混凝土强度评定方法

混凝土强度应分批进行检验评定，一个验收批的混凝土应由强度等级相同、龄期相同、生产工艺条件和配合比基本相同的混凝土组成。对于施工现场集中搅拌的混凝土，其强度质量评定按统计方法进行。对于零星生产的预制构件中混凝土或现场搅拌的批量不大的混凝土，不能获得统计方法所必需的试件组数时，可按非统计方法检验评定混凝土强度。

#### 4.3.1.2 混凝土强度评定标准

1.《混凝土强度检验评定标准》(GB 50107—2010) 的强度评定标准

(1) 按统计方法。

1）生产条件一致、同一品种混凝土强度变异性能稳定、样本容量应为连续的三组试件，其强度同时满足如下要求：

$$m_{f_{cu}} \geqslant f_{cu,k} + 0.7\sigma_0 \tag{4.19}$$

$$f_{cu,\min} \geqslant f_{cu,k} - 0.7\sigma_0 \tag{4.20}$$

检验批混凝土立方体抗压强度的标准差应按下式计算：

$$\sigma_0 = \sqrt{\frac{\sum_{i=1}^{n} f_{cu,i}^2 - nm_{f_{cu}}^2}{n-1}} \tag{4.21}$$

当混凝土强度等级不大于 C20，还应满足：

$$f_{cu,\min} \geqslant 0.85 f_{cu,k} \tag{4.22}$$

当混凝土强度等级大于C20，还应满足：

$$f_{cu,\min} \geqslant 0.9 f_{cu,k} \tag{4.23}$$

式中 $m_{f_{cu}}$——同一检验批混凝土立方体抗压强度的平均值，N/mm²，精确到0.1 N/mm²；

$f_{cu,k}$——混凝土立方体抗压强度标准值，N/mm²，精确到0.1N/mm²；

$\sigma_0$——检验批混凝土立方体抗压强度的标准差，N/mm²，精确到0.01N/mm²；当检验批混凝土强度标准差计算值小于2.0N/mm²时，应取2.5N/mm²；

$f_{cu,i}$——前一个检验期内同一品种、同一强度等级的第$i$组混凝土试件的立方体抗压强度代表值，N/mm²，精确到0.1N/mm²；该检验期不应少于60d，也不得大于90d；

$n$——前一检验期内的样本容量，在该期间内样本容量不应少于45；

$f_{cu,\min}$——同一检验批混凝土立方体抗压强度的最小值，N/mm²，精确到0.1N/mm²。

2）当样本容量不少于10组时，其强度应同时满足下列要求：

$$m_{f_{cu}} - \lambda_1 S_{f_{cu}} \geqslant f_{cu,k} \tag{4.24}$$

$$f_{cu,\min} \geqslant \lambda_2 f_{cu,k} \tag{4.25}$$

同一检验批混凝土立方体抗压强度的标准差应按下式计算：

$$S_{f_{cu}} = \sqrt{\frac{\sum_{i=1}^{n} f_{cu,i}^2 - n m_{f_{cu}}^2}{n-1}} \tag{4.26}$$

式中 $S_{f_{cu}}$——同一检验批混凝土立方体抗压强度的标准差，N/mm²，精确到0.01N/mm²；当检验批混凝土强度标准差$S_{f_{cu}}$计算值小于2.5N/mm²时，应取2.5N/mm²；

$\lambda_1$、$\lambda_2$——合格评定系数，按表4.33取用；

$n$——本检验期内的样本容量。

**表4.33　混凝土强度的合格评定系数**

| 试件组数 | 10～14 | 15～19 | ≥20 |
|---|---|---|---|
| $\lambda_1$ | 1.15 | 1.05 | 0.95 |
| $\lambda_2$ | 0.90 | 0.85 | |

（2）非统计方法评定。

当用于评定的样本容量小于10组时，应采用非统计方法评定混凝土强度。其强度应同时符合下列规定：

$$m_{f_{cu}} \geqslant \lambda_3 f_{cu,k} \tag{4.27}$$

$$f_{cu,\min} \geqslant \lambda_4 f_{cu,k} \tag{4.28}$$

式中 $\lambda_3$、$\lambda_4$——合格评定系数，应按表4.34取用。

表 4.34　　混凝土强度的非统计法合格评定系数

| 混凝土强度等级 | ＜C60 | ≥C60 |
|---|---|---|
| $\lambda_3$ | 1.15 | 1.10 |
| $\lambda_4$ | 0.95 | |

2.《水工混凝土施工规范》(DL/T 5144—2001) 的强度评定标准

验收批混凝土强度平均值和最小值应同时满足下列要求：

$$m_{f_{cu}} \geqslant f_{cu,k} + Kt\sigma_0 \tag{4.29}$$

$$f_{cu,\min} \geqslant 0.85 f_{cu,k} (\leqslant C_{90}20) \tag{4.30}$$

$$f_{cu,\min} \geqslant 0.90 f_{cu,k} (> C_{90}20) \tag{4.31}$$

式中　$K$——合格判定系数，根据验收批统计组数 $n$ 值，按表 4.35 选取；

$t$——概率度系数，取用值见表 4.36；

其他符号意义同上。

表 4.35　　合格判定系数 K 值表

| $n$ | 2 | 3 | 4 | 5 | 6～10 | 11～15 | 16～25 | ＞25 |
|---|---|---|---|---|---|---|---|---|
| $K$ | 0.71 | 0.58 | 0.50 | 0.45 | 0.36 | 0.28 | 0.23 | 0.20 |

注　1. 同一验收批混凝土，应由强度标准相同、配合比和生产工艺基本相同的混凝土组成，对现浇混凝土宜按单位工程的验收项目或按月划分验收批。

2. 验收批混凝土强度标准差 $\sigma_0$ 计算值小于 0.06 $f_{cu,k}$时，应取 $\sigma_0 = 0.06\ f_{cu,k}$。

表 4.36　　保证率和概率度系数关系

| 保证率 $P$ /% | 65.5 | 69.2 | 72.5 | 75.8 | 78.8 | 80.0 | 82.9 | 85.0 | 90.0 | 93.3 | 95.0 | 97.7 | 99.9 |
|---|---|---|---|---|---|---|---|---|---|---|---|---|---|
| 概率度系数 $t$ | 0.40 | 0.50 | 0.60 | 0.70 | 0.80 | 0.84 | 0.95 | 1.04 | 1.28 | 1.50 | 1.65 | 2.0 | 3.0 |

3.《水工碾压混凝土施工规范》(DL/T 5112—2009) 的强度评定标准

验收批混凝土强度平均值和最小值应同时满足下列要求：

$$m_{f_{cu}} \geqslant f_{cu,k} + Kt\sigma_0 \tag{4.32}$$

$$f_{cu,\min} \geqslant 0.75 f_{cu,k} (\leqslant C_{90}20) \tag{4.33}$$

$$f_{cu,\min} \geqslant 0.80 f_{cu,k} (> C_{90}20) \tag{4.34}$$

式中　$K$——合格判定系数，根据验收批统计组数 $n$ 值，按表 4.35 选取；

$t$——概率度系数，取用值见表 4.36；

其他符号意义同上。

### 4.3.2　混凝土强度的合格判定

1.《混凝土强度检验评定标准》(GB 50107—2010) 的强度合格评定标准

(1) 当检验结果按要求满足式 (4.19)～式(4.28) 的相关规定时，则该批混凝土强度应评定为合格；当不能满足上述规定时，该批混凝土强度应评定为不合格。

(2) 对评定为不合格批的混凝土，可按国家现行的有关标准进行处理。

**【例 4.13】** 某商品混凝土搅拌站生产的 C40 混凝土，根据前一统计期取得的同类混凝土强度数据，求得的强度代表值 $f_{cu,i}$，见表 4.37。

**表 4.37** **混凝土强度代表值** 单位：MPa

| 批 号 | 1 | 2 | 3 | 4 | 5 | 6 | 7 | 8 | 9 |
|---|---|---|---|---|---|---|---|---|---|
| 强度代表值 $f_{cu,i}$ | 39.5 | 42 | 38.5 | 43.0 | 40.0 | 40.0 | 46.0 | 48.0 | 42.0 |
| | 41.5 | 45 | 46.0 | 46.0 | 38.0 | 39.5 | 45.5 | 44.0 | 41.0 |
| | 38.5 | 39 | 42.0 | 39.0 | 45.0 | 38.0 | 42.0 | 40.0 | 43.0 |
| 批号 | 10 | 11 | 12 | 13 | 14 | 15 | 16 | 17 | 18 |
| 强度代表值 $f_{cu,i}$ | 41.5 | 42.0 | 39.5 | 42.0 | 42.0 | 41.0 | 42.0 | 39.5 | 45.1 |
| | 39.5 | 41.0 | 45.0 | 43.0 | 38.0 | 42.0 | 42.0 | 45.0 | 42.0 |
| | 39.5 | 45.0 | 42.0 | 42.0 | 45.0 | 39.0 | 42.0 | 42.0 | 39.5 |

现从该站近期所生产的 C40 混凝土中取得 6 批强度数据，见表 4.38。

**表 4.38** **混凝土批强度值及合格评定表** 单位：MPa

| 批 号 | 1 | 2 | 3 | 4 | 5 | 6 |
|---|---|---|---|---|---|---|
| 强度代表值 $f_{cu,i}$ | 39.5 | 42.0 | 38.5* | 43.0 | 40.0 | 40.0 |
| | 41.5 | 45.0 | 46.0 | 46.0 | 38.0* | 39.5 |
| | 38.5* | 39.0* | 42.0 | 39.0* | 45.0 | 38.0* |
| 平均值 $m_{f_{cu}}$ | 39.7 | 42.0 | 42.2 | 42.7 | 41.0 | 39.2 |
| 评定 | 不合格 | 合格 | 合格 | 合格 | 不合格 | 不合格 |

注 带“*”值为表中此列数据的最小值。

请按标准差已知统计法评定每批混凝土的强度是否合格。

**解：**(1) 求前一统计期 C40 混凝土的批标准差 $\sigma_0$。

1) 混凝土立方体抗压强度平均值：

$$m_{f_{cu}} = \frac{1}{n}\sum_{i=1}^{n} f_{cu,i} = \frac{1}{54}\times(39.5+41.5+\cdots+42.0+39.5)=41.9(\text{MPa})$$

2) 混凝土立方体抗压强度标准差：

$$\sigma_0=\sqrt{\frac{\sum_{i=1}^{n} f_{cu.i}^2-n\cdot m_{fcu}^2}{n-1}}=\sqrt{\frac{(39.5^2+\cdots+39.5^2)-54\times41.9^2}{54-1}}$$
$$=2.52(\text{MPa})$$

这里 $\sigma_0=2.52\text{MPa}\geqslant2.5\text{MPa}$，取 $\sigma_0=2.52\text{MPa}$。

(2) 求验收界限。

1) 平均值验收界限：

$$[m_{f_{cu}}]=f_{cu,k}+0.7\sigma_0=40+0.7\times2.52=41.8(\text{MPa})$$

2) 最小值验收界限：

$$[f_{cu,\min}]=f_{cu,k}-0.7\sigma_0=40-0.7\times2.52=38.2(\text{MPa})$$

$$[f_{cu,\min}]=0.9f_{cu,k}=0.9\times40=36.0(\text{MPa})\text{(验收混凝土强度等级大于 C20)}$$

在这两个值中取较大值作为最小值验收界限：

$$[f_{cu,\min}]=38.2\text{MPa}$$

(3) 强度的检验结果与评定。需被验收的 9 批混凝土实测强度代表值见表 4.38。连续三组试件强度为一批，计算每批强度的平均值（$m_{f_{cu}}$），并找出每批强度的最小值（$f_{cu,\min}$），表中标以（*）的数据。

以检测结果的平均值和最小值与以上求出的强度平均值和最小值的验收界限相比，按平均值和最小值验收条件两个公式逐批进行合格评定，其结果见表 4.38 的第 6 行。

2.《水工混凝土施工规范》(DL/T 5144—2001) 的强度合格评定标准

(1) 当检验的混凝土强度平均值和最小值按要求同时满足式 (4.29)～式 (4.31) 的相关规定时，则该批混凝土强度应评定为合格。

(2) 混凝土抗压强度试件的检测结果未满足式 (4.29)～式 (4.31) 合格标准要求或对混凝土试件强度的代表性有怀疑时，可从结构物中钻取混凝土芯样试件或采用无损检验方法，按有关标准规定对结构物的强度进行检测；如仍不符合要求，应对已完成的结构物，按实际条件验算结构的安全度，根据需要采取必要的补救措施或其他处理措施。

(3) 衡量混凝土生产水平以现场试件 28d 龄期抗压强度标准差 $\sigma$ 值表示，其评定标准见表 4.39。

**表 4.39　　水工混凝土生产质量水平**

| 评定指标 | | 质量等级 | | | |
|---|---|---|---|---|---|
| | | 优秀 | 良好 | 一般 | 差 |
| 不同强度等级下的混凝土强度标准差/MPa | ≤$C_{90}$20 | <3.0 | 3.0～3.5 | 3.5～4.5 | >4.5 |
| | $C_{90}$20～$C_{90}$35 | <3.5 | 3.5～4.0 | 4.0～5.0 | >5.0 |
| | >$C_{90}$35 | <4.0 | 4.0～4.5 | 4.5～5.5 | >5.5 |
| 强度不低于强度标准值的百分率 $P_s$/% | | ≥90 | | ≥80 | <80 |

3.《水工碾压混凝土施工规范》(DL/T 5112—2009) 的强度合格评定标准

(1) 当检验的混凝土强度平均值和最小值按要求同时满足式 (4.32)～式 (4.34) 的相关规定时，则该批混凝土强度应评定为合格。

(2) 钻孔取样是评定碾压混凝土质量的综合方法。钻孔取样可在碾压混凝土达到设计龄期后进行。钻孔的部位和数量应根据需要确定。

钻孔取样评定的内容如下：

1) 芯样获得率：评价碾压混凝土的均质性。

2) 压水试验：评定碾压混凝土抗渗性。

3) 芯样的物理力学性能试验：评定碾压混凝土的均匀性和力学性能。

4) 芯样断口位置及形态描述：描述断口形态，分别统计芯样断口在不同类型碾压层层间结合处的数量，并计算占总断口数的比例，评价层间是否符合设计要求。

5) 芯样外观描述：评定碾压混凝土的均质性和密实性，评定标准见表 4.40。

表 4.40　碾压混凝土芯样外观评定标准

| 级　别 | 表面光滑程度 | 表面致密程度 | 骨料分布均匀性 |
|---|---|---|---|
| 优良 | 光滑 | 致密 | 均匀 |
| 一般 | 基本光滑 | 稍有孔 | 基本均匀 |
| 差 | 不光滑 | 有部分孔洞 | 不均匀 |

注　本表适用于金刚石钻头钻取的芯样。

## 知识拓展

### 混凝土的类型

混凝土可按其组成、特性和功能等从不同角度进行分类。

1. 混凝土基本分类

(1) 按表观密度分。

1) 普通混凝土：由天然砂、卵石或碎石为骨料的混凝土，其干表观密度约为2400kg/m³ (常在2300～2500kg/m³范围)，是道路路面和桥梁结构中最常用的混凝土。

2) 轻混凝土：现代大跨度钢筋混凝土桥梁为减轻结构自重，往往采用各种轻骨料(如浮石、煤渣等)配制成轻骨料结构混凝土，达到轻质高强的效果，以增大桥梁的跨度。这种混凝土干表观密度可以轻达1900kg/m³。

3) 重混凝土：为屏蔽各种射线的辐射而采用各种高密度骨料(如重晶石、铁矿石、铁屑等)配制的混凝土，这种混凝土的干表密度可达3200kg/m³。

(2) 按胶凝材料分。

1) 无机胶凝材料混凝土：如水泥混凝土、石膏混凝土、水玻璃混凝土等。

2) 有机胶凝材料混凝土：如沥青混凝土、聚合物混凝土。

2. 其他类型混凝土

(1) 抗渗混凝土。抗渗等级不小于P6的混凝土称为抗渗混凝土，通过调整混凝土的配合比、掺外加剂或使用新品种水泥等方法提高自身的密实性、憎水性和抗渗性。

对有抗渗要求的混凝土最大水灰比的规定，见表4.41。

表 4.41　抗渗混凝土最大水灰比 [《普通混凝土配合比设计规程》(JGJ 55—2011)]

| 抗渗等级 | 最大水灰比 | |
|---|---|---|
| | C20～C30 混凝土 | C30 以上混凝土 |
| P6 | 0.60 | 0.55 |
| P8～P12 | 0.55 | 0.50 |
| P12 以上 | 0.50 | 0.45 |

JGJ 55—2011同时要求，抗渗混凝土的胶凝材料总量不宜小于320kg/m³，砂率宜为35%～45%，其含气量为3%～5%。

抗渗混凝土主要用于有防水抗渗要求的基础工程、水工建筑物、给排水建筑物以及屋面和桥面工程等。

(2) 抗冻混凝土。抗冻等级不小于F50的混凝土称为抗冻混凝土，通过调整混凝土的原材料用量、品种和质量，提高其密实性，从而提高其抗冻性。

抗冻混凝土宜采用减水剂，对抗冻等级F100及以上的混凝土应掺引气剂，掺用后混凝土的含气量应符合表4.42的规定。

**表4.42　长期处于潮湿和严寒环境中混凝土的最小含气量**
**［《普通混凝土配合比设计规程》(JGJ 55—2011)］**

| 粗骨料最大粒径/mm | 最小含气量/% |
|---|---|
| ≥40 | 4.5 |
| 25 | 5.0 |
| 20 | 5.5 |

抗冻混凝土主要用于有抗冻要求的基础工程、水工建筑物、给排水建筑物等。

(3) 大体积混凝土。美国混凝土协会（ACI）规定：“任何就地浇筑的大体积混凝土，其尺寸之大，必须要求采取措施解决水化热及随之引起的体积变形问题，以最大的限度减少开裂。”

日本建筑协会标准（JASS5）中规定：“结构断面最小尺寸在80cm以上，同时水化热引起混凝土内的最高温度与外界气温之差，预计超过25℃的混凝土，称之为大体积混凝土。”

较新的观点指出：所谓大体积混凝土，是指其结构尺寸已经大到必须采用相应技术措施、妥善处理内外温度差值、合理解决温度应力并按裂缝开展控制的混凝土。

目前，水利工程的混凝土大坝、高层建筑的深基础底板、反应堆体、其他重力底座结构物等，这些都是大体积混凝土。

(4) 碾压混凝土。碾压混凝土即用振动碾振动压实的超干硬混凝土。

碾压混凝土一般强度高，收缩可比普通混凝土降低1/2～1/3，水泥用量可节约30%，浇筑时不需人工降温，可分层连续浇筑，加快施工进度。

碾压混凝土可用于大坝、公路等大体积及连续浇筑的混凝土工程。

(5) 纤维混凝土。纤维混凝土是以水泥混凝土做基材，以各种纤维做增强材料的复合材料。作为增强材的纤维，主要是使用一定长径比的短纤维，有时也用长纤维或纤维制品。纤维混凝土采用的纤维品种很多，可归纳为金属纤维、矿物纤维和有机纤维三类。

纤维在混凝土中起增强作用，可提高混凝土的抗压、抗拉、抗弯强度和冲击韧性，并能有效改善混凝土的脆性。目前，钢纤维混凝土在工程中应用最广泛，当钢纤维的用量达到混凝土的2%时，抗拉强度可提高1.2～2.0倍。

纤维混凝土主要用于飞机跑道、高速公路、大坝覆面、桥面、屋面板、墙板等要求较高耐磨性、抗裂性和抗冲击性的部位和构件。

(6) 泵送混凝土。泵送混凝土是利用混凝土泵的泵压产生推动力，能沿管道输送到浇筑地点进行浇筑的坍落度不低于100mm混凝土。

泵送混凝土应掺用泵送剂或减水剂，并宜掺用优质粉煤灰或其他活性抗物掺合料。

泵送混凝土适用于需要采用泵送工艺混凝土的高层建筑（如上海468m高的东方明珠

塔，其 C60 混凝土一次泵送高度 350m）和隧洞衬砌工程，超缓凝泵送剂可用于大体积混凝土等。

（7）喷射混凝土。利用喷射机械，以压缩空气或其他动力，将专门配制的拌和料，通过管道输送并高速喷射在接受面上，形成牢固黏结硬化层的混凝土，称为喷射混凝土。

喷射混凝土所加的速凝剂，可采用以铝酸盐、碳酸盐等为主要成分的粉状速凝剂，或以铝酸盐、水玻璃等为主要成分并与其他无机盐复合的液体速凝剂。喷射混凝土的砂率宜为 45%～50%。

喷射混凝土可用于地基密封、挖掘支挡体系的成分、表面修饰和修补等工程。

## 项目小结

本项目重点是水泥混凝土的性能检测和配合比设计，通过实际工程案例，将混凝土的和易性、抗压强度、耐久性等性能的检测方法、数据处理以及混凝土配合比设计融入项目中，注重理论联系实际，突出实践动手能力的培养，为后续专业知识的学习奠定基础。

# 项目5　建筑砂浆的检测

**项目导航：**

建筑砂浆，又称为细骨料混凝土，是由胶凝材料、细骨料、掺加料和水按适当比例配制而成的一种复合型建筑材料。在砖石结构中，砂浆可以把单块的砖、石块以及砌块胶结起来，构成砌体。砖墙勾缝和大型墙板的接缝也要用砂浆来填充。墙面、地面及梁柱结构的表面都需要用砂浆抹面，起到保护结构和装饰的效果。镶贴大理石、贴面砖、瓷砖、马赛克以及制作水磨石等都要使用砂浆。因砂浆中细骨料和胶凝材料用量较多，其干燥收缩大，强度比较低，故在土木工程结构中不能直接承受荷载，主要用于传递荷载或用于建筑物内外表面的抹面。

**案例描述：**

某水电站厂房砌筑工程，砌砖墙用水泥石灰混合砂浆，砂浆强度等级为M7.5，稠度为75～100mm。所用原材料为42.5MPa的普通硅酸盐水泥，中砂（堆积密度为1480kg/m$^3$，现场含水率2.3%），石灰膏稠度为110mm，施工单位施工水平一般。试计算该砌筑砂浆的配合比。

## 任务5.1　砌筑砂浆的配合比设计

**任务导航：**

任务内容及要求

| 知识目标 | 能力目标 | 素质目标 | 考核方式 |
|---|---|---|---|
| 1. 掌握砌筑砂浆的材料组成与主要技术性质<br>2. 掌握砌筑砂浆的配合比设计 | 1. 能够测定砌筑砂浆的和易性<br>2. 能够完成不同型号砌筑砂浆的配合比设计<br>3. 能够完成砌筑砂浆的配合比通知单 | 通过理论知识的学习，培养学生发现问题、分析问题、解决问题的能力 | 过程性评价：考勤、卷考、试验操作、试验报告 |

用于砌筑砖、石、砌块等砌体工程的砂浆称为砌筑砂浆。它起着黏结砌块、构筑砌体、传递荷载和提高墙体使用功能的作用，是砌体的重要组成部分。

## 5.1.1　砌筑砂浆的材料组成

### 5.1.1.1　胶凝材料

建筑砂浆中常用的胶凝材料有水泥、石灰和石膏。对有特殊用途的砂浆可采用特种水泥和其他胶凝材料。

常用品种的水泥（普通水泥、矿渣水泥、火山灰水泥、粉煤灰水泥等）都可以用来配制砌筑砂浆。由于砌筑砂浆主要用来砌筑砖石，传递荷载，为了合理利用资源、节约原材料，在配制砂浆时要尽量采用强度中等或中等以下标号水泥即可。配制水泥砂浆时，其强度等级不宜大于32.5级；配制水泥混合砂浆时，其强度等级不宜大于42.5级。在砌筑砂浆中水泥的强度等级一般为砂浆强度等级的4.0～5.0倍，对于一些特殊用途如配制构件的接头、接缝或用于结构加固、修补裂缝，应采用膨胀水泥。

### 5.1.1.2　细骨料

砌筑砂浆用细骨料主要为天然砂，其应符合混凝土用砂的技术要求。由于砂浆层较薄，对砂子最大粒径有所限制。对于毛石砌体用砂宜选用粗砂，其最大粒径应小于砂浆层厚度的1/4～1/5。对于砖砌体宜选用中砂，粒径不得大于2.5mm。对于光滑的抹面及勾缝的砂浆则应采用细砂。砂的含泥量对砂浆的强度、变形性、稠度及耐久性影响较大。对M5以上的砂浆，含泥量不应大于5%；M5以下的水泥混合砂浆，含泥量可大于5%，但不应超过10%。若采用人工砂、山砂、炉渣等作为骨料配制砂浆，应根据经验或经试配而确定其技术指标。

### 5.1.1.3　掺合料及外加剂

为提高砌筑质量，改善砂浆的和易性，拌制砂浆时常掺入某种混合材料或外加剂等。常用的掺合料有石灰膏、黏土膏、电石膏、粉煤灰以及一些其他工业废料等。值得注意的是，为保证砂浆的质量，需将石灰预先充分“陈伏”熟化制成石灰膏，然后再掺入砂浆中搅拌均匀。如采用生石灰粉或消石灰粉，则可直接掺入砂浆搅拌均匀后使用。当利用其他工业废料或电石膏等作为掺加料时，必须经过砂浆的技术性质检验，在不影响砂浆质量的前提下才能够采用。

常用的外加剂有微沫剂、纸浆废液或皂化松香等。与混凝土相似，对所选择的外加剂品种和掺量必须通过试验来确定。

### 5.1.1.4　拌和用水

拌制砂浆用水，宜采用饮用水，水质应符合《混凝土拌和用水标准》(JGJ 63—2006)的规定。

## 5.1.2　砌筑砂浆的主要技术性质

### 5.1.2.1　新拌砂浆的和易性

和易性良好的砂浆容易在粗糙的砖石底面上铺抹成均匀的薄层，而且能够和底面紧密黏结。使用和易性良好的砂浆，既便于施工操作，提高劳动生产率，又能保证工程质量。砂浆和易性包括流动性和保水性两个方面。

1. 流动性（稠度）

砂浆的流动性（稠度）是指在自重或外力作用下能产生流动的性能。流动性采用砂浆稠度测定仪（图 5.1）测定其大小，以“沉入度”（mm）表示。通常以标准圆锥体（质量为 300g）在砂浆内自由沉入 10s 时沉入的深度作为砂浆的沉入度，如图 5.2 所示。沉入度愈大，砂浆的流动性愈好。

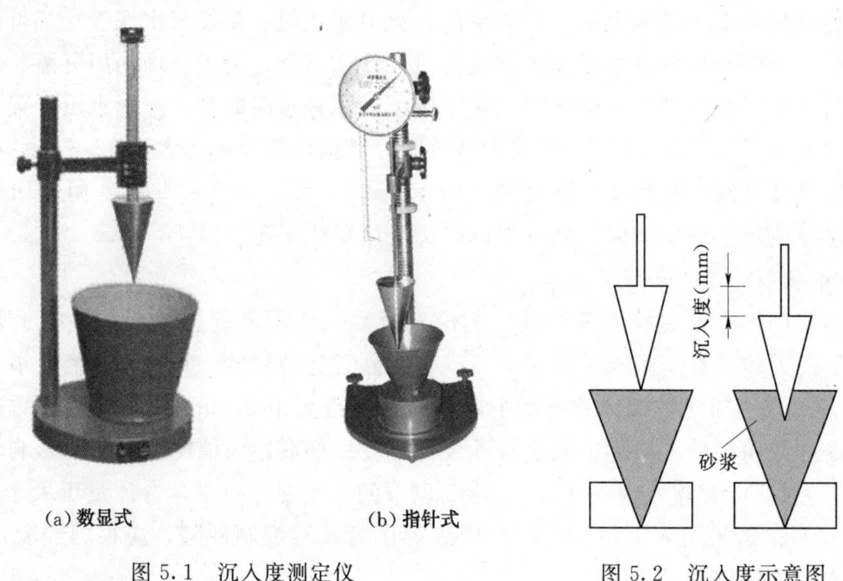


图 5.1　沉入度测定仪

图 5.2　沉入度示意图

砂浆的流动性和许多因素有关，胶凝材料的用量、用水量、砂粒粗细、形状、级配，以及砂浆搅拌时间都会影响砂浆的流动性。

砂浆流动性的选择与砌体材料及施工天气情况有关。一般情况下，多孔吸水砌体材料和干热天气条件下，砂浆的流动性大些；对于密实吸水很少和湿冷条件下，流动性小些。具体可参考表 5.1。

**表 5.1　建筑砂浆的流动性（沉入度）参考值**　单位：mm

| 砌体种类 | 干燥气候 | 寒冷气候 | 抹灰工程 | 机械施工 | 人工施工 |
|---|---|---|---|---|---|
| 砖砌体 | 80～100 | 60～80 | 准备层 | 80～90 | 110～120 |
| 普通毛石砌体 | 60～70 | 40～50 | 底层 | 70～80 | 70～80 |
| 振捣毛石砌体 | 20～30 | 10～20 | 面层 | 70～80 | 90～100 |
| 混凝土砌块砌体 | 70～90 | 50～70 | 石膏浆面层 | | 90～120 |

2. 保水性

砂浆的保水性是指新拌砂浆能够保持水分的能力。保水性良好的砂浆在存放、运输和使用过程中不易发生分层、泌水和离析等现象，使砌体灰缝均匀密实，保证砌体质量。若保水性差，在施工过程中很容易泌水、分层、离析，不易铺成均匀的砂浆层，使砌筑材料的砂浆饱满度降低，影响砌体质量。另外，保水性不好的砂浆，水分容易被砖石等砌筑材

料吸收，影响胶凝材料正常的水化和硬化，导致砂浆强度和黏结力降低，使砌体的质量降低。

为改善砂浆的保水性和流动性，通常在砂浆中掺入适量的加气剂或塑化剂，也常可掺入微沫剂以改善新拌砂浆的性质。

砂浆的保水性用分层度（mm）表示。砂浆的分层度可用分层度测定仪测定（图 5.3）。具体方法：将搅拌均匀的砂浆，先测其沉入度，再装入分层度测定仪，静置 30min 后，去掉上部 200mm 厚的砂浆，再测其剩余部分砂浆的沉入度，先后两次沉入度的差值称为分层度。砌筑砂浆的分层度以在 30mm 以内为宜。砂浆分层度大于 30mm，容易产生离析，不便于施工；分层度值越小，则保水性越好；分层度接近于零的砂浆，其保水性太强，容易发生干缩裂缝。

图 5.3　分层度测定仪

#### 5.1.2.2　硬化砂浆的性质

1. 砂浆强度与强度等级

砂浆强度是以边长为 70.7mm×70.7mm×70.7mm 的立方体试块，在标准养护条件下养护 28d，测得的极限抗压强度。其强度等级以“M”表示，水泥砂浆及预拌砌筑砂浆按其抗压强度平均值分为 M5、M7.5、M10、M15、M20、M25、M30 等七个强度等级，水泥混合砂浆 M5、M7.5、M10、M15 等四个强度等级。一般的建筑工程中，办公楼、教学楼以及多层建筑物宜选用 M5.0～M10 的砂浆，平房商店等多选用 M2.5～M5.0 的砂浆，仓库、食堂、地下室以及工业厂房等多选用 M2.5～M10 的砂浆，而特别重要的砌体及有较高耐久性要求的过程宜选用 M10 以上的砂浆。

砌筑砂浆的实际强度与砌筑材料的吸水性有关，具体可分为以下两种：

（1）用于砌筑不吸水材料（如密实的石材）的砂浆的强度，与混凝土相似，主要取决于水泥强度等级和水灰比。计算公式如下：

$$f_{m28}=Af_{ce}\left(\frac{C}{W}-B\right) \tag{5.1}$$

式中　$f_{m28}$——砂浆 28d 抗压强度，MPa；

$f_{ce}$——水泥 28d 抗压强度的实测值，MPa；当无实测值时 $f_{ce}=1.0f_{ce,g}$；

$f_{ce,g}$——水泥强度等级，MPa；

$C/W$——灰水比；

$A$、$B$——经验系数，用普通水泥时 $A=0.29$，$B=0.4$。

（2）用于砌筑吸水材料（如砖或其他多孔材料）时，虽然砌筑块材吸水性较强，但因砂浆具有保水性能，经砌筑块材吸水后，保留在砂浆中的水分几乎没有发生变化。所用，此时砂浆的强度主要取决于水泥强度及水泥用量，而与砌筑前砂浆中的水灰比关系不大。计算公式如下：

$$f_{m28}=\frac{AQ_cf_{ce}}{1000}+B \tag{5.2}$$

式中　$f_{m28}$——砂浆28d抗压强度，MPa；

$Q_c$——每立方米砂浆的水泥用量，kg；

$A$、$B$——砂浆的特征系数，$A=3.03$，$B=-15.09$。

由于砂浆组成材料较复杂，变化也较多，很难用简单的公式准确计算出其强度，因此上式计算的结果还必须通过具体试验来调整。

2. 黏结力

为保证砌体材料具有一定的强度、耐久性及与建筑物的整体稳定性，要求砂浆与砌体材料间具有一定的黏结力。通常情况下，砂浆的抗压强度越高其黏结力也越大。另外，砂浆黏结力与砖石表面状态、清洁程度、湿润情况以及施工养护条件等因素有关。如砌筑烧结砖要事先浇水湿润，表面不沾泥土，可提高黏结力，更好地保证砌体的质量。

3. 耐久性

在水利工程中使用的砂浆，经常受到水的作用，故应考虑砂浆的抗渗性、抗冻性和抗侵蚀性。其影响因素与混凝土类似，但因砂浆一般不需要振捣，其质量受施工影响最大。

## 5.1.3　砌筑砂浆的配合比设计

砌筑砂浆的配合比一般可以查阅施工手册或资料来选择，然后根据实际情况再适当调整。当无资料参考时，可按照《砌筑砂浆配合比设计规程》（JGJ/T 98—2010）规定，根据工程类别及使用部位的设计要求，选择其强度等级，先按经验公式确定初步配合比，然后经试拌调整后确定施工配合比。

### 5.1.3.1　现场配制水泥混合砂浆

1. 确定砂浆的配制强度

设计时，砂浆的配制强度按下式确定：

$$f_{m,0}=kf_2 \tag{5.3}$$

式中　$f_{m,0}$——砂浆的试配强度，MPa，应精确至0.1MPa；

$f_2$——砂浆设计强度等级值，MPa，应精确至0.1MPa；

$k$——系数按表5.2选取。

**表5.2　砂浆强度标准差σ和k值《砌筑砂浆配合比设计规程》（JGJ/T 98—2010）**

| 施工水平 | 强度标准差σ/MPa | | | | | | | k |
|---|---|---|---|---|---|---|---|---|
| | M5 | M7.5 | M10 | M15 | M20 | M25 | M30 | |
| 优良 | 1.00 | 1.50 | 2.00 | 3.00 | 4.00 | 5.00 | 6.00 | 1.15 |
| 一般 | 1.25 | 1.88 | 2.50 | 3.75 | 5.00 | 6.25 | 7.50 | 1.20 |
| 较差 | 1.50 | 2.25 | 3.00 | 4.50 | 6.00 | 7.50 | 9.00 | 1.25 |

当有统计资料时，砂浆强度标准差σ应按下式计算：

$$\sigma=\sqrt{\frac{\sum_{i=1}^{n}f_{m,i}^2-n\mu_{f_m}^2}{n-1}} \tag{5.4}$$

式中 $f_{m,i}$——统计周期内同一品种砂浆第 $i$ 组试件的强度，MPa；

$\mu_{f_m}$——统计周期内同一品种砂浆 $n$ 组试件强度的平均值，MPa；

$n$——统计周期内同一品种砂浆试件的总组数，$n \geqslant 25$。

当无统计资料时，砂浆强度标准差 $\sigma$ 可按表 5.3 选取。

**【例 5.1】** 题目如案例描述的内容。砌筑砂浆强度等级为 M7.5，施工单位无强度统计历史资料，施工水平一般。试计算该的砌筑砂浆配制强度。

**解：** 由表 5.2 查得，$k=1.20$，则砌筑砂浆配制强度 $f_{m,0}$。

$$f_{m,0}=kf_2=1.20\times7.5=9.0(\text{MPa})$$

其中

$$f_2=7.5\text{MPa}$$

2. 计算单位水泥用量

每立方米砂浆中的水泥用量，应按式（5.5）计算：

$$Q_C=1000(f_{m,0}-B)/(Af_{ce}) \tag{5.5}$$

式中 $Q_C$——每立方米砂浆的水泥用量，kg，应精确至 1kg；

$f_{ce}$——水泥的实测强度，MPa，应精确至 0.1MPa；

$A$、$B$——砂浆的特征系数，取值参考式（5.2）。

注：各地区也可用本地区试验资料确定 $A$、$B$ 值，统计用的试验组数不得少于 30 组。在无法取得水泥的实测强度值时，取 $f_{ce}=1.0f_{ce,g}$。

当计算的水泥用量不足 $200\text{kg/m}^3$ 时，应取 $Q_C=200\text{kg/m}^3$。

**【例 5.2】** 题目如案例描述的内容。试计算水泥的用量。

**解：** 由［例 5.1］计算结果知 $f_{m,0}=9.0\text{MPa}$，因 $f_{ce}=1.0f_{ce,g}=1.0\times42.5=42.5$（MPa），$A=3.03$，则水泥用量 $Q_C$：

$$Q_C=1000(f_{m,0}-B)/(Af_{ce})=1000\times(9.0+15.09)/3.03\times42.5=187(\text{kg/m}^3)$$

按规定取 $Q_c=200\text{kg/m}^3$。

3. 计算水泥混合砂浆掺合料用量

若砌筑砂浆为水泥混合砂浆，则水泥混合砂浆掺合料用量可按下式计算：

$$Q_D=Q_A-Q_C \tag{5.6}$$

式中 $Q_D$——每立方米砂浆的石灰膏用量，kg，应精确至 1kg；石灰膏使用时的稠度宜为（120±5）mm；

$Q_C$——每立方米砂浆的水泥用量，kg，应精确至 1kg；

$Q_A$——每立方米砂浆中水泥和石灰膏总量，kg，应精确至 1kg，可为 350kg。

当掺合料用石灰膏、黏土膏或电石膏时，若它们的稠度不是 120mm，其用量应乘以换算系数，见表 5.3。

**表 5.3 石灰膏不同稠度的换算系数**

| 石灰膏稠度/mm | 120 | 110 | 100 | 90 | 80 | 70 | 60 | 50 | 40 | 30 |
|---|---|---|---|---|---|---|---|---|---|---|
| 换算系数 | 1.00 | 0.99 | 0.97 | 0.95 | 0.93 | 0.93 | 0.90 | 0.88 | 0.87 | 0.86 |

**【例 5.3】** 题目如案例描述的内容。结合［例 5.2］，试计算石灰膏的用量。

**解**：由［例 5.2］计算结果知水泥用量 $Q_C=200\text{kg/m}^3$，$Q_A$ 取 $350\text{kg/m}^3$，则石灰膏的用量 $Q_D$：

$$Q_D=Q_A-Q_C=350-200=150(\text{kg/m}^3)$$

由案例描述知石灰膏稠度为 110mm，需换算成 120mm，查表 5.3，换算系数为 0.99，

石灰膏实际用量 $Q_D=150\times0.99=149(\text{kg/m}^3)$

4. 确定砂的单位用量

砂浆中水、胶结料和掺合料是用来填充砂子空隙的，因此，$1\text{m}^3$ 的砂就构成了 $1\text{m}^3$ 的砂浆。因此，$1\text{m}^3$ 的砂浆中砂的用量 $Q_S$ 应按干燥状态（含水率小于 0.5%）的堆积密度值作为计算值，则砂的单位用量可用下式计算：

$$Q_S=1\times\rho'_{s0} \tag{5.7}$$

当含水率大于 0.5%时，应按下式进行计算：

$$Q_S=\rho'_{s0}(1+\beta) \tag{5.8}$$

式中 $Q_S$——每立方米砂浆的砂的用量，kg，应精确至 1kg；

$\rho'_{s0}$——砂在干燥状态（含水率小于 0.5%）下的松散堆积密度，$\text{kg/m}^3$；

$\beta$——砂的含水率，%。

**【例 5.4】** 题目如案例描述的内容。试确定砂的单位用量。

**解**：由案例描述知砂的含水率 $\beta=2.3\%$，堆积密度 $\rho'_{s0}=1480\text{kg/m}^3$，则砂的单位用量 $Q_S$ 由式（5.8）计算得：

$$Q_S=\rho'_{s0}(1+\beta)=1480\times(1+2.3\%)=1514(\text{kg/m}^3)$$

5. 确定单位用水量

可根据砂浆稠度等要求，单位用水量 $Q_W=210\sim310\text{kg/m}^3$。

注意：①混合砂浆中的用水量，不包括石灰膏中的水；②当采用细砂或粗砂时，用水量分别取上限或下限；③稠度小于 70mm 时，用水量可小于下限；④施工现场气候炎热或干燥季节，可酌量增加用水量。

**【例 5.5】** 题目如案例描述的内容。试确定单位用水量。

**解**：由已知条件，取 $Q_W=260\text{kg/m}^3$。

6. 质量配合比

水泥：掺和料：砂：水$=Q_C:Q_D:Q_S:Q_W=1:(Q_D/Q_C):(Q_S/Q_C):(Q_W/Q_C)$

**【例 5.6】** 题目如案例描述的内容。试确定砂浆的质量配合比。

**解**：由［例 5.2］～［例 5.5］计算知 $Q_C=200\text{kg/m}^3$，$Q_D=149\text{kg/m}^3$，$Q_S=1514\text{kg/m}^3$，$Q_W=260\text{kg/m}^3$，则砂浆的质量配合比为：

$$\text{水泥}:\text{石灰膏}:\text{砂}:\text{水}=200:149:1514:260=1:0.75:7.57:1.30$$

**5.1.3.2 现场配制水泥砂浆**

水泥砂浆的材料用量可按表 5.4 选用。

#### 5.1.3.3 试配与调整

(1) 采用工程实际使用的材料，按初步配合比试配少量砂浆，测定拌和物的和易性，若不能满足要求，则应调整组成材料用量，直至符合要求为止，以确定基准配合比。

(2) 试配时至少应采用，其中一个配合比应为按基准配合比，其余两个配合比的水泥用量应按基准配合比分别增加及减少10%。在保证稠度、分层度合格的条件下，可将用水量、掺合料用量作相应调整。

**表5.4** **水泥砂浆的材料用量表** 单位：$kg/m^3$

| 强度等级 | 水泥 | 砂 | 用水量 |
|---|---|---|---|
| M5 | 200～230 | 砂的堆积密度值 | 270～330 |
| M7.5 | 230～260 | | |
| M10 | 260～290 | | |
| M15 | 290～330 | | |
| M20 | 340～400 | | |
| M25 | 360～410 | | |
| M30 | 430～480 | | |

注 1. M15及M15以下强度等级水泥砂浆，水泥强度等级为32.5级；M15以上强度等级水泥砂浆水泥强度等级为42.5级。
2. 当采用细砂或粗砂时，用水量分别取上限或下限。
3. 稠度小于70mm时，用水量可小于下限。
4. 施工现场气候炎热或干燥季节，可酌量增加用水量。
5. 试配强度应按式(5.3)计算。

(3) 砂浆试配时稠度应满足施工要求，并应按《建筑砂浆基本性能试验方法标准》(JGJ/T 70—2009)分别测定不同配合比砂浆的表观密度及强度；并应选定符合试配强度及和易性要求、水泥用量最低的配合比作为砂浆的试配配合比。

(4) 砂浆试配配合比尚应按下列步骤进行校正：

1) 应根据上述确定的砂浆配合比材料用量，按下式计算砂浆的理论表观密度值：

$$\rho_t = Q_C + Q_D + Q_S + Q_W \tag{5.9}$$

式中 $\rho_t$——砂浆的理论表观密度值，$kg/m^3$，应精确至$10kg/m^3$。

2) 应按下式计算砂浆配合比校正系数$\delta$：

$$\delta = \rho_c / \rho_t \tag{5.10}$$

式中 $\rho_c$——砂浆的实测表观密度值，$kg/m^3$，应精确至$10kg/m^3$。

3) 当砂浆的实测表观密度值与理论表观密度值之差的绝对值不超过理论值的2%时，可将试配配合比确定为砂浆设计配合比：当超过2%时，应将试配配合比中每项材料用量均乘以校正系数$\delta$后，确定为砂浆设计配合比。

经过这一系列步骤，砂浆配合比达到了实际工程的具体要求，可以用于实际工程中。最后确定出砂浆的配合比，完成配合比通知单(表5.5)。本案例的配合比试配与调整略。

**表 5.5　　　　　　砂浆配合比通知单**

| 委托单位 | | | | 委托编号 | | | |
|---|---|---|---|---|---|---|---|
| 工程名称 | | | | 报告编号 | | | |
| 使用部位 | | | | 通知日期 | | | |
| 砂浆品种及设计强度等级 | | | | 砂浆稠度/mm | | | |
| 水泥生产厂 | | | | 水泥品种及强度等级 | | | |
| 砂产地及品种 | | 砂子含泥量/% | | 砂细度模数及级配 | | 堆积密度/(kg·m⁻³) | |
| 外加剂名称、生产厂及掺量 | | | | | | | |
| 掺合料名称、生产厂及掺量 | | | | | | | |
| 砂浆配合比 | | | | | | | |
| 项目 | 水 | 水泥 | 砂 | 外加剂 | 掺合料 | | |
| 材料用量/(kg·m⁻³) | | | | | | | |
| 配合比 | | | | | | | |
| 每包水泥材料用量/kg | | | | | | | |
| 执行标准 | 《普通混凝土配合比设计规程》(JGJ 55—2000) | | | | | | |
| 备注 | | | | | | | |

批准：　　　　　　审核：　　　　　　试验：　　　　　　试验单位：(盖章)

# 任务5.2 建筑砂浆取样与质量检测

## 任务导航：

任务内容及要求

| 知识目标 | 能力目标 | 素质目标 | 考核方式 |
| --- | --- | --- | --- |
| 掌握砌筑砂浆的质量评定方法 | 1. 能够正确进行砌筑砂浆的取样<br>2. 能够对砌筑砂浆进行检测<br>3. 能够完成砌筑砂浆的检验报告 | 通过取样、试验、填写报告，培养学生勇于负责的道德品质和爱岗敬业的工作态度，以及合作、创新和环保的意识 | 过程性评价：考勤、卷考、试验操作、试验报告 |

为评定新拌砂浆的质量，需检测其和易性，具体包括砂浆的沉入度和分层度检测；同时，为评定硬化砂浆的性能，还需进一步检测其抗压强度。

## 5.2.1 建筑砂浆取样

依据《建筑砂浆基本性能试验方法》(JGJ/T 70—2009)、《砌体结构工程施工质量验收规范》(GB 50203—2011)、《砌筑砂浆配合比设计规程》(JGJ/T 98—2010)。

(1) 砂浆以同一强度等级、同一配合比、同种原材料每一楼层（基础砌体可按一层楼计）为一取样单位，砌体超过 $250m^3$，以每 $250m^3$ 为一取样单位，余者亦为一取样单位，每台搅拌机至少应检查一次，每次至少应制作砂浆立方体（$70.7mm \times 70.7mm \times 70.7mm$）抗压试块每组6块。当砂浆强度等级或配合比有变更时，还应另作试块。砌筑砂浆的验收批，同一类型、强度等级的砂浆试块不应少于3组。

(2) 对于混凝土小型空心砌块用砂浆，每一楼层或 $250m^3$ 的砌体，每种强度等级的砂浆至少制作两组试块。冬期施工砂浆试块的留置，除应按常温规定要求外，尚应增留不少于1组与砌体同条件养护的试块，测试检验28d强度。

(3) 施工中取样进行砂浆试验时，取样方法和原则按相应施工验收规范执行，应在使用地点的砂浆槽、砂浆运送车或搅拌机出料口，至少从3个不同部位采取。

(4) 试验用砂浆拌和物，应根据不同要求，可以从同一盘搅拌机或同一车运送的砂浆中取出。所取的砂浆拌和物数量，应比试验用料多1～2倍。砂浆拌和物取样后，应尽快进行试验。现场取来的试样，在试验前应经人工再翻拌，以保证其质量均匀。

(5) 试验室试配调整时，所用材料应与现场所用材料一致，按初步配合比的用量缩小进行试配，具体用量以够用为准。

## 5.2.2 建筑砂浆性能检测

### 5.2.2.1 砂浆的稠度检测

检验砂浆的流动性，主要用于确定配合比或施工过程中控制砂浆的稠度，从而达到控

制用水量的目的。

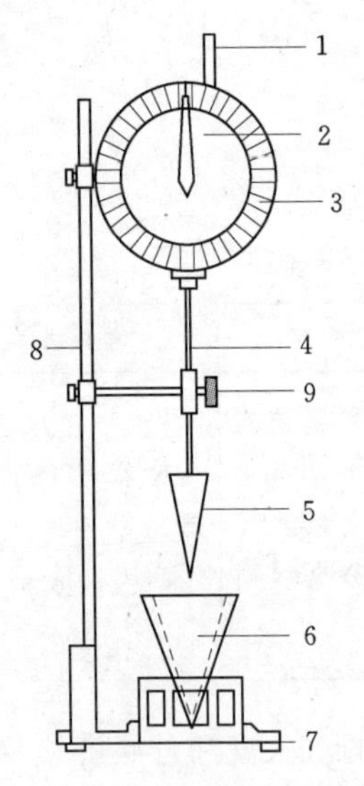


图 5.4　砂浆稠度测定仪

1—齿条测杆；2—摆针；3—刻度盘；4—滑杆；5—试锥；6—盛装容器；7—底座；8—支架；9—制动螺丝

(1) 试验设备。

1) 砂浆稠度仪：如图 5.4 所示，由试锥、容器和支座三部分组成。试锥由钢材或铜材制成，试锥高度为 145mm，锥底直径为 75mm，试锥连同滑杆的重量应为 (300±2) g；盛载砂浆容器由钢板制成，筒高为 180mm，锥底内径为 150mm；支座分底座、支架及刻度显示三个部分，由铸铁、钢及其他金属制成。

2) 钢制捣棒：直径 10mm、长 350mm，端部磨圆。

3) 秒表等。

(2) 检测步骤。

1) 砂浆拌和的一般规定。

(a) 拌制砂浆所用的原材料，应符合质量标准，并要求提前运入试验室内，拌和时试验室的温度应保持 (20±5)℃。

(b) 水泥如有结块，应充分混合均匀，以 0.9mm 筛过筛，砂也应以 5mm。

(c) 拌制砂浆时，材料称量计量的精度：水泥、外加剂等为±0.5%；砂、石灰膏、黏土膏等为±1%。

(d) 拌制前应将搅拌机、拌和铁板、拌铲、抹刀等工具表面用水润湿，注意拌和铁板上不得有积水。

2) 人工拌和。按设计配合比（质量比），称取各项材料用量，先把水泥和砂放入拌和铁板干拌均匀，然后将混合物堆成堆，在中间做一凹坑，将称好的石灰膏（或黏土膏）倒入凹坑中，再倒入一部分水，将石灰膏（或黏土膏）稀释，然后充分拌和，并逐渐加水，直至混合料色泽一致、观察和易性符合要求为止，一般需拌和 5min。可用量筒盛定量水，拌好以后，减去筒中剩余水量，即为用水量。

3) 机械拌和。

(a) 先拌适量砂浆（应与正式拌和的砂浆配合比相同），使搅拌机内壁黏附一薄层砂浆，使正式拌和时的砂浆配合比成分准确。

(b) 先称出各材料用量，再将砂、水泥装入搅拌机内。

(c) 开动搅拌机，将水徐徐加入（混合砂浆须将石灰膏或黏土膏用水稀释至浆状），搅拌约 3min（搅拌的用量不宜少于搅拌容量的 20%，搅拌时间不宜少于 2min）。

(d) 将砂浆拌和物倒至拌和铁板上，用拌铲翻拌两次，使之均匀，拌好的砂浆，应立即进行有关的试验。

4) 试验步骤。

(a) 将拌好的砂浆一次装入砂浆筒内，装至距筒口约 10mm 为止，用捣棒插捣 25 次，并将筒体振动 5～6 次，使表面平坦，然后移置于稠度仪底座上。

(b) 放松圆锥体滑杆的制动螺丝，使圆锥尖端与砂浆表面接触，拧紧制动螺丝，使

齿条测杆下端刚好接触滑杆上端，并将指针对准零点。

（c）拧开制动螺丝，使圆锥体自动沉人砂浆中，同时计时间到10s，立即固定螺丝。从刻度盘上读出下沉深度（精确至1mm）。

（d）圆锥筒内的砂浆，只允许测定一次稠度，重复测定时，应重新取样测定。

5）试验判定与检测报告填写（表5.6）。

（a）取两次试验结果的算术平均值，精确至1mm。

（b）如两次试验值之差大于10mm，应重新取样测定。

**表5.6　　砂浆稠度、分层度试验检测记录表**

试验室名称：　　　　　　　　　　　　　　　　　　　　　　记录编号：

| 工程部位/用途 | | 委托/任务编号 | |
|---|---|---|---|
| 试验依据 | 《建筑砂浆基本性能试验方法》（JGJ/T 70—2009） | 样品编号 | |
| 样品描述 | | 样品名称 | |
| 试验条件 | | 试验日期 | |
| 主要仪器设备及编号 | | | |
| 砂浆种类 | | 搅拌方式 | |
| 稠度 | | | |
| 试验次数 | 设计值/mm | 稠度测值/mm | 稠度测定值/mm |
| | | | |
| | | | |

| 分层度 | | | | |
|---|---|---|---|---|
| 试验次数 | 未装入分层度仪前稠度/mm | 装入分层度仪后稠度/mm | 分层度测值/mm | 分层度平均值/mm |
| | | | | |
| | | | | |

备注：　　　　　　　　　　　　　试验：　　　　　复核：　　　　　　日期：　　年　月　日

#### 5.2.2.2 砂浆的分层度检测

检验砂浆的分层度用于衡量砂浆拌和物在运输、停放、使用过程中的离析、泌水等内部组成的稳定性。

(1) 试验设备。

1) 砂浆分层度测定仪：如图5.5所示，内径为150mm，上节高度为200mm，下节带底净高为100mm，用金属板制成，上、下层连接处需加宽到3～5mm，并设有橡胶热圈。

2) 振动台：振幅(0.5±0.05)mm，频率(50±3)Hz。

3) 稠度仪、木锤等。

(2) 试验步骤。

1) 将砂浆拌和物按稠度试验方法测定稠度。

2) 将拌和好的砂浆，经稠度试验后重新拌和均匀，一次装满分层度仪内。用木锤在容器周围距离大致相等的四个不同部位轻轻敲击1～2下，如砂浆沉落到低于筒口，则应随时添加，然后刮去多余的砂浆并用抹刀抹平。

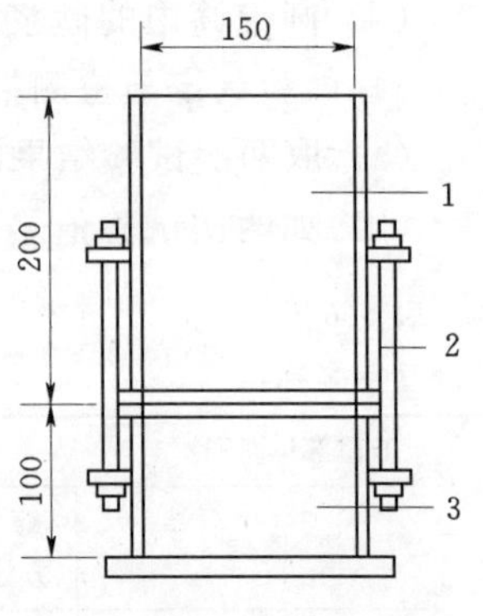

图5.5 砂浆分层度测定仪
1—无底圆筒；2—连接螺栓；3—有底圆筒

3) 静置30min后，去掉上节200mm砂浆，剩余的100mm砂浆倒出放在拌和锅内拌2min，再按稠度试验方法测其稠度。前后测得的稠度之差即为该砂浆的分层度值(mm)。

(3) 试验判定与检测报告填写(表5.6)。

1) 取两次试验结果的算术平均值作为该砂浆的分层度值。

2) 两次分层度试验值之差如大于10mm，应重新取样测定。

#### 5.2.2.3 砂浆的抗压强度检测

检验砂浆的立方体抗压强度是否达到设计要求，评定砂浆的强度等级。

(1) 试验设备。

1) 试模：尺寸为70.7mm×70.7mm×70.7mm的带底试模，材质规定参照JG3019第4.1.3条及4.2.1条，应具有足够的刚度并拆装方便。试模的内表面应机械加工，其不平度应为每100mm不超过0.05mm，组装后各相邻面的不垂直度不应超过±0.5°。

2) 钢制捣棒：直径为10mm，长为350mm，端部应磨圆。

3) 压力试验机：精度为1%，试件破坏荷载应不小于压力机量程的20%，且不大于全量程的80%。

4) 垫板：试验机上、下压板及试件之间可垫以钢垫板，垫板的尺寸应大于试件的承压面，其不平度应为每100mm不超过0.02mm。

5) 振动台：空载中台面的垂直振幅应为(0.5±0.05)mm，空载频率应为(50±3)Hz，空载台面振幅均匀度不大于10%，一次试验至少能固定(或用磁力吸盘)3个试模。

(2) 立方体抗压强度试件的制作及养护。

1) 试块数量，每组试件3个。

2) 应用黄油等密封材料涂抹试模的外接缝，试模内涂刷薄层机油或脱模剂，将拌制好的砂浆一次性装满砂浆试模，成型方法根据稠度而定。当稠度不小于50mm时采用人工振捣成型，当稠度小于50mm时采用振动台振实成型。

(a) 人工振捣：用捣棒均匀地由边缘向中心按螺旋方式插捣25次，插捣过程中如砂浆沉落低于试模口，应随时添加砂浆，可用油灰刀插捣数次，并用手将试模一边抬高5～10mm各振动5次，使砂浆高出试模顶面6～8mm。

(b) 机械振动：将砂浆一次装满试模，放置到振动台上，振动时试模不得跳动，振动5～10s或持续到表面出浆为止，不得过振。

3）待表面水分稍干后，将高出试模部分的砂浆沿试模顶面刮去并抹平。

4）试件制作后应在室温为（20±5)℃的环境下静置（24±2）h，当气温较低时，可适当延长时间，但不应超过2d，然后对试件进行编号、拆模。试件拆模后应立即放入温度为（20±2)℃，相对湿度为90%以上的标准养护室中养护。养护期间，试件彼此间隔不小于10mm，混合砂浆试件上面应覆盖以防有水滴在试件上。标准养护时间应从加水拌和开始，标准养护龄期为28d。

(3) 试验步骤。

1）试件从养护地点取出后应及时进行试验。试验前将试件表面擦拭干净，测量尺寸，并检查其外观。并据此计算试件的承压面积，如实测尺寸与公称尺寸之差不超过1mm，可按公称尺寸进行计算。

2）将试件安放在试验机的下压板（或下垫板）上，试件的承压面应与成型时的顶面垂直，试件中心应与试验机下压板（或下垫板）中心对准。开动试验机，当上压板与试件（或上垫板）接近时，调整球座，使接触面均衡受压。承压试验应连续而均匀地加荷，加荷速度应为0.25～1.5kN/s（砂浆强度不大于5MPa时，宜取下限，砂浆强度大于5MPa时，宜取上限)，当试件接近破坏而开始迅速变形时，停止调整试验机油门，直至试件破坏，然后记录破坏荷载。

(4) 试验判定与检测报告填写（见表5.7)。砂浆立方体抗压强度应按下式计算：

$$f_{m,cu}=\frac{N_u}{A} \tag{5.11}$$

式中 $f_{m,cu}$——砂浆立方体试件抗压强度，MPa，应精确至0.1MPa；

$N_u$——试件破坏荷载，N；

$A$——试件承压面积，$mm^2$。

1）以三个试件测值的算术平均值的1.3倍作为该组试件的砂浆立方体试件抗压强度平均值（代表值）（精确至0.1MPa)。

2）当三个测值的最大值或最小值中如有一个与中间值的差值超过中间值的15%时，则把最大值及最小值一并舍除，取中间值作为该组试件的抗压强度值。

3）如有两个测值与中间值的差值均超过中间值的15%时，则该组试件的试验结果无效。

**【例5.7】** 题目如案例描述的内容。其中一组砌筑砂浆试件标准养护28d后，进行抗压试验，破坏荷载分别为29.6kN、30.7kN、30.2kN，试计算该组砌筑砂浆的抗压强度代表值。

**解：**(1) 计算单块抗压强度值，由式（5.11）得：

$$f_{m,cu1}=29600/(70.7\times70.7)=5.9(\text{MPa})$$
$$f_{m,cu2}=30700/(70.7\times70.7)=6.1(\text{MPa})$$

**表 5.7　　　　砂浆抗压强度试验记录表**

试验室名称：　　　　　　　　　　　　　　　　　　　　　　记录编号：

| 工程名称 | | 施工单位 | |
|---|---|---|---|
| 工程部位 | | 试验依据 | |
| 试验条件 | | 主要仪器设备 | |
| 样品数量 | | 样品尺寸 | |
| 砂浆种类 | | 稠度（分层度） | |
| 养护条件 | | 样品描述 | |

| 编号 | 成型日期 | 强度等级 | 试验日期 | 龄期 /d | 试件尺寸 /mm | 极限荷载 /kN | 抗压强度单个值/MPa | 抗压强度平均值 /MPa |
|---|---|---|---|---|---|---|---|---|
| | | | | | | | | |
| | | | | | | | | |
| | | | | | | | | |
| | | | | | | | | |
| | | | | | | | | |
| | | | | | | | | |
| | | | | | | | | |
| | | | | | | | | |
| | | | | | | | | |
| | | | | | | | | |
| | | | | | | | | |
| | | | | | | | | |
| | | | | | | | | |
| | | | | | | | | |
| | | | | | | | | |
| | | | | | | | | |
| | | | | | | | | |
| | | | | | | | | |

备注：

试验：　　　　　　　　校核：　　　　　　　　试验日期：　　　　　　年　月　日

$$f_{m,cu3}=30200/(70.7\times70.7)=6.0(\text{MPa})$$

（2）最大值、最小值分别与中间值比较：

$$\frac{6.1-6.0}{6.0}\times100\%=1.7\%<15\%$$

$$\frac{6.0-5.9}{6.0}\times100\%=1.7\%<15\%$$

（3）由上述判断准则知，强度代表值取3块强度值的平均值的1.3倍。

$$f_{m,cu}=1.3\times(5.9+6.1+6.0)/3=7.8(\text{MPa})$$

结论：该组砂浆的抗压强度代表值为7.8MPa。

# 任务5.3　砂浆的质量评定标准与合格判定

## 任务导航：

任务内容及要求

| 知识目标 | 能力目标 | 素质目标 | 考核方式 |
| --- | --- | --- | --- |
| 掌握砂浆质量合格判定的标准 | 能够进行砂浆质量合格判定 | 通过分析、评定，培养学生科学严谨、实事求是的工作态度 | 过程性评价：考勤、试验报告 |

### 5.3.1　砂浆质量合格判定的标准

砂浆质量合格判定的标准采用《建筑砂浆基本性能试验方法》(JGJ/T 70—2009)。

（1）砂浆应符合设计规定的种类和强度等级。

（2）砂浆的稠度宜符合表5.1的规定。

（3）砂浆应具有良好的保水性能（分层度10～30mm）。

（4）砂浆的立方体抗压强度达到设计要求。

（5）符合砂浆其他性能要求。

### 5.3.2　砌筑砂浆试件强度评定

砌筑砂浆试件强度评定采用《砌体结构工程施工质量验收规范》(GB 50203—2011)。砌筑砂浆试件抗压强度验收时其强度合格标准必须符合以下规定：

$$f_{2,m}\geqslant1.10f_2 \tag{5.12}$$

$$f_{2,\min}\geqslant0.85f_2 \tag{5.13}$$

式中　$f_2$——设计强度等级所对应的立方体抗压强，MPa；

$f_{2,m}$——同一验收批试块抗压强度平均值，MPa；

$f_{2,\min}$——同一验收批抗压强度最小一组的平均值（代表值），MPa。

注：1. 砌筑砂浆的验收批，同一类型、强度等级的砂浆试块应不少于3组；同一验收批砂浆只有一组或二组试块时，每组试块抗压强度的平均值应大于或等于设计强度等级

值的1.1倍；对于建筑结构的安全等级为一级或设计使用年限为50年及以上的房屋，同一验收批砂浆试块的数量不得少于3组。

2. 砂浆强度应以标准养护，28d龄期的试块抗压强度为准。

3. 制作砂浆试块的砂浆稠度应与配合比设计一致。

**【例5.8】** 题目如案例描述的内容。砌筑砂浆强度等级为M7.5，现从近期生产的砂浆中取得14组抗压强度平均值（代表值）数据，见表5.8。

**表5.8　　混凝土强度代表值**　　单位：MPa

| 组　号 | 1 | 2 | 3 | 4 | 5 | 6 | 7 | 8 | 9 | 10 | 11 | 12 | 13 | 14 |
|---|---|---|---|---|---|---|---|---|---|---|---|---|---|---|
| 试块抗压强度平均值（代表值） | 8.3 | 8.4 | 8.2 | 8.3 | 8.2 | 8.3 | 8.4 | 8.3 | 8.2 | 8.1 | 8.2 | 8.2 | 8.3 | 8.2 |

试评定该砂浆强度是否合格。

**解：** 由已知条件知砂浆的强度等级 $f_2=7.5\text{MPa}$，由表5.8知该批砂浆试块抗压强度最小一组的平均值 $f_{2,\min}=8.1\text{MPa}$。

该批砂浆试块抗压强度平均值 $f_{2,m}=(8.3+8.4+8.2+\cdots+8.2)/14=8.26(\text{MPa})$

$$1.10f_2=1.10\times7.5=8.25(\text{MPa})$$

$$0.85f_2=0.85\times7.5=6.38(\text{MPa})$$

则根据式（5.12）、式（5.13）得该砂浆强度满足 $f_{2,m}\geqslant1.10f_2$，$f_{2,\min}\geqslant0.85f_2$ 要求，故该砂浆强度合格。

## 知识拓展

### 其　他　砂　浆

1. 普通抹面砂浆

普通抹面砂浆对建筑物和墙体起保护、装饰和提高耐久性等作用，抹面砂浆的主要技术要求是和易性与黏结力，故拌制时需要较多的胶凝材料。

为保证抹面砂浆表面平整，避免开裂脱离，通常按两层或三层进行施工。

底层抹灰主要起与基层黏结的作用，因此要求砂浆具有良好的和易性及较高的黏结力，其保水性要好，否则水分就容易被基层材料吸掉而影响砂浆的黏结力。通常用于砖墙的底层抹灰，多用石灰砂浆或石灰炉灰砂浆；用于板条墙或板条顶棚的底层抹灰多用麻刀石灰灰浆；混凝土墙、梁、柱、顶板等底层抹灰多用混合砂浆。

中层抹灰主要起找平作用，多采用混合砂浆或石灰砂浆。

面层抹灰主要起保护装饰作用，砂浆宜选用细沙。面层抹灰多用混合砂浆、麻刀石灰灰浆、纸筋石灰灰浆和水泥砂浆。普通抹面砂浆的流动性和骨料的最大粒径参考表5.9，普通抹面砂浆的配合比，可参考表5.10。

**表5.9　　普通抹面砂浆流动性及骨料最大粒径**

| 抹面砂浆名称 | 沉入度/mm | 砂最大粒径/mm |
|---|---|---|
| 底层 | 100～120 | 2.6 |
| 中层 | 70～90 | 2.6 |
| 面层 | 70～80 | 1.2 |

**表 5.10　　普通抹面砂浆参考配合比**

| 材　　料 | 配合比（体积比） | 应　用　范　围 |
|---|---|---|
| 水泥：砂 | 1：2.5～1：3 | 用于潮湿的房间墙裙、地面基层 |
| 石灰：砂 | 1：2～1：4 | 用于砖石墙表面 |
| 石灰：石膏：砂 | 1：0.4：2～1：2：3 | 用于不潮湿的房间的墙和天花板 |
| 石灰：黏土：砂 | 1：1：4～1：1：8 | 干燥环境的墙表面 |
| 石灰：水泥：砂 | 1：0.5：4.5～1：1：3 | 墙外脚及潮湿的部位 |
| 石灰膏：麻刀 | 100：1.3～100：2.5（质量比） | 木板条顶棚底层 |

2. 装饰砂浆

装饰砂浆是用在建筑物内外墙表面，具有美观和装饰效果的抹面砂浆。装饰砂浆的底层和中层抹灰与普通抹面砂浆基本相同，面层要选用具有一定颜色的胶凝材料和骨料以及采用某种特殊的施工工艺，使表面呈现出各种不同的色彩、线条与花纹等装饰效果。

装饰砂浆所采用的胶凝材料有普通水泥、矿渣水泥、火山水泥、白水泥等，或是在常用水泥中掺加些耐碱矿物颜料配成彩色水泥以及石灰、石膏等。为提高装饰效果，骨料常采用大理石、花岗石等带颜色的细石碴或玻璃、陶瓷碎粒等。装饰砂浆的表面可进行各种处理，形成不同艺术的风格，达到不同的建筑艺术效果。常见表面处理如下：

(1) 拉毛。先用水泥砂浆做底层，再用水泥石灰混合砂浆做面层，在砂浆尚未凝结之前，用抹刀将表面拍拉成凹凸不平的形状。

(2) 干粘石。在水泥浆面层的整个表面上，黏结粒径 5mm 以下的彩色石碴、小石子或彩色玻璃碎粒。要求石碴黏结牢固不脱落。干粘石多用于建筑物的外墙装饰，具有一定的质感，经久耐用。干粘石的装饰效果具有一定的质感，表面更洁净艳丽。其施工是采用干操作，施工效率高，污染小，节约材料。干粘石常用在预制外墙板在生产中。

(3) 斩假石。又称为剁斧石。是以水泥石渣（内掺 30%石屑）浆做成面层，在其硬化后，用斧刃将表面剁毛并露出石碴。斩假石表面具有粗面花岗岩的装饰效果。

(4) 假面砖。将普通砂浆用木条在水平方向压出砖缝印痕，用钢片在竖面方向压出砖印，再涂刷涂料，即可在平面上做出清水砖墙图案效果。

3. 防水砂浆

用作防水层的砂浆称为防水砂浆。砂浆防水层又称刚性防水层，仅适用于不受振动和具有一定刚度的混凝土或砖石砌体工程。对于变形较大或可能发生不均匀沉陷的建筑物，不宜采用刚性防水层。

防水砂浆可以使用普通水泥砂浆，按以下施工方法进行：

(1) 喷浆法。利用高压喷枪将砂浆以每秒约 100m 的速度喷至建筑物表面，砂浆被高压空气强烈压实，密实度大，抗渗性好。

(2) 人工多层抹压法。要求水泥标号不低于 32.5，砂宜采用中砂或粗砂。配合比控制在 1：2～1：3，水灰比范围为 0.40～0.50。砂浆分 4～5 层抹压，抹压时，每层厚度约为 5mm 左右，在涂抹前先在润湿清洁的底面上抹纯水泥浆，然后抹一层 5mm 厚的防水砂浆，在初凝前用木抹子压实一遍，第二、三、四层都是同样的操作方法，最后一层要进行压光，抹完后要加强养护。

防水砂浆也可以在水泥砂浆中掺入防水剂来提高抗渗能力。常用防水剂有氯化物金属盐类防水剂和金属皂类防水剂等。

4. 其他特种砂浆

（1）隔热砂浆。采用水泥、石灰、石膏等胶凝材料与膨胀珍珠岩砂、膨胀蛭石或陶粒砂等轻质多孔骨料，按一定比例配制的砂浆。绝热砂浆具有体积密度小、轻质和绝热性能好等优点，其导热系数约为0.07～0.10W/(m·K)，可用于屋面、隔热墙壁以及供热管道隔热层等。

（2）吸声砂浆。一般绝热砂浆是由轻质多孔骨料制成的，都具有良好吸声性能。另外，还可以用水泥、石膏、砂、锯末（其体积比约为1：1：3：5）配制成吸声砂浆，若在石灰、石膏砂浆中掺入玻璃纤维、矿物棉等松软纤维材料也能获得一定的吸声效果。吸声砂浆用于有吸声要求的室内墙壁和顶棚的吸声。

（3）耐酸砂浆。用水玻璃和氟硅酸钠配制成耐酸涂料，也可掺入一些石英岩、花岗岩、铸石等粉状细骨料，可拌制成耐酸砂浆。水玻璃硬化后具有很好的耐酸性能。耐酸砂浆多用作耐酸地面和耐酸容器的内壁防护层。

（4）防射线砂浆。在水泥浆中掺入重晶石粉、重晶石砂可配制成有防X射线能力的砂浆。其配合比约为水泥：重晶石粉：重晶石砂=1：0.25：（4～5）。如在水泥浆中掺加硼砂、硼酸等可配制有抗中子辐射能力的砂浆。此类防射线砂浆应用于射线防护工程，如医院的放射室等。

（5）膨胀砂浆。在水泥砂浆中掺入膨胀剂，或使用膨胀型水泥可配制膨胀砂浆。膨胀砂浆可在修补工程中及大板装配工程中填充缝隙，达到黏结密封的作用。

（6）自流平砂浆。在现代施工技术条件下，地坪常采用自流平砂浆，从而使施工迅捷方便、质量优良。自流平砂浆中的关键性技术是掺用合适的化学外加剂，良好的自流平砂浆可使地坪平整光洁，强度高，无开裂，技术经济效果良好。自流平砂浆使用安全、无污染、美观、快速施工等特点。

## 项目小结

本项目重点是建筑砂浆性能检测和配合比设计，通过实际工程案例，将建筑砂浆的和易性、抗压强度等性能的检测方法、数据处理以及建筑砂浆配合比设计融入实际的工程项目中，使学生在项目相关内容的检测和设计过程中熟悉并掌握建筑砂浆知识。

# 项目6 钢筋的检测

**项目导航：**

在目前水工建筑物的结构大多为是混凝土结构，虽然混凝土具有较高的抗压强度，但抗拉强度很低，钢筋抗拉强度高、塑性好，放入混凝土中可很好地改善混凝土脆性，可大大扩展混凝土的应用范围；同时混凝土又对钢筋起保护作用，可以增加结构的耐久性，所以钢筋被广泛应用于土建工程中。

钢筋混凝土结构的钢筋，主要由碳素结构钢和优质碳素钢制成。

**案例描述：**

从某工地钢材中取一非标准钢材试件，直径为25mm，原标距为125mm，做拉伸试验，当达到屈服时荷载为201.0kN，达到极限强度时荷载为250.3kN，拉断后测的标距长为138mm，试判断此钢筋的技术性能是否满足要求。

## 任务6.1 钢的分类及钢筋的技术性能

**任务导航：**

任务内容及要求

| 知识目标 | 能力目标 | 素质目标 | 考核方式 |
| --- | --- | --- | --- |
| 1. 掌握钢的分类；<br>2. 掌握钢筋的技术要求 | 1. 能够识别各种类型的钢材；<br>2. 能够对进场钢筋进行外观检测 | 通过理论知识的学习，培养学生发现问题、分析问题、解决问题的能力 | 1. 考勤、提问及课后作业；<br>2. 卷考、报告 |

### 6.1.1 钢的分类

钢的分类方法很多，目前的分类方法主要有下面几种。

（1）按化学成分分类。

1）碳素钢。碳素钢含碳量为0.02％～2.06％，按含碳量又可分为低碳钢（含碳量小于0.25％）、中碳钢（合碳量为0.25％～0.6％）、高碳钢（含碳量大于0.6％）。

在建筑工程中，主要用的是低碳钢和中碳钢。

2）合金钢。合金钢可以分为低合金钢（合金元素总量小于5％）、中合金钢（合金元素总量为5%～10%)、高合金钢(合金元素总量大于10%)。

建筑上常用低合金钢。

(2) 按有害杂质含量分类。

1) 普通钢。硫含量不大于0.050%，磷含量不大于0.045%。

2) 优质钢。硫含量不大于0.035%，磷含量不大于0.035%。

3) 高级优质钢。硫含量不大于0.025%，磷含量不大于0.025%。

4) 特级优质钢。硫含量不大于0.025%，磷含量不大于0.015%。

建筑中常用普通钢，有时也用优质钢。

(3) 根据冶炼时脱氧程度分类。

1) 沸腾钢。炼钢时加入锰铁进行脱氧，脱氧很不完全，故称沸腾钢，代号为“F”。沸腾钢组织不够致密，杂质和夹杂物多，硫、磷等杂质偏析较严重，故质量较差。但其生产成本低、产量高，可广泛用于一般的建筑工程。

2) 镇静钢。炼钢时一般采用硅铁、锰铁和铝锭等作脱氧剂，脱氧充分，这种钢水铸锭时能平静地充满锭模并冷却凝固，基本无CO气泡产生，故称镇静钢，代号为“Z”(亦可省略不写)。镇静钢虽成本较高，但其组织致密，成分均匀，性能稳定，故质量好。适用于预应力混凝土等重要结构工程。

3) 特殊镇静钢。比镇静钢脱氧程度更充分彻底的钢，其质量最好。适用于特别重要的结构工程，代号为“TZ”(亦可省略不写)。

4) 半镇静钢。脱氧程度介于沸腾钢和镇静钢之间，为质量较好的钢，其代号为“b”。

(4) 根据用途分类。

1) 结构钢。主要用作工程结构构件及机械零件的钢，在水利工程及建筑工程中应用最多。

2) 工具钢。主要用作各种量具、刀具及模具的钢。

3) 特殊钢。具有特殊物理、化学或机械性能的钢，如不锈钢、耐酸钢和耐热钢等。

### 6.1.2 钢筋的技术性能

#### 6.1.2.1 混凝土结构用钢筋

1. 热轧钢筋

钢筋混凝土结构所用热轧钢筋，根据其表面形状分为光圆钢筋和带肋钢筋两类。

(1) 热轧光圆钢筋。根据《钢筋混凝土用热轧光圆钢筋》(GB 1499.1—2008)的规定，热轧光圆钢筋级别为Ⅰ级，强度等级代号为HPB300。“300”表示屈服强度要求值(MPa)。其力学性能和工艺性能应符合表6.1的规定。

表6.1　热轧光圆钢筋力学性能和工艺性能要求(沉入度)参考值

| 表面形状 | 钢筋级别 | 强度等级代号 | 公称直径/mm | 屈服强度/MPa | 极限强度/MPa | 伸长率 $\delta_5$/% | 冷弯 $d$—弯心直径；$a$—钢筋公称直径 |
|---|---|---|---|---|---|---|---|
| | | | | ≥ | | | |
| 光圆 | Ⅰ | HPB300 | 6～22 | 300 | 420 | 25 | 180° $d=a$ |

光圆钢筋的强度低，但塑性和焊接性能好，便于各种冷加工，因而广泛用做小型钢筋混凝土结构中的主要受力钢筋以及各种钢筋混凝土结构中的构造筋。

(2) 热轧带肋钢筋。热轧带肋钢筋表面有两条纵肋，并沿长度方向均匀分布有牙形横肋。根据《钢筋混凝土用热轧带肋钢筋》(GB 1499.2—2007) 的规定，热轧带肋钢筋分为 HRB400、HRB500 牌号。其中 H、R、B 分别为热轧 (Hot rolled)、带肋 (Ribbed) 和钢筋 (Bars) 三个词的英文首字母，数字表示相应的屈服强度要求值 (MPa)。热轧带肋钢筋的力学性能和工艺性能应符合表 6.2 的规定。

**表 6.2　　热轧带肋钢筋的力学性能和工艺性能要求**

| 表面形状 | 牌号 | 公称直径/mm | 屈服点/MPa | 抗拉强度/MPa | 伸长率 $\delta_5$/% | 冷弯<br>d—弯心直径；<br>a—钢筋公称直径 |
|---|---|---|---|---|---|---|
| | | | ≥ | | | |
| 带肋 | HRB400 | 6～25<br>28～50 | 400 | 540 | 16 | 180°<br>$d=4a$<br>$d=5a$ |
| | HRB500 | 6～25<br>28～50 | 500 | 630 | 15 | 180°<br>$d=6a$<br>$d=7a$ |

HRB400 钢筋的强度较高，塑性和焊接性能较好，广泛用于大、中型钢筋混凝土结构的受力筋。HRB500 钢筋强度高，但塑性和焊接性能较差，可用作预应力钢筋。

(3) 低碳钢热轧圆盘条。低碳钢热轧圆盘条是由屈服强度较低的碳素结构钢轧制的盘条。可用作拉丝、建筑、包装及其他用途，是目前用量最大、使用最广的线材，也称普通线材。普通线材大量用作建筑混凝土的配筋、拉制普通低碳钢丝和镀锌低碳钢丝。

供拉丝用盘条代号为“L”，供建筑和其他用途盘条代号为“J”。盘条的公称直径为 5.5mm、6.0mm、6.5mm、7.0mm、8.0mm、9.0mm、10.0mm、11.0mm、12.0mm、13.0mm、14.0mm。

(4) 热轧钢筋特点：

1) 强度高、强屈比大、延伸率大，使钢筋的抗震能力大大地提高。

2) 焊接性能优良，适合多种焊接工艺（电渣压力焊、闪光对焊、搭焊等)。

3) 无时效敏感性：高强度是以微合金化 (V、Ti、Nb)，技术来实现的，原来影响钢中时效的 [N] 被微量元素 V 等有效吸收固溶，从而达到 HRB400、HRB500 时效为零。

4) 品种规格齐全，从 $\phi 6$ 盘条到 $\phi 50$ 棒材。外形为月牙形，公称直径不小于 12mm 时，按直条交货，一般为 9m、12m；公称直径不大于 12mm 时，盘圈交货，盘重为 1000～1400kg。

5) 综合经济效益高：由于 HRB400、HRB500 钢筋强度高于 HRB335，因此在同等使用条件下仅 HRB400 就比 HRB335 节约用量 14%～16%，随着布筋量的相对减少，使得浇灌混凝土施工也更加便利。

2. 冷轧带肋钢筋

冷轧带肋钢筋是采用普通低碳钢或低合金钢热轧的圆盘条，经冷轧或冷拔减径后在其表面冷轧成二面或三面有肋的钢筋，也可经低温回火处理。根据《冷轧带肋钢筋》（GB 13788—2008），冷轧带肋钢筋按抗拉强度最小值分为 CRB550、CRB650、CRB800 和 CRB970 四个牌号，其中 C、R、B 分别为冷轧（Cold rolled）、带肋（Ribbed）和钢筋（Bar）三个词的英文首位字母。

CRB550 钢筋的公称直径范围为 4～12mm，CRB650 及以上牌号钢筋的公称直径为 4mm、5mm、6mm。制造钢筋的盘条应符合《低碳钢热轧圆盘条》（GB/T 701—2008）和《优质碳素钢热轧盘条》（GB/T 4354—2008）或其他有关标准的规定。

优点：

（1）钢材强度高，可节约建筑钢材和降低工程造价。LL550 级冷轧带肋钢筋与热轧光圆钢筋相比，用于现浇结构（特别是楼屋盖中）可节约 35%～40%的钢材。如考虑不用弯钩，钢材节约量还要多一些。根据目前钢材市场价格，每使用一吨冷轧带肋钢筋，可节约钢材费用 800 元左右。

（2）冷轧带肋钢筋与混凝土之间的黏结锚固性能良好。因此用于构件中，杜绝了构件锚固区开裂、钢丝滑移而破坏的现象，且提高了构件端部的承载能力和抗裂能力；在钢筋混凝土结构中，裂缝宽度也比光圆钢筋，甚至比热轧螺纹钢筋还小。

（3）冷轧带肋钢筋伸长率较同类的冷加工钢材大。

在预制构件方面，LL650 和 LL800 级冷轧带肋钢筋可取代冷拔低碳钢丝作为预应力构件的主筋，在预应力电杆中亦可应用。LL550 级冷轧带肋钢筋现浇楼板、屋面板的主筋和分布筋。钢筋直径一般为 5～10mm，剪力墙中的水平和竖向分布筋。梁柱中的箍筋圈梁、构造柱的配筋。

用 550MPa 级冷轧带肋钢筋为原料，用焊网机焊接成网片或箍筋笼等产品，即冷轧带肋钢筋焊接网。

3. 冷轧扭钢筋

根据截面的不同分为：Ⅰ型（类似矩形截面）、Ⅱ型（类似方形截面）、Ⅲ型（类似圆形截面）。根据强度不同分为：550 级和 650 级。无明显的屈服强度，按安全取值。例：CTB550Ⅱ表示冷轧扭钢筋 550 级Ⅱ型。

特点：

（1）具有良好的塑性（$\delta_{10}\geqslant 4.5\%$）和较高的抗拉强度（$\sigma_b\geqslant 580$MPa）。

（2）螺旋状外形大大提高了与混凝土的握裹力，改善了构件受力性能，使混凝土构件具有承载力高、刚度好、破坏前有明显预兆等特点。

（3）冷轧扭钢筋可按工程需要定尺供料，使用中不需再做弯钩；钢筋的刚性好，绑扎后不易变形和移位，对保证工程质量极为有利，特别适用于现浇板类工程。

（4）冷轧扭钢筋的生产与加工合二为一，产品商品化、系列化，与用Ⅰ级钢筋相比，可节约钢材，节省工程资金。

冷轧扭钢筋是 20 世纪 80 年代我国独创的实用、新型、高效的冷加工钢筋，冷轧扭钢筋是以热轧Ⅰ级盘圆为原料，先冷轧扁，再冷扭转，从而形成系列螺旋状直条钢筋。可节

约钢材 30%～40%。

4. 预应力混凝土用钢棒

预应力混凝土用钢棒是热轧盘条经冷加工后（或不经冷加工）淬火和回火所得。

根据《预应力混凝土用钢棒》（GB/T 5233.3—2005）规定，按钢棒表面形状分为光圆钢棒、螺旋槽钢棒、螺旋肋钢棒、带肋钢棒四种。

5. 预应力混凝土用钢丝和钢绞线

预应力混凝土用钢绞线是以数根优质碳素结构钢钢丝经绞捻和消除内应力的热处理而制成。《预应力混凝土用钢绞线》（GB/T 5224—2003）根据捻制结构（钢丝的股数），将其分为 1×2、1×3、1×3I、1×7 和（1×7）C 五类。钢筋的各种形式如图 6.1 所示。

预应力混凝土用钢绞线用于大跨度及大负荷的结构。

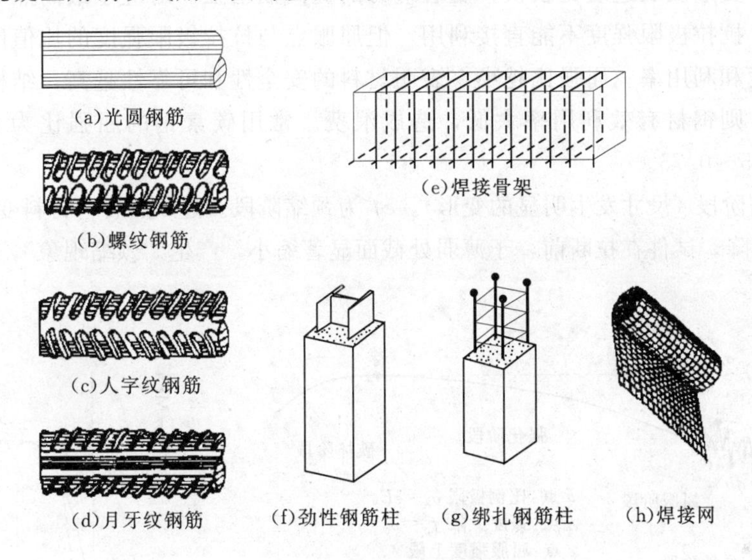


图 6.1　钢筋的各种形式

#### 6.1.2.2　钢筋的力学性能和加工工艺性能

钢筋的主要技术性能包括力学性能和加工工艺性能。

1. 钢筋的力学性能

(1) 抗拉性能。

1) 有明显屈服点。有明显屈服点的钢筋又称为软钢。软钢有两个明显的强度指标，即屈服强度和极限强度。在结构设计计算中均取钢筋的屈服强度 $f_y$ 作为其强度的标准值，而将强化阶段内的强度增幅（即钢筋屈服强度和极限强度的比值）作为安全储备。极限强度 $\sigma_u$ 是应力—应变曲线中的最大应力值，是抵抗结构破坏的重要指标，对钢筋混凝土结构抵抗反复荷载的能力有直接影响。

拉伸过程分为四个阶段：

(a) 弹性阶段（比例极限或弹性极限，弹性模量 $E=\frac{\sigma}{\varepsilon}$）。如图 6.2 所示，$Oa$ 为弹性阶段。在 $Oa$ 范围内，随着荷载的增加，应变随应力成正比增加。如卸去荷载，试件将恢复原状，表现为弹性变形，与 $A$ 点相对应的应力为弹性极限，用 $\sigma_a$ 表示。在这一范围内，应力与应变的比值为一常量，称为弹性模量，用 $E$ 表示，即 $E=\sigma/\varepsilon$。

（b）屈服阶段（分为上下屈服点，以下屈服点定义屈服强度，呈现塑性状态）。$ad$ 为屈服阶段。在 $ad$ 曲线范围内，应力与应变不成比例，开始产生塑性变形，应变增加的速度大于应力增长速度，钢材抵抗外力的能力发生“屈服”了。图 6.2 中 $c$ 点是这一阶段应力最高点，称为屈服上限，$b$ 点为屈服下限。因 $b$ 点比较稳定易测，故一般以 $b$ 点对应的应力作为屈服点。该阶段在材料万能试验机上表现为指针不动或来回窄幅摇动。钢材受力达屈服点后，变形即迅速发展，尽管尚未破坏但已不能满足使用要求。故设计中一般以屈服点作为强度取值依据。

（c）强化阶段（抗拉极限强度）。$DE$ 为强化阶段。过 $d$ 点后，抵抗塑性变形的能力又重新提高，变形发展速度比较快，随着应力的提高而增强。对应于最高点 $e$ 的应力，称为抗拉强度。抗拉极限强度不能直接利用，但屈服点与抗拉极限强度的比值能反映钢材的安全可靠程度和利用率。屈强比越小，表明材料的安全性和可靠性越高，结构越安全。但屈强比过小，则钢材有效利用率太低，造成浪费。常用碳素钢的屈强比为 0.58～0.63，合金钢为 0.65～0.75。

（d）颈缩阶段（尺寸发生明显的变形）。$ef$ 为颈缩阶段。过 $e$ 点后，材料变形迅速增大，而应力反而下降。试件在拉断前，于薄弱处截面显著缩小，产生“颈缩现象”，直至断裂。

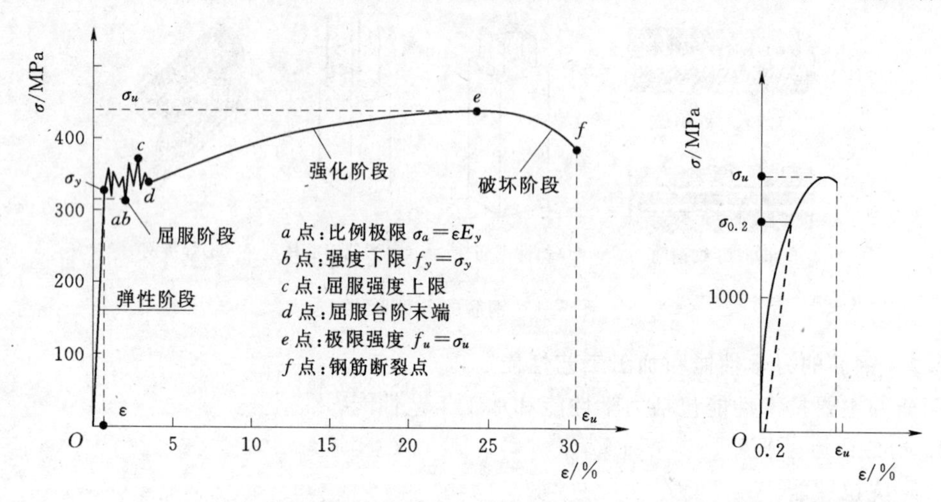


图 6.2　有明显屈服点的钢筋应力应变曲线

图 6.3　无明显屈服点的钢筋应力应变曲线

2）无明显屈服点。无明显屈服点的钢筋又称为硬钢。

对于无明显屈服点的钢筋，设计中，一般取残余变形为 0.2%时所对应的应力 $\sigma_{0.2}$ 作为强度设计限值，称为条件屈服强度。《水工混凝土结构设计规范》（DL/T 5057—2009）中取极限抗拉强度的 85%作为硬钢的条件屈服强度。无明显屈服点的钢筋应力应变曲线如图 6.3 所示。

**【例 6.1】** 题目如案例描述的内容。求该钢筋的屈服点和抗拉极限强度。

**解：**（1）屈服强度：

$$\sigma_s=\frac{F_s}{A}=\frac{201.0\times10^3}{\frac{1}{4}\times\pi\times25^2}=409.7(\text{MPa})$$

(2) 抗拉极限强度：

$$\sigma_s=\frac{F_b}{A}=\frac{250.3\times10^3}{\frac{1}{4}\times\pi\times25^2}=510.2(\text{MPa})$$

(2) 重复荷载作用。钢筋的疲劳强度是指在规定的应力特征值下，经受规定的荷载重复次数（一般为200万次）发生疲劳破坏的最大应力值（按钢筋全截面计算）。而钢筋内不可避免地存在着微细裂纹和杂质，加上轧制、运输、施工过程中给钢筋造成斑痕、凸凹、缺口等表面损伤。水电站厂房中机组运行时会产生一定的振动，在这种重复荷载作用下，钢筋内、外部缺陷处或钢筋表面形状突变处将产生应力集中现象。内、外部缺陷处的裂纹在高应力的重复作用下不断扩展或产生新裂纹，最后导致钢筋的断裂，这种重复加载下的钢筋截面平均应力低于屈服强度时的断裂称为钢筋的疲劳破坏。

钢筋的疲劳强度与钢筋的屈服强度、钢筋的应力特征值和荷载的重复次数有关，重复次数越多，疲劳强度就越低，当荷载重复次数达200万次以上时，疲劳强度只有原来屈服强度的一半左右。

(3) 塑性指标。

1）伸长率。伸长率是试样在拉断后，其标距部分所增加的长度与原标距长度的百分比：

$$\delta_n=\frac{l_1-l_0}{l_0}\times100\% \tag{6.1}$$

式中　$l_0$——试样原标距长度，mm；

$l_1$——试样拉断后标距长度，mm。

短、长比例试样的伸长率分别以 $\delta_5$、$\delta_{10}$ 表示。定标距试样的伸长率应附以该标距长度数值的脚注，如 $l_0=100$ 或 200 则伸长率分别以 $\delta_{100}$ 或 $\delta_{200}$ 表示之。

**【例6.2】** 题目如案例描述的内容。求该钢筋拉断后的伸长率。

**解：** 伸长率：

$$\delta=\frac{l-l_0}{l_0}\times100\%=\frac{138-125}{125}\times100\%=10.4\%$$

2）冷弯性能。冷弯指钢材在常温下承受弯曲变形的能力。钢材的冷弯性能以试验时的弯曲角度和弯心直径作为指标来表示。钢材冷弯时弯曲角度愈大，弯心直径愈小，则表示对冷弯性能的要求愈高。试件弯曲处若无裂纹、断裂及起层等现象，则认为其冷弯性能合格。

2. 钢筋加工工艺性能

(1) 冷加工。为了提高钢筋的强度和节约钢筋，人们对软钢进行机械冷加工。冷加工后的钢筋，其屈服强度提高，但伸长率有所下降。钢筋冷加工的方法主要有冷拉、冷拔和冷轧三种。

1）冷拉。冷拉是指在常温下，用张拉设备（卷扬机）将钢筋拉伸超过它的屈服强度，然后卸载为零，经过一段时间后再拉伸，钢筋就会获得比原来屈服强度更高的新的屈服强度。冷拉只提高了钢筋的抗拉强度，不能提高其抗压强度，计算时仍取原抗压强度。

2）冷拔。冷拔是将直径为6～8mm的热轧钢筋用强力拔过比其直径小的硬质合金拔丝模。在纵向拉力和横向挤压力的共同作用下，钢筋截面变小而长度增加，内部组织结构发生变化，钢筋强度提高，塑性降低。冷拔后，钢筋的抗拉强度和抗压强度都有提高。

3）冷轧。冷轧是由热轧圆盘条经冷拉后在其表面冷轧成带有斜肋的月牙肋变形钢筋，其屈服强度明显提高，黏结锚固性能也得到了改善，直径为4～12mm。另一种是冷轧扭钢筋，此类钢筋是将光圆钢筋冷轧成扁平再扭转而成的钢筋。

（2）焊接性能。建筑工程中，钢材绝大多数是采用焊接方法连接的。这就要求钢材要有良好的可焊性。可焊性是指钢材在一定焊接工艺条件下，在焊缝和附近过热区是否产生裂缝及脆硬倾向，焊接后接头强度是否与母体相近的性能。

钢的可焊性主要受化学成分极其含量的影响。含碳量小于0.3%的非合金钢具有良好的可焊性，超过0.3%，焊接的脆硬倾向增加；硫含量高会使焊接处产生热裂纹，出现热脆性；杂质含量增加，会使可焊性降低。

## 任务6.2　钢筋的取样与性能检测

**任务导航：**

任务内容及要求

| 知识目标 | 能力目标 | 素质目标 | 考核方式 |
|---|---|---|---|
| 1. 了解钢的化学成分对钢性能的影响；<br>2. 掌握钢筋的取样及性能检测 | 能够对钢筋进行检测 | 通过理论知识的学习，培养学生发现问题、分析问题、解决问题的能力 | 1. 考勤、试验操作提问及课后作业；<br>2. 卷考、试验报告 |

### 6.2.1　钢筋的取样

（1）钢筋应按批进行检查，每批由同一厂别、同一炉罐号、同一规格、同一交货状态、同一进场（厂）时间为一验收批。

（2）钢筋混凝土用钢筋：①热轧带肋钢筋；②热轧光圆钢筋；③低碳钢热轧圆盘条；余热处理钢筋每批数量不大于60t，取一组试样。

（3）冷轧带肋钢筋，每批数量不大于60t，取一组试样。

（4）冷拔低碳钢丝的检验应符合下规定：应逐盘检查外观，检查钢丝表面不得有裂纹和机械损伤。甲级钢丝应逐盘检验力学性能，乙级钢丝可分批抽样检验。甲级钢丝取样时，应在每盘钢丝上任一端截去不少于500mm后截取2个试样，分别作拉力和180°反复弯曲试验，并按其抗拉强度确定该盘钢丝级别。乙级钢丝取样时，以同一直径钢丝5t为

一批，从中任取三盘，每盘各截取两个试样，分别作拉力和180°反复弯曲试验，如有一个试样不合格，应在未取过试样的钢丝盘中另取双倍数量的试样进行检验。如有一个试样不合格，应对该批钢丝逐盘检验。合格者方可使用。

（5）各类钢筋每组试件数量见表6.3。

**表6.3　　各类钢筋每组试件数量表**

| 钢筋种类 | 每组试件数量 | |
|---|---|---|
| | 拉伸试验 | 弯曲试验 |
| 热轧光圆 | 2根 | 2根 |
| 热轧带肋钢筋 | 2根 | 2根 |
| 低碳热轧圆盘条 | 1根 | 2根 |
| 余热处理钢筋 | 2根 | 2根 |
| 冷扎带肋筋 | 逐盘1个 | 每批2个 |

（6）凡表中规定取2个试件的（低碳钢热轧圆盘条冷弯试件除外）均应从任意两根（两盘）中分别切取，每根钢筋上切取一个拉力试件、一个冷弯试件。

### 6.2.2 钢筋的性能检测

1. 钢筋拉伸试验（图6.4）

（1）仪器设备。万能材料试验机（示值误差不大于1%）、游标卡尺（精度为0.1mm）。

（2）试件的制作。

1）钢筋试件一般不经切削。

2）试件截取长度$L \geqslant 5d+150$mm（$d$为钢筋直径）。直径小于、等于10mm的光圆钢筋，拉力（伸）试件长度为$L \geqslant 5d+150$mm。

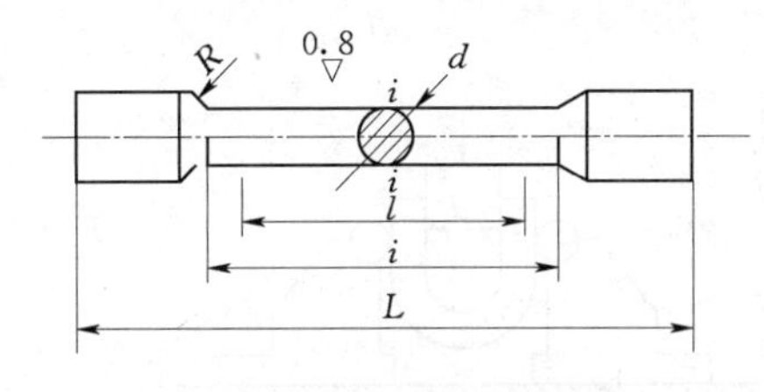


图6.4　拉力试验的标准试样

3）在试件表面，选用小冲点、细划线或有颜色的记号做出两个或一系列等分格的标记，以表明标距长度，测量标距长度$l_0$（$l_0=10a$或$l_0=5a$；$a$为试样的直径）（精确至0.1mm）。

（3）试验步骤。

1）调整试验机测力度盘的指针，对准零点，拨动副指针与主指针重叠。

2）将试件固定在试验机的夹具内，开动试验机进行拉伸。先测出屈服性能后测定抗拉极限强度。

3）钢筋在拉伸试验时，读取测力度盘指针首次回转前指示的恒定力或首次回转时指示的最小力，即为屈服点荷载$F_s$(N)；钢筋屈服之后继续施加荷载直至将钢筋拉断，从测力度盘上读取试验过程中的最大力$F_b$(N)。

4）拉断后标距长度$l_1$（精确至0.1 mm）的测量（图6.5）。将试件断裂的部分对接在一起使其轴线处于同一直线上。如拉断处到邻近标距端点的距离大于$1/3l_0$时，可直接测量两端点的距离。如拉断处到邻近的标距端点的距离小于或等于$1/3l_0$时，可用移位方法确定$l_1$：在长段上从拉断处$O$点取基本等于短段格数，得$B$点，接着取等于长段所余格数（偶数）之半得 $C$ 点；或者取所余格数（奇数）减 1 与加 1 之半，得到 $C$ 与 $C_1$ 点，移位后的 $l_1$ 分别为 $AO+OB+2BC$ 或 $AO+OB+BC+BC_1$。

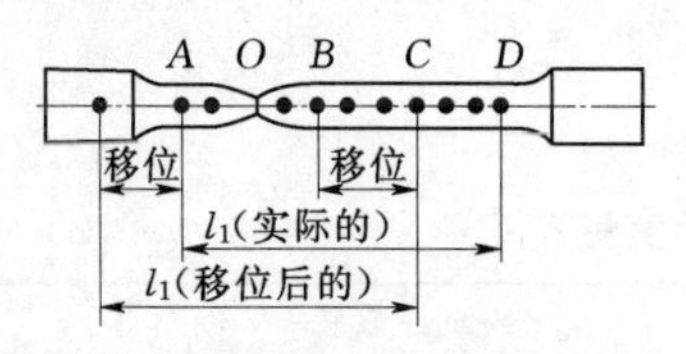


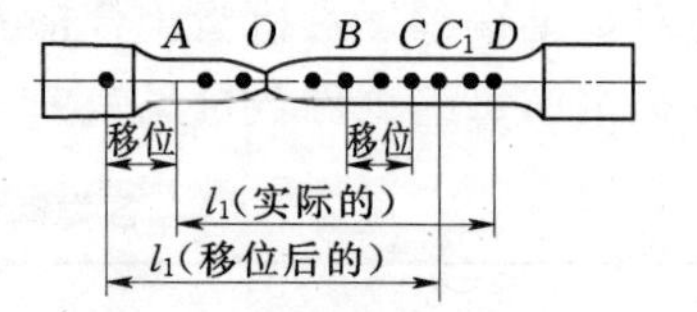


(a)长段所余格数为偶数　　(b)长段所余格数为奇数

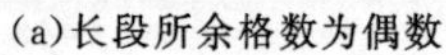

图 6.5　伸长拉断后标距部分长度用移位法确定 $l_1$

2. 钢筋冷弯试验（图 6.6～图 6.8）

(1) 仪器设备。压力机或万能试验机、具有足够硬度的一组冷弯压头。

(2) 试验步骤。

1) 冷弯试样长度按下式确定：

$L \geqslant 5d+150$ (mm)（为钢筋直径）

2) 调整两支辊间距离 $L=(d+3a) \pm 0.5a$，此距离在试验期间保持不变。$d$ 为弯心直径（钢筋标准中有具体规定）。

3) 将试件放置于两支辊，试件轴线应与弯曲压头轴线垂直，弯曲压头在两支座之间的中点处对试件连续施加力使其弯曲，直至达到规定的弯曲角度。

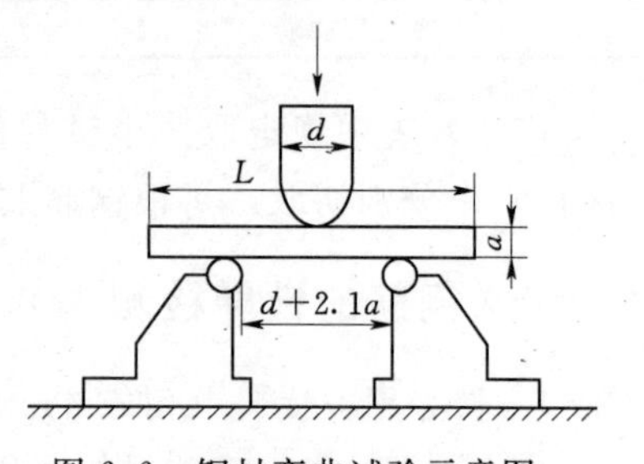


图 6.6　钢材弯曲试验示意图一（单位：mm）

$a$—试样直径；$L$—试样长度；$d$—弯心直径

试件弯曲至两臂直接接触的试验，应首先将试件初步弯曲（弯曲角度尽可能大），然后将其置于两平行压板之间，连续施加力压其两端使进一步弯曲，直至两臂直接接触。

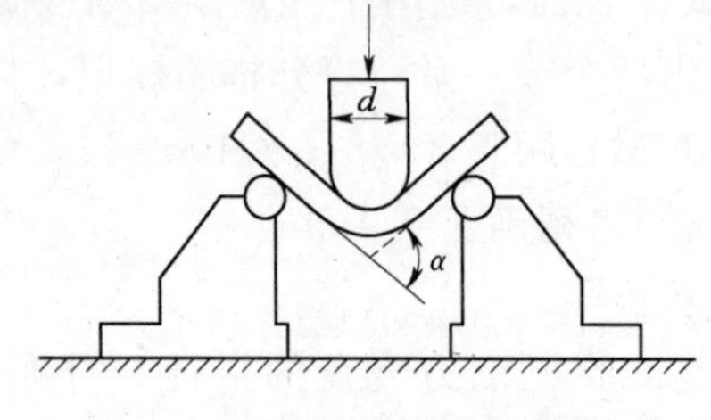


图 6.7　钢材弯曲试验示意图二

$\alpha$—弯曲角度

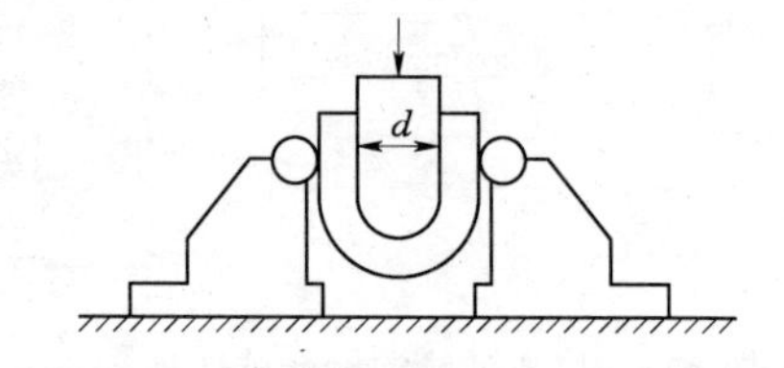


图 6.8　钢材弯曲试验示意图三（单位：mm）

$d$—弯心直径

## 任务 6.3　钢筋的合格判定

### 任务导航：

任务内容及要求

| 知识目标 | 能力目标 | 素质目标 | 考核方式 |
|---|---|---|---|
| 掌握钢筋的合格判定标准 | 能够对钢筋进行合格判定 | 培养学生发现问题、分析问题、解决问题的能力 | 考勤、提问及课后作业；卷考、试验报告 |

1. 拉伸试验评定

(1) 屈服点、抗拉强度、伸长率均应符合相应标准中规定的指标。

(2) 作拉力检验的2根试件中，如有一根试件的屈服点、抗拉强度、伸长率三个指标中有一个指标不符合标准时，即为拉力试验不合格，应取双倍试件重新测定；在第二次拉力试验中，如仍有一个指标不符合规定，不论这个指标在第一次试验中是否合格，拉力试验项目定不合格，表示该批钢筋为不合格品。

(3) 试验出现下列情况之一者，试验结果无效：

1) 试件断在标距外（伸长率无效）。

2) 操作不当，影响试验结果。

3) 试验记录有误或设备发生故障。

2. 弯曲试验评定

冷弯试验后弯曲外侧表面，如无裂纹（弯曲表面金属体上出现的开裂，其长度大于2mm，而小于等于5mm，宽度大于0.2mm，而小于0.5mm时称裂纹。）、断裂或起层，即判为合格。作冷弯的两根试件中，如有一根试件不合格，可取双倍数量试件重新作冷弯试验，第二次冷弯试验中，如仍有一根不合格，即判该批钢筋为不合格品。

## 知识拓展

### 钢材在水电工程中的应用及防锈措施

**一、钢材在水利水电工程中的应用**

水利工程常用钢筋的品种有：

(1) 热轧钢筋（图6.9）。热轧钢筋是经热轧成型并自然冷却的成品钢筋，由低碳钢和普通合金钢在高温状态下压制而成，主要用于钢筋混凝土和预应力混凝土结构的配筋，热轧钢筋在水利工程中的钢筋混凝土结构中占绝大部分。

热轧钢筋应具备一定的强度，即屈服点和抗拉强度，它是结构设计的主要依据。分为热轧光圆钢筋和热轧带肋钢筋两种。热轧钢筋为软刚，断裂时会产生颈缩现象，伸长率较大。

直径6.5～9mm的钢筋，大多数卷成盘条；直径10～40mm的一般是6～12m长的直条。热轧钢筋应具备一定的强度，即屈服点和抗拉强度，它是结构设计的主要依据。同时，为了满足结构变形、吸收地震能量以及加工成型等要求，热轧钢筋还应具有良好的塑性、韧性、可焊性和钢筋与混凝土间的黏结性能。

(2) 预应力用钢丝及钢绞线。水利水电工程中常用钢绞线作为预应力锚索来进行边坡支护。例如，三峡水利枢纽工程中五级船闸为保证边坡稳定，进行了喷锚支护，采用的就是长达60m的预应力锚索，如图6.10所示。

**二、钢材的防锈措施**

1. 腐蚀类型

(1) 化学腐蚀：干燥下反应慢，但温度和湿度高的环境下发展快。

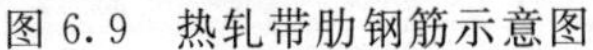

图 6.9 热轧带肋钢筋示意图

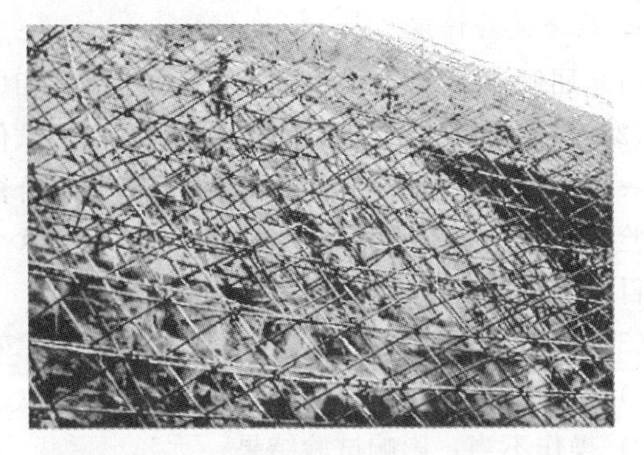

图 6.10 三峡水利枢纽五级船闸边坡支护

（2）电化学腐蚀：形成电极电位。

2. 防腐措施

（1）合金法：制成不锈钢。

（2）金属覆盖（电化学保护法）：镀层更为活泼的金属。

（3）油漆覆盖：①底漆，②面漆。

（4）碱性保护膜：防锈剂。

**三、钢的化学成分对钢性能的影响**

1. 碳是决定钢材性能的主要元素

随着含碳量的增加，钢的强度和硬度提高，塑性和韧性下降。但当含碳量大于 1.0% 时，由于钢材变脆，强度反而下降，如图 6.11 所示。

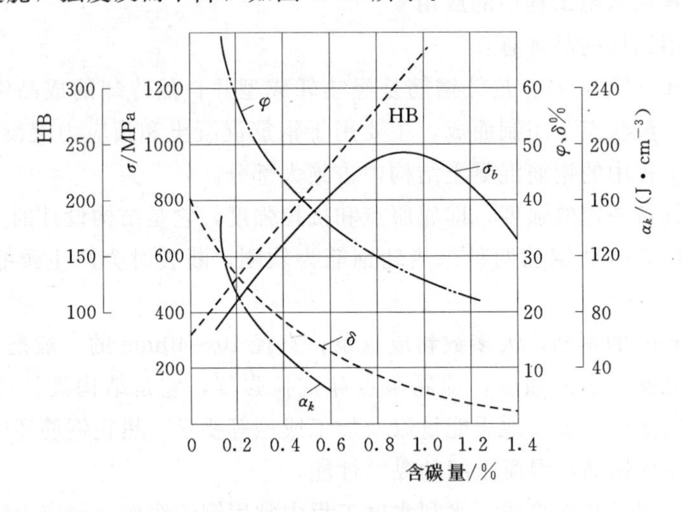


图 6.11 含碳量对热轧碳素钢性质的影响

$\sigma_b$—抗拉强度；$\alpha_k$—冲击韧性；HB—硬度；$\delta$—伸长率；$\varphi$—面积缩减率

2. 硅、锰

加入硅和锰可以与钢中有害成分 FeO 和 FeS 分别形成 $SiO_2$、MnO 和 MnS 而进入钢渣排出，起到脱氧、降硫的作用。

3. 硫、磷

硫使钢材的热脆性增加，磷能使钢的强度、硬度提高，但显著降低钢材的塑性和韧性，使钢材的冷脆性增加。

“热脆”：硫能生成易于熔化的硫化铁，当热加工及焊接使温度达800～1000℃时，使钢材出现裂纹、变脆的现象。

“冷脆”：在低温时，磷使钢材的冲击韧性大幅度下降的现象。

4. 氧、氮

降低了钢材的强度、冷弯性能和焊接性能。氧还使钢的热脆性增加，氮使冷脆性及时效敏感性增加。

5. 铝、钛、钒、铌

是钢的强脱氧剂和合金元素。能改善钢的组织、细化晶粒、改善韧性，并显著提高强度。

# 项目小结

本项目首先对钢的分类的介绍，引出混凝土中常用钢材即钢筋。接着主要对钢筋的技术要求、力学性能和加工工艺性能的介绍。最后介绍了钢筋的检测。通过本项目的学习，使学生对水利工程中用在钢筋混凝土结构中的钢筋得以掌握。

通过本项目的学习，使学生掌握钢的分类、钢筋的技术要求、钢筋的取样、性能检测以及钢筋的合格判定标准；熟悉钢材在水利水电工程中的应用及钢材的防锈措施；了解钢的化学成分对钢性能的影响。

附表 6.1

**钢筋原材检测任务委托单**

受控编号：GXSLSD－WT006A－2011　　检测编号：　　第　　页 共　　页

| 委托单位 | 名称 | | | | 委托日期 | | | |
|---|---|---|---|---|---|---|---|---|
| | 地址 | | | | 要求完成日期 | | 保密要求 | □是　□否 |
| 工程名称 | | | | | 见证单位 | | | |
| 样品数量 | ______组 | | | | | | | |
| 样品编号 | 工程部位 | 品种/直径 | 生产厂家 | 炉批号/批量/t | 检测依据 | 牌号 | 样品状态 | 检测项目 |
| | | | | | | | | |
| | | | | | | | | |
| | | | | | | | | |
| | | | | | | | | |
| | | | | | | | | |
| 检测依据 | | | | | | | | |
| 检测性质 | □施工委托检测　□ 监理平行（跟踪）检测　□ 监督检测　□ 验收前抽检　□ 事故检测　□ 其他 | | | | | | | |
| 样品状态 | ①表面微锈　②无锈蚀 | | | | | | | |
| 判定要求 | □ 按______标准判定 | | | | | □ 给出检测数据 | | |
| 样品检后处理 | □封存　天 | | | □ 残次领回 | | □ 由检测单位处理 | | |
| 报告交付方式 | □ 寄 | | □ 取 | □ 传真 | | 报告份数： | | |
| 检测费用 | | | | | | | | |
| 送样人 | | | 送样人联系电话 | | | | | |
| 取样员 | | 取样号 | | 取样员联系电话 | | | | |
| 见证员 | | 见证号 | | 见证员联系电话 | | | | |
| 有关说明 | 1. 委托单位承诺对所提供的一切资料、信息和样品的真实性负责；<br>2. 检测单位对样品负责审查，不合格样品不得接收；<br>3. 检测单位对检测数据负责；<br>4. 委托单位同意按本委托单支付检测费用 | | | | | | | |
| 双方以上内容确定无误 | 委托单位代表签字：　　年　月　日 | | | | | | | |
| | 受托单位代表签字：　　年　月　日 | | | | | | | |
| 接样人 | | 项目等级 | | 任务下达日期 | | | | |
| 领样人 | | 专业负责人 | | 检测员 | | | | |
| 备注 | | | | | | | | |

# 项目7 砌筑材料的检测

**项目导航：**

土木工程中的砌筑材料分石材和墙体材料。在建筑工程中用于砌筑墙体的材料称为墙体材料。墙体材料包括砖（烧结砖、蒸养砖）、砌块（混凝土砌块、粉煤灰砌块）等。

凡由天然岩石开采的，经加工或未加工的石材，统称为天然石材。工程上使用的天然石材常加工成块状和板状。

（1）块状石材包括毛石与料石。毛石即形状不规则的块石，根据其外形又分为乱毛石（各个面的形状均不规则）和平毛石（对乱毛石略经加工，形状较整齐，但表面粗糙）两种。毛石主要用于砌筑基础、勒脚、墙身、挡土墙、堤坝等。料石即经人工凿琢或机械加工而成的规则六面体块石。分毛料石 、粗料石、半细料石、细料石。料石常用致密的砂岩、石灰岩、花岗岩等开凿而成，常用于砌筑墙身、地坪、踏步、柱、拱和纪念碑等；形状复杂的料石制品也可用于柱头，柱基、窗台板、栏杆和其他装饰等。

（2）板状主要是石材饰面板包括天然大理石板材 、天然花岗石板材、青石装饰材料等。

## 任务7.1 石材的分类、用途及主要技术性质

**任务导航：**

任务内容及要求

| 知识目标 | 能力目标 | 素质目标 | 考核方式 |
|---|---|---|---|
| 1. 掌握石材的分类及用途（浆砌石、干砌石、排水棱体等方面）；<br>2. 熟悉标准砖、砌块的质量等级、技术性质 | 1. 能够识别各种类型的砌筑材料；<br>2. 能够对进场石材进行外观检测 | 通过理论知识的学习，培养学生发现问题、分析问题、解决问题的能力 | 考勤、提问、课后作业及卷考 |

### 7.1.1 石材的分类及用途

#### 7.1.1.1 天然石材的分类

天然石材是采自地壳，经加工或不加工的岩石。

天然石材是最古老的建筑材料之一。意大利的比萨斜塔（图7.1）、古埃及的金字塔

(图 7.2)、太阳神庙(图 7.3),我国河北的赵州桥(图 7.4)以及福建泉洲的洛阳桥(图 7.5)等,均为著名的古代石结构建筑。天然石材具有较高的抗压强度,良好的耐久性和耐磨性,部分岩石品种经加工后还可以获得独特的装饰效果,且资源分布广,便于就地取材等优点而广泛应用。但石材脆性大、抗拉强度低、自重大,石结构的抗震性差,加之岩石开采加工较困难,价格高等因素,石材作为结构材料已逐渐被混凝土所取代。

图 7.1 比萨斜塔

图 7.2 金字塔

图 7.3 太阳神庙

图 7.4 赵州桥

图 7.5 洛阳桥

图 7.6 花岗岩

1. 花岗岩

花岗岩的品质决定于矿物组成和晶体结构。按晶粒大小分为粗晶、细晶、微晶三种。结晶颗粒细而均匀的强度高,达 120~150MPa。其名称以产地及颜色命名,如泰山青、墨玉、黑色等,如图 7.6 所示。

花岗石板外观稳重大方、抗压强度高，耐磨性，耐水、耐风化、耐腐蚀及抗冻性均较好，适于内外墙面、地面及柱面的装饰，使用年限达75～200年。

耐火性差，800℃以上晶格转化，体积膨胀，开裂。

2. 大理岩

天然大理石又称云石。大理石质地密实，强度可达300MPa，具有灰色、绿色、红色、白色、黑色等多种色彩，而且带有花纹，如图7.7所示。纯大理岩为白色，常称为汉白玉。

因空气中的二氧化硫遇水生成亚硫酸，与大理石中的碳酸钙反应，生成易溶于水的硫酸钙，使表面失去光泽，变得粗糙多孔，故大理石不宜用于室外装饰。

图7.7 大理岩

图7.8 石灰岩

3. 石灰岩

天然石灰石板又称“灰岩”或“青石”，主要化学成分为碳酸钙。常呈灰白或浅灰色，有时因杂质而呈现灰黑、浅黑、浅红等色，如图7.8所示。表面具有自然纹理，抗压强度较前两种低（为20～120MPa），不属高档饰面材料。工程上可用作建筑物墙面或路面装饰，并可作建材生产原料。

4. 砂岩

砂岩分为硅质、钙质、铁质、泥质砂岩，纯白色砂岩俗称白玉石，可用于雕刻及作装饰，如图7.9所示。

图7.9 砂岩浮雕

#### 7.1.1.2 建筑工程中常用的天然石材分类

建筑上常用的天然石材常加工为散粒状、块状、板材等类型的石制品。根据这些石制品的用途不同，可分为以下三类。

1. 砌筑用石材

砌筑用石材分为毛石、料石两种。毛石是在采石场爆破后直接得到的形状不规则的石块。按其表面的平整程度又分为乱毛石和平毛石两种。

（1）毛石：分为乱毛石和平毛石。

（2）料石：至少有一个边角整齐，便于合缝，分为毛料石、粗细料石、半细料石、细料石，如图7.10～图7.12所示。

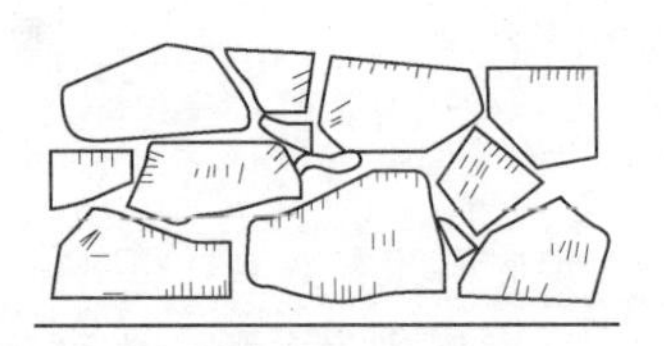
图 7.10　乱毛石图

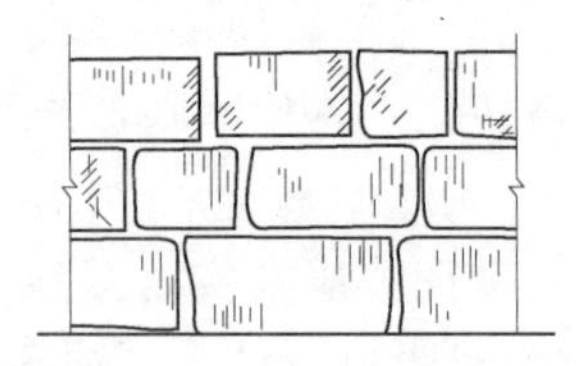
图 7.11　平毛石

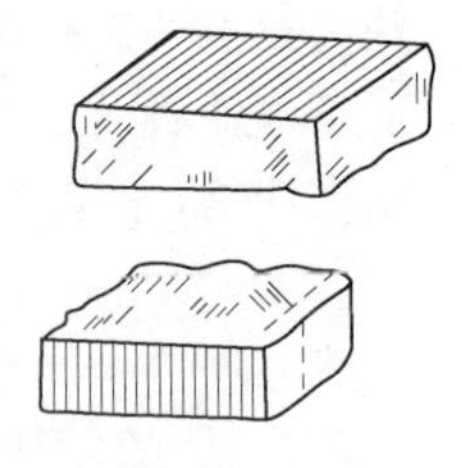
图 7.12　料石

2. 颗粒状石料

颗粒状石料主要用作配制混凝土的集料，按其形状的不同，分为卵石、碎石和石渣等三种，如图 7.13～图 7.15 所示。

图 7.13　卵石

图 7.14　碎石

图 7.15　石渣

3. 装饰用板材

用于建筑装饰的天然石材品种很多，但大理石和花岗石两大类所占比例较多。饰面板材要求耐久、耐磨、色泽美观、无裂缝。

**7.1.1.3　石材的用途**

1. 砌筑用石材的用途

(1) 毛石主要用于砌筑建筑物的基础（图 7.16）、勒脚、墙身（图 7.17）、挡土墙（图 7.18）等，平毛石还用于铺筑园林中的小径石路，可形成不规则的拼缝图案，增加环境的自然美。水利工程上用在溢洪道浆砌石挡墙、面板堆石坝下游干砌石护坡、土石坝的排水棱体（图 7.19）等结构。

(2) 料石一般是用较致密均匀的砂岩、石灰岩、花岗岩等开凿而成，制成条石、方料石或拱石，用于建筑物的基础、勒脚、地面等。可用于砌筑及装饰（图 7.20、图 7.21）。

2. 装饰用板材的用途

(1) 花岗岩的应用。花岗岩是公认的高级建筑结构材料和装饰材料。花岗岩石材常制作成块状石材和板状饰面石材，块状石材用于重要的大型建筑物的基础、勒脚、柱子、栏

图 7.16 砌石基础

图 7.17 砌石墙体

图 7.18 浆砌石挡土墙

图 7.19 土石坝下游排水棱体

图 7.20 墙板

图 7.21 砌块

杆、踏步等部位以及桥梁、堤坝等工程中，是建造永久性工程，纪念性建筑的良好材料。板材石材质感坚实，华丽庄重，是室内外高级装饰装修板材。根据在建筑物中使用部位的不同，对其表面的加工要求也就不同，通常可分为以下四种。

1）剁斧板：表面粗糙，呈规则的条纹斧状。

2）机刨板：用刨石机刨成较为平整的表面，呈相互平行的刨纹。

3）粗磨板：表面经过粗磨，光滑而无光泽。

4）磨光板：经过打磨后表面光亮，色泽鲜明，晶体裸露。再经抛光处理后，即成为镜面花岗岩板材。

（2）大理石的应用。大理石因一般均含多种矿物质，常呈多种色彩组成的花纹。抛光后的大理石光洁细腻，如脂似玉，色彩绚丽，纹理自然，十分诱人。例如毛主席纪念堂内的十四种大理石花盆，每个花盆正面图案都具有深刻的含义，画面中有韶山、井冈山、娄山关、赤水河、金沙江、大渡河、雪山、草地和延安等，它们或是红军长征经过的地方，或是毛主席工作、生活过的场所，或是毛主席诗词中歌颂过的壮丽景色。纯净的大理石为白色，称汉白玉，纯白或纯黑的大理石属名贵品种。大理石荒料经锯切、研磨和抛光等加工工艺可制作大理石板材，主要用于建筑物室内饰面，如墙面、地面、柱面、台面、栏杆和踏步等。

（3）石灰岩。天然石灰石板又称“灰岩”或“青石”，主要化学成分为碳酸钙。常呈灰白或浅灰色，有时因杂质而呈现灰黑、浅黑、浅红等色。表面具有自然纹理，抗压强度较前两种低（为20～120MPa），不属高档饰面材料。工程上可用作建筑物墙面或路面装饰，并可作建材生产原料。

（4）砂岩。建筑工程中，砂岩常用于基础、墙身、人行道和踏步等，也可破碎成散粒状用作混凝土集料。纯白色砂岩俗称白玉石，可用做雕刻及装饰材料。

**【例 7.1】** 某土石坝坝顶设浆砌石防浪墙，电站厂房内中等装修，溢洪道泄槽两侧挡墙采用浆砌石挡墙，分析该工程在哪些部位可能会用到哪种砌筑材料？

**解：** 1）土石坝工程：在下游排水棱体的干砌石采用毛石；坝顶浆砌石防浪墙采用毛石。

2）发电厂房工程：墙体采用烧结普通砖；室内地板装饰可能用大理石板材；楼梯踏步可能用大理石板材。

3）溢洪道工程：泄槽两侧浆砌石挡墙会用到毛石。

### 7.1.2 石材的选用原则、主要技术性质

#### 7.1.2.1 石材的选用原则

（1）力学指标。承重石材强度是选材依据，地面用石材考虑硬度和耐磨性。

（2）耐久性。室外石材考虑抗风化性能，处于高温、高湿或严寒条件下的岩石，考虑耐热、抗冻及耐化学侵蚀性。

（3）质感与色彩。

（4）经济性。就地取材，降低成本

（5）环保性。尤其室内装饰用石材，注意放射性指标。

#### 7.1.2.2 石材的主要技术性质与要求

1. 物理性质

（1）表观密度。岩石的表观密度由其矿物质组成及致密所决定。表观密度的大小常间接地反映石材的致密和孔隙多少，一般情况下，同种石材表观密度愈大，则抗压强度愈高，吸水率愈小，耐久性、导热性越好。

天然岩石按表观密度大小可分为轻质石材（表观密度小于 1800kg/m$^3$）和重质石材（表观密度大于 1800kg/m$^3$），重石可用于建筑的基础、贴面、地面、不采暖房屋外墙、桥梁及水工建筑物等；轻石主要用于保温房屋外墙。

（2）吸水性。天然石材的吸水率一般较小，但由于形成条件，密实程度与胶结情况的不同，石材的吸水率波动也较大，如花岗岩和致密的石灰岩，吸水率通常小于是 1%，而多孔的石灰岩，吸水率可达 15%。石材吸水后强度降低，抗冻性、耐久性下降。石材根据吸水就率的大小分为低吸水性岩石（吸水率小于 1.5%），中吸水性岩石（吸水率为 1.5%～3.0%）和高吸水性岩石（吸水率大于 3%）。

（3）耐水性。石材的耐水性用软化系数表示。当石材含有较多的黏土或易溶物质时，软化系数较小，其耐水性较差。根据各种石材软化系数大小，可将石材分为高耐水性石材（软化系数小于 0.90），中耐水性石材（软化系数为 0.75～0.90）和低耐水性石材（软化系数为 0.60～0.75）。当石材软化系数小于 0.6 时，则不允许用于重要建筑物中。

（4）抗冻性。抗冻性是指石材抵抗冻融破坏的能力，可用在水饱和状态下能经受的冻融循环次数（强度降低值不超过 25%、质量损失不超过 5%，无贯穿裂缝）来表示。抗冻性是衡量石材耐久性的一个重要指标，能经受的冻融次数越多，则抗冻性越好。石材抗冻性与吸水性有着密切的关系，吸水性大的石材其抗冻性也差。根据经验，吸水率小于 0.5%的石材，则认为是抗冻的，可不进行抗冻试验。

（5）耐热性。石材的耐热性与其化学成分及矿物组成有关。石材经高温后，由于热胀冷缩，体积变化而产生内应力或因组成矿物发生分解和变异等导致结构破坏。如含有石膏的石材，在 100℃以上开始破坏；含有碳酸镁的石材，温度高于是 725℃会发生破坏；含有碳酸钙的石材，温度达 827℃时开始破坏。由石英与其他矿物所组成的结晶石材如花岗岩等，当温度达到 700℃以上时，由于石英受热发生膨胀，强度会迅速下降。

（6）导热性。主要与其致密程度有关，重质石材的热导率可达 2.91～3.49W/(m·K)，而轻质石材的热导率则在 0.23～0.7W/(m·K）之间，具有封闭孔隙的石材，热导率更低。

2. 力学性质

（1）抗压强度。石材的抗压强度是以 3 个边长为 70mm 的立方体试块的抗压破坏强度的平均值表示，砌体所用石材根据抗压强度分成 9 个强度等级：MU100、MU80、MU60、MU50、MU40、MU30、MU20、MU15、MU10。抗压试件边长可采用表 7.1 所列各种边长尺寸的立方体，但应对其测定结果乘以相应的换算系数。

**表 7.1　　石材强度等级的换算系数**

| 立方体边长/mm | 200 | 150 | 100 | 70 | 50 |
|---|---|---|---|---|---|
| 换算系数 | 1.43 | 1.28 | 1.14 | 1 | 0.86 |

石材的抗压强度与其矿物组成、结构与构造特征等有密切的关系。如：组成花岗岩的主要矿物成分中石英是很坚强的矿物，其含量越多，则花岗岩的强度也越高，而云母为片状矿物，易于分裂成柔软薄片。因此，若云母含量越多，则其强度越低。另外，结晶质石材的强度较玻璃质的高，等粒状结构的强度较斑状结构的高，构造致密的强度较疏松多孔的高。

(2) 冲击韧性。石材的冲击韧性决定于岩石的矿物组成与构造。石英岩、硅质砂岩脆性较大，含暗色矿物较多的辉长岩、辉绿岩等具有较高的韧性。一般来说，晶体结构的岩石较非晶体结构的岩石具有较高的韧性。

(3) 硬度。石材的硬度取决于石材的矿物组成与构造，凡由致密、坚硬矿物组成的石材，其硬度就高。岩石的硬度以莫氏矿度表示。

(4) 耐磨性。耐磨性是石材抵抗摩擦、边缘剪切以及撞击等复杂作用的能力。石材的耐磨性包括耐磨损（石材受摩擦作用）和耐磨耗性以单位摩擦质量所产生的质量损失的大小来表示。石材的耐磨性质与石材内部组成矿物的硬度、结构和构造有关。石材的组成矿物越坚硬，构造越致密以及其抗压强度和冲击韧性越高，则石材的耐磨性越好。

3. 工艺性质

石材的工艺性质，主要指其开采和加工过程的难易程度及可能性，包括以下几个方面。

(1) 加工性。石材的加工性，是指对岩石开采、据解、切割、凿琢、磨光和抛光等加工工艺的难易程度。凡强度、硬度、韧性较高的石材，不易加工；质脆而粗糙，有颗粒交错，含有层状或片粒结构以及已风化的岩石，都难以满足加工要求。

(2) 磨光性。磨光性指石材能否磨成平整光滑表面的性质。致密、均匀、细粒的岩石，一般都有良好的磨光性，可以磨成光滑亮洁的表面；疏松多孔有鳞片状构造的岩石，磨光性不好。

(3) 易钻性。抗钻性指石材钻孔难易程度的性质。影响抗钻性的因素很复杂，一般与岩石的强度、硬度等性质有关。当石材的强度越高，硬度越大时，越不易钻孔。

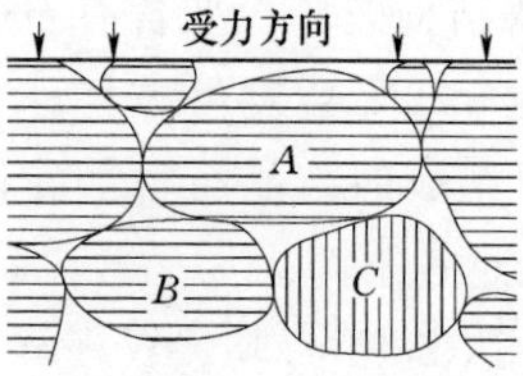

图 7.22　石料的砌筑

**【例 7.2】** 石料的砌筑如图 7.22 所示，A、B、C 三块石料均具有层理，其层理及受力方向如图 7.22 所示。请讨论这几种石料的砌筑有何问题？

**解：** C 石料的砌筑方向不对，具有层理构造的石块其垂直层理的强度高于平行于层理的强度，宜转 90°放置。

# 任务 7.2　砌筑材料的取样、性能检测及评定

## 任务导航：

任务内容及要求

| 知识目标 | 能力目标 | 素质目标 | 考核方式 |
|---|---|---|---|
| 1. 掌握石材、砖、砌块的测定检测方法；<br>2. 掌握石材、砖、砌块的合格判定标准 | 1. 能够正确进行砌筑材料的取样；<br>2. 能够对砌筑材料进行检测；<br>3. 能够完成砌筑材料的检验报告；<br>4. 能够对砌筑材料进行合格判定 | 通过理论知识的学习，培养学生发现问题、分析问题、解决问题的能力 | 1. 考勤、试验操作、提问及课后作业；<br>2. 卷考、试验报告 |

## 7.2.1　石材、砖、砌块的测定检测方法及合格判定

### 7.2.1.1　石材的测定检测方法及合格判定

不同用途的石材有不同的检测方法，这里只介绍天然花岗石荒料和天然大理石荒料的检测。

1. 天然花岗石荒料

(1) 试验方法。

1) 尺寸极差：用刻度值为1mm的钢卷尺测量荒料长、宽、高方向的最大尺寸和最小尺寸，分别用最大尺寸和最小尺寸的差值来表示长度、宽度、高度的尺寸极差。读数准确至1cm。

2) 平面度：将直线度公差为0.1mm、长度为1mm的钢平尺放在被检平面上，用钢卷尺测量尺面与平面的最大间隙，用各面中最大的测量值来表示荒料的平面度极限公差。读数准确至1cm。

3) 角度：用内角垂直度公差为0.13mm，内角边长为450mm×450mm的90°钢尺测量荒料相邻面的夹角。取荒料较平整的一个面为基准面，将角尺一边紧靠基准面，用钢卷尺测量角尺另一边与被测各面间的夹角间隙。与被检角大于90°时，测量点在角尺根部；与被检角小于90°时，测量点在距根部40cm处。以各夹角中最大的测量值来表示荒料的角度极限公差，读数准确至1cm。

4) 外观质量。

色调、花纹、颗粒结构：用目测检验。

缺角、缺棱：用钢卷尺测量缺角、缺棱处的长度、宽度、深度。

裂纹：用目测、水浇法（观察水渗透情况）或锤击法（用金属锤打击，必要时将荒料支空听其声音）确定裂纹是否存在。用钢卷尺测量裂纹顺延方向的长度。

色线、色斑：用卷尺测量色线的长度及色斑的面积。

5) 物理性能。

(a) 吸水率、体积密度按GB 9966.3的规定进行。

(b) 干燥压缩强度按GB 9966.1的规定进行。

(c) 弯曲强度按GB 9966.2的规定进行。

6) 标记尺寸以荒料的最小尺寸表示。

7) 验收体积以荒料的最小尺寸计算

(2) 检验规则。

检验包括出矿检验和型式检验，这里只介绍出矿检验：

1) 检验项目：尺寸极差、平面度、角度、外观质量。

2) 组批：同一色调花纹、类别、等级的荒料以20m$^3$为一批。不足20m$^3$的可按一批计。

3) 检验：同一批荒料逐块检验。

4) 判定：全部检验结果均符合技术要求相应质量等级时，则判定该批荒料符合该质量等级；如果有一项不符合时，则判定该批荒料不符合该质量等级。

(3) 合格技术判定标准。

1）荒料的规格尺寸应符合表7.2的规定。

**表7.2　荒料的规格尺寸要求表**

| 部　位 | 长　度 | 宽　度 | 高　度 |
|---|---|---|---|
| 尺寸/cm | ≥140 | ≥60 | ≥60 |

2）荒料的长度、宽度、高度尺寸允许极差，平面度、角度允许极限公差应符合表7.3的规定。

**表7.3　荒料各质量等级的指标**

<table>
<tr><th rowspan="2">指标名称</th><th colspan="2">Ⅰ、Ⅱ类体积</th><th colspan="2">Ⅲ类体积</th></tr>
<tr><th>一等品</th><th>合格品</th><th>一等品</th><th>合格品</th></tr>
<tr><td>长度、宽度、高度/cm</td><td rowspan="2">4</td><td rowspan="2">6</td><td rowspan="2">3</td><td rowspan="2">5</td></tr>
<tr><td>平面度</td></tr>
<tr><td>角度</td><td>2</td><td>4</td><td>2</td><td>4</td></tr>
</table>

注　按体积将荒料分为三类：体积不小于$4m^3$为Ⅰ类；体积不小于$1m^3$且小于$4m^3$为Ⅱ类；体积不小于$0.5m^3$且小于$1m^3$为Ⅲ类。

3）外观质量。

同一批荒料的色调、花纹、颗粒结构应基本一致。

荒料缺角、缺棱、裂纹、色线、色斑的质量要求应符合表7.4的规定。

**表7.4　荒料缺角、缺棱、裂纹、色线、色斑的质量要求**

<table>
<tr><th rowspan="2" colspan="2">指　标　名　称</th><th colspan="2">Ⅰ、Ⅱ类体积</th><th colspan="2">Ⅲ类体积</th></tr>
<tr><th>一等品</th><th>合格品</th><th>一等品</th><th>合格品</th></tr>
<tr><td colspan="2">缺角、缺棱：长度5～15cm，宽度、深度3～5cm，允许个数</td><td>2</td><td>3</td><td>1</td><td>2</td></tr>
<tr><td rowspan="2">裂纹：长度在5～10cm内，允许条数</td><td>大面</td><td colspan="4">0</td></tr>
<tr><td>其他面</td><td>1</td><td>2</td><td colspan="2">1</td></tr>
<tr><td colspan="2">色线：长度不小于6cm的色线应小于顺延方向总长度的1/10cm，每面允许条数</td><td>0</td><td>1</td><td>0</td><td>1</td></tr>
<tr><td colspan="2">色斑：面积在$2.5\sim6.0cm^2$内每面允许个数</td><td>1</td><td>2</td><td>1</td><td>2</td></tr>
</table>

4）物理性能。

体积密度不小于$2.5g/cm^3$；吸水率不大于1.0%；干燥压缩强度不小于60MPa；弯曲强度不小于8.0MPa。

2. 天然大理石荒料

天然大理石荒料试验方法与天然花岗石荒料试验方法基本一样，不再列举。这里只介绍检验规则和合格技术判定标准。

（1）检验规则。检验包括出矿检验和型式检验，这里只介绍出矿检验：

1）检验项目：尺寸极差、平面度、角度、外观质量。

2）组批：同一色调花纹、类别、等级的荒料以$5m^3$为一批。不足$5m^3$的可按一批计。

3）检验：同一批荒料逐块检验。

4）判定：全部检验结果均符合技术要求中相应质量等级时，则判定该批荒料符合该质量要求。

5）质量等级；如果有一项不符合时，则判定该批荒料不符合该质量等级。

（2）合格技术判定标准。

1）荒料必须具有直角平行六面体的形状。

2）荒料的规格尺寸应符合表7.5的规定。

**表7.5　荒料的规格尺寸**

| 部　位 | 长　度 | 宽　度 | 高　度 |
|---|---|---|---|
| 尺寸/cm | ≥100 | ≥50 | ≥70 |

3）荒料的长度、宽度、高度尺寸允许极差、平面度、角度允许极限公差应符合表7.6的规定。

**表7.6　荒料的长度、宽度、高度、平面度、角度要求**

| 指标名称 | 锯面荒料 | | | | 劈面荒料 | | | |
|---|---|---|---|---|---|---|---|---|
| | Ⅰ、Ⅱ类体积 | | Ⅲ类体积 | | Ⅰ、Ⅱ类体积 | | Ⅲ类体积 | |
| | 一等品 | 合格品 | 一等品 | 合格品 | 一等品 | 合格品 | 一等品 | 合格品 |
| 高度/cm | 3 | 5 | 2 | 4 | 5 | 6 | 4 | 5 |
| 长度、宽度/cm | 6 | | 5 | | 6 | 10 | 5 | 9 |
| 平面度 | 2 | 3 | 2 | 3 | 3 | 5 | 3 | 5 |
| 角度 | | 5 | | 5 | 4 | 7 | 4 | 7 |

注　1. 锯面荒料是指六个面都是用锯切方法整形的荒料；劈面荒料是指有一面或数面是用劈凿方法整形的荒料。

2. 按体积将荒料分为三类：体积不小于$3m^3$为Ⅰ类；体积不小于$1m^3$且小于$3m^3$为Ⅱ类；体积不小于$0.35m^3$且小于$1m^3$为Ⅲ类。

4）外观质量：同一批荒料的色调花纹应基本一致；荒料的缺角、缺棱、裂纹等外观质量等级应符合表7.7的规定。

**表7.7　荒料的缺角、缺棱、裂纹等外观质量等级要求**

| 内　容 | | Ⅰ类体积 | | Ⅱ类体积 | | Ⅲ类体积 | |
|---|---|---|---|---|---|---|---|
| | | 一等品 | 合格品 | 一等品 | 合格品 | 一等品 | 合格品 |
| 缺角：长10～30cm，宽3～8cm，深3～5cm，允许个数 | | 0 | 1 | 0 | 1 | 0 | 1 |
| 缺棱：长≤10cm，宽、深3～5cm，允许个数 | | 3 | 4 | 2 | 3 | 1 | 2 |
| 裂纹 | 顶面和端面上大致平行于大面的，长<50cm，允许条数 | 1 | 2 | 1 | 2 | 1 | 2 |
| | 大面上允许条数 | 0 | | | | | |
| 风化、影响加工的硬质矿物 | | 不允许 | | | | | |

5）物理性能：体积密度不小于$2.60g/cm^3$；吸水率不大于0.75%；干燥压缩强度不小于20.0MPa；弯曲强度不小于7.0MPa。

#### 7.2.1.2 砖、砌块的测定检测

墙体材料包括砖（烧结砖、蒸养砖）、砌块（混凝土砌块、粉煤灰砌块）等，这里主要介绍烧结普通砖和蒸压加气混凝土砌块的测定。

1. 烧结普通砖的检测

（1）检验规则。

1）检验分类。产品检验分出厂检验和型式试验。每批出厂产品必须进行出厂检验，外观质量检验在生产厂内进行。当产品有下列情况之一时应进行型式检验：

（a）新厂生产试制定型检验。

（b）正式生产后，原材料、工艺等发生较大改变，可能影响产品性能时。

（c）正常生产时，每半年应进行一次。

（d）出厂检验结果与上次型式检验结果有较大差异时。

（e）国家质量监督机构提出进行型式检验时。

2）检验项目：出厂检验项目包括尺寸偏差、外观质量和强度等级；型式检验项目包括出厂检验项目、抗风化性能、石灰爆裂和泛霜。

3）批量。检验批的构成原则和批量大小按《砌墙砖检验规则》[JC/T 466—1992 (96)] 规定。不足 3.5 万块按一批计。

4）抽样。

（a）外观质量检验的砖样采用随机抽样法，在每一检验批的产品堆垛中抽取。

（b）尺寸偏差检验的样品用随机抽样法，从外观质量检验后的样品中抽取。其他检验项目的样品用随机抽样法，从外观质量和尺寸偏差检验后的样品中抽取。只进行单项检验时，可直接从检验批中随机抽取。

（c）抽样数量按表 7.8 进行。

表 7.8　普通烧结砖抽样数量

| 序号 | 检验项目 | 抽样数量/块 | 序号 | 检验项目 | 抽样数量/块 |
|---|---|---|---|---|---|
| 1 | 外观质量 | 50 | 5 | 石灰爆裂试验 | 5 |
| 2 | 尺寸偏差 | 20 | 6 | 冻融试验 | 5 |
| 3 | 强度等级 | 10 | 7 | 吸水率和饱和系数试验 | 5 |
| 4 | 泛霜试验 | 5 | | | |

（2）试验方法。

1）尺寸偏差检验样品数为 20 块，其方法按 GB/T 2542—2012 进行，其中每一尺寸精确至 0.5mm，每一方向以两个测量尺寸的算术平均值表示。

样本平均偏差是 20 块砖样规格尺寸的算术平均值减去其公称尺寸的差值。样本极差是抽检的 20 块砖样中最大测定值与最小值之差值。

2）外观质量检验按 GB/T 2542 进行。颜色的检验：抽砖样 20 块，条面朝上随机分两排并列，在自然光下距离砖面 2mm 处目测外露的条顶面。

3）抗压强度试验按 GB/T 2542 进行。其中砖样数量为 10 块，加荷速度为 (5±0.5) kN/s，强度标准值按下式计算。

$$f_k=\overline{R}-2.1S \tag{7.1}$$

$$S=\sqrt{\frac{1}{9}\sum_{i=1}^{10}(R_i-\overline{R})^2} \tag{7.2}$$

式中 $f_k$——强度标准值，MPa；

$\overline{R}$——10块砖样的抗压强度算术平均值，MPa；

$S$——10块砖样的抗压强度标准差，MPa；

$R_i$——单块砖样抗压强度的测定值，MPa。

4）冻融试验样品为5块，其方法按《砌墙砖试验方法》(GB/T 2542—2012）进行。

5）石灰爆裂、泛霜、吸水率和饱和系数按《砌墙砖试验方法》(GB/T 2542—2012）进行。

（3）烧结普通砖的抗压强度试验。

1）仪器设备：压力机（300～500kN)、锯砖机或切砖器、直尺等。

2）试件制备和养护：

(a）将10块试样切断或锯成两个半截砖，断开的半截砖长不得小于100mm，如果不足100mm，应另取备用试样补足。

(b）将已断开的半截砖放入室温的净水中10～20min后取出，并以断口相反方向叠放，两者中间抹以厚度不超过5mm的用P·O32.5或P·O42.5水泥调制成稠度适宜的水泥净浆黏结，上下两面用厚度不超过3mm的同种水泥浆抹平。制成的试件上下两面应相互平衡，并垂直于侧面。

(c）将制备好的试件置于温度不低于10℃的不通风室内养护3d。

3）试验步骤：

(a）测量每个试件连接面的长、宽尺寸，分别取其平均值（精确至1mm)，并计算受力面积 $A$ ($mm^2$)。

(b）将试件平放在加压板的中央，垂直于受压面加荷，加荷速度为（5±0.5）kN/s，直至试件破坏为止，记录最大破坏荷载 $P$(N)。

(c）烧结普通砖的抗压强度试验结果计算：

a）单块砖的抗压强度值按下式计算（精确至0.01MPa)。

$$f_i=\frac{P}{A} \tag{7.3}$$

b）计算10块砖的平均抗压强度值、10块砖的抗压强度示准差S和强度标准值 $f_k$。

（4）合格判定标准。

1）尺寸允许偏差。尺寸允许偏差应符合表7.9的规定。

**表7.9　　尺寸允许偏差**　　单位：mm

| 公称尺寸 | 样本平均偏差 | | 样木极差，≤ | |
|---|---|---|---|---|
| | 优等品 | 合格品 | 优等品 | 合格品 |
| 长度240 | ±2.0 | — | 8 | 8 |
| 宽度115 | ±1.5 | — | 6 | 6 |
| 高度53 | ±1.5 | — | 4 | 5 |

2）外观质量。砖的外观质量应符合表7.10的规定和颜色的规定。

表7.10　砖的外观质量　单位：mm

<table>
<tr><th colspan="2">项　目</th><th>优等品</th><th>合格品</th></tr>
<tr><td colspan="2">两条面高度差，≤</td><td>2</td><td>5</td></tr>
<tr><td colspan="2">弯曲，≤</td><td>2</td><td>5</td></tr>
<tr><td colspan="2">杂质凸出高度，≤</td><td>2</td><td>5</td></tr>
<tr><td colspan="2">缺棱掉角的三个破坏尺寸不得同时大于</td><td>15</td><td>30</td></tr>
<tr><td rowspan="2">裂纹长度，≤</td><td>a. 大面上宽度方向及其延伸至条面的长度</td><td>70</td><td>110</td></tr>
<tr><td>b. 大面上长度方向及其延伸至顶面的长度或条顶面上水平裂纹的长度</td><td>100</td><td>150</td></tr>
<tr><td colspan="2">完整面</td><td>一条面和顶面</td><td>—</td></tr>
</table>

注　完整面系指宽度中有大于1mm的裂纹长度不得超过30mm；条顶面上造成的破坏面不得同时大于10mm×20mm。

颜色：优等品，基本一致；合格品，无要求。

3）强度等级。强度等级应符合表7.11的规定。

表7.11　砖的强度等级　单位：mm

| 强度等级 | 平均值$R$，≥ | 标准值$f_k$，≥ |
|---|---|---|
| MU30 | 30.0 | 23.0 |
| MU25 | 25.0 | 19.0 |
| MU20 | 20.0 | 14.0 |
| MU15 | 15.0 | 10.0 |
| MU10 | 10.0 | 6.5 |
| MU7.5 | 7.5 | 5.0 |

4）抗风化性能。严重风化区中的1、2、3、4、5地区抗冻性必须符合表7.12的规定。

表7.12　抗冻性指标

| 强度等级 | 抗压强度/MPa　平均值，≥ | 单块砖的干重量损失/%，≤ |
|---|---|---|
| 30 | 23.0 | 2.0 |
| 25 | 19.0 | 2.0 |
| 20 | 14.0 | 2.0 |
| 15 | 10.0 | 2.0 |
| 10 | 6.5 | 2.0 |
| 7.5 | 5.0 | 2.0 |

严重风化区（除 地区外）和非严重风化区砖的抗风化性能符合表7.13规定可不做冻

融试验，否则必须符合表7.12的规定。

**表7.13** **风化性能指标表**

| 项 | 严重风化区 | | | | 非严重风化区 | | | |
|---|---|---|---|---|---|---|---|---|
| | 5h沸煮吸水率/%，≤ | | 5h饱和系数，≤ | | 沸煮吸水率/%，≤ | | 饱和系数，≤ | |
| 砖种类 | 平均值 | 单块最大值 | 平均值 | 单块最大值 | 平均值 | 单块最大值 | 平均值 | 单块最大值 |
| 黏土砖 | 19 | 21 | 0.80 | 0.82 | 23 | 25 | 0.88 | 0.90 |
| 粉煤灰砖 | 20 | 22 | 0.80 | 0.82 | 30 | 32 | 0.88 | 0.90 |
| 页岩砖 | 15 | 17 | 0.72 | 0.74 | 18 | 20 | 0.78 | 0.80 |
| 煤矸石砖 | 18 | 20 | 0.72 | 0.74 | 21 | 23 | 0.78 | 0.80 |

**注** 粉煤灰掺入量（体积比）小于50%时，按黏土砖规定。

5）泛霜。每块砖样应符合下列规定：

优等品，无泛霜；合格品：不得严重泛霜。

6）石灰爆裂。优等品，不允许出现最大破坏尺寸大2mm的爆裂区域；合格品，最大破坏尺寸大于2mm且小于等于15mm的爆裂区域，每组砖样不得多于15处，其中大于10mm的不得多于7处；不允许出现最大破坏尺寸大于15mm的爆裂区域。

7）其他。产品中不允许有欠火砖、酥砖和螺旋纹砖。

（5）判定规则。

1）尺寸偏差符合表7.9，强度等级符合表7.11的规定，判尺寸偏差、强度等级合格，否则判不合格。

2）外观质量采用二次抽样方案，根据表7.10规定的质量指标，检查出其中的不合格品块数，按JC/T 466—1992（96）“外观质量抽样方案”判定。

3）抗风化性能符合（4）合格判定标准中的规定，判抗风化性能合格，否则判不合格。

4）石灰爆裂和泛霜试验应分别符合（4）合格判定标准中优等品或合格品，则分别判石灰爆裂和泛霜符合优等品或合格品。

5）总判定：

(a) 每一批出厂产品的质量等级按出厂检验项目的检验结果和抗风化性能，石灰爆裂及泛霜的开动式检验结果综合判定。

(b) 每一型式检验的质量等级按全部检验项目的检验结果综合判定。

(c) 尺寸偏差、抗风化性能、强度等级合格，按外观质量、石灰爆裂、泛霜中最低的质量等级判定。其中有一项不合格，则判为不合格品。

(d) 外观检验中有欠火砖、酥砖和螺旋纹砖，则判该批产品不合格。

2. 蒸压加气混凝土砌块的测定

蒸压加气混凝土砌块（简称加气混凝土砌块，代号ACB），是由硅质材料（砂）和钙质材料（水泥石灰），加入适量调节剂、发泡剂，按一定比例配合，经混合搅拌、浇注、发泡、坯体静停、切割、高温高压蒸养等工序制成，因产品本身具有无数微小封闭、独立、分布均匀的气孔结构，具有轻质高强耐久隔热保温、吸音、隔音、防水、防火、抗震、施工快捷（比黏土砖省工）、可加工性强等多种功能，是一种优良的新型墙体材料。

(1) 等级。蒸压加气混凝土砌块等级包括：抗压强度等级、质量等级和体积密度等级。

1）砌块按抗压强度分为 A1.0、A2.0、A2.5、A3.5、A5.0、A7.5、A10.0 七个强度级别，各级别的立方体抗压强度值应符合表 7.14 的规定。

**表 7.14　　蒸压加气混凝土砌块的立方体抗压强度（GB/T 11968—2006）**　　单位：MPa

| 强度等级 | 立方体抗压强度平均值，≥ | 立方体抗压强度平均值，≥ |
|---|---|---|
| A1.0 | 1.0 | 0.8 |
| A2.0 | 2.0 | 1.6 |
| A2.5 | 2.5 | 2.0 |
| A3.5 | 3.5 | 2.8 |
| A5.0 | 5.0 | 4.0 |
| A7.5 | 7.5 | 6.0 |
| A10.0 | 10.0 | 8.0 |

2）砌块按尺寸偏差、外观质量、体积密度和抗压强度分为优等品（A）、合格品（B）两个质量等级，其具体指标见表 7.15。

**表 7.15　　蒸压加气混凝土砌块的强度级别（GB/T 11968—2006）**

| 体积密度级别 | | B03 | B04 | B05 | B06 | B07 | B08 | 体积密度级别 |
|---|---|---|---|---|---|---|---|---|
| 强度级别 | 优等品（A） | A1.0 | A2.0 | | A3.5 | A5.0 | A7.5 | A10.0 |
| | 合格品（B） | | | | A2.5 | A3.5 | A5.0 | A7.5 |

3）砌块按体积密度分为 B03、B04、B05、B06、B07、B08 六个体积密度级别，见表 7.16。

**表 7.16　　蒸压加气混凝土砌块的体积密度（GB/T 11968—2006）**　　单位：kg/m³

| 体积密度级别 | | B03 | B04 | B05 | B06 | B07 | B08 |
|---|---|---|---|---|---|---|---|
| 体积密度 | 优等品（A），≤ | 300 | 400 | 500 | 600 | 700 | 800 |
| | 合格品（B），≤ | 325 | 425 | 525 | 625 | 725 | 825 |

4）标记。蒸压加气混凝土砌块按产品名称、强度等级、外观质量等级和标准编号的顺序进行标记。例如：强度等级为 A3.5、体积密度为 B05、优等品、规格尺寸为 600mm×200mm×250mm 的蒸压加气混凝土砌块，其标记为：ACB A 3.5 B05 600×200×250 A GB/11968—2006。

(2) 蒸压加气混凝土砌块的干燥收缩、抗冻性和导热系数。为了满足工程的需要，规范对蒸压加气混凝土砌块的收缩性、抗冻性和导热系数（干态）三项指标加以限制，其产品应符合表 7.17 的要求。

**表 7.17 蒸压加气混凝砌块的干燥收绩、抗冻性和导热系数（GB/T 11968—2006）**

| 体积密度级别 | | | B03 | B04 | B05 | B06 | B07 | B08 |
|---|---|---|---|---|---|---|---|---|
| 干燥收缩值 | 标准法，≤ | $mm \cdot m^{-1}$ | 0.50 | | | | | |
| | 快速法，≤ | | 0.80 | | | | | |
| 抗冻性 | 质量损失/%，≤ | | 5.0 | | | | | |
| | 冻后强度/MPa，≥ | 优等品（A） | 0.8 | 1.6 | 2.8 | 4.0 | 6.0 | 8.0 |
| | | 合格品（B） | | | 2.0 | 2.8 | 4.0 | 6.0 |
| 导热系数（干态）/[$W \cdot (m \cdot K)^{-1}$]，≤ | | | 0.10 | 0.12 | 0.14 | 0.16 | 0.18 | 0.20 |

注 规定采用标准法、快速法测定砌块干燥收缩值，若测定结果发生矛盾不能判定时，则以标准法测定的结果为准。

(3) 抗压强度的测定。

1) 仪器设备。压力机（300～500kN）、锯砖机或切砖器、直尺等。

2) 试件制备。沿制品膨胀方向中心部分上、中、下顺序锯取一组，“上”块上表面距离制品顶面30mm，“中”块在正中处，“下”块下表面距离制品底面30mm。制品的高度不同，试件间隔略有不同。100mm×100mm×100mm立方体试件，试件在质量含水率为25%～45%下进行试验。

3) 试验步骤。测量试件的尺寸，精确至1mm，并计算试件的受压面积（$mm^2$）。将试件放在材料试验机的下压板的中心位置，试件的受压方向应垂直于制品的膨胀方向，以(2.0±0.5) kN/s的速度连续而均匀地加荷，直至试件破坏为止，记录最大破坏荷载$P$(N)。将试验后的试件全部或部分立即称质量，然后在（105±5)℃温度下烘至恒质，计算其含水率。

4) 蒸压加气混凝土砌块抗压强度结果计算。抗压强度按下式计算：

$$f_{cc}=P_1/A_1 \tag{7.4}$$

式中 $f_{cc}$——试件的抗压强度，MPa；

$P_1$——破坏荷载，N；

$A_1$——试件受压面积，$mm^2$。

按三块试件试验值的算术平均值进行评定，精确至0.1MPa。

### 7.2.2 水利工程中浆砌石工程中材料的检测

浆砌石工程中砌筑的砂浆需要出配合比，砂水泥需要送检。砂浆强度应符合设计强度。具体检测方法参见项目五中砂浆检测的内容。

## 知识拓展

### 熟悉其他砌筑体及砌筑材料

熟悉其他砌筑体及砌筑材料，如石笼、空心砖和泡沫水泥砖等。

1. 石笼

石笼（图7.23）是生态格网结构的一种形式。石笼指的是为防止河岸或构造物受水流冲刷而设置的装填石块的笼子。作为新工艺、新技术、新材料的新型生态格网结构，成功地应用于水利工程、公路、铁路工程、堤防的保护工程中。较好地实现了工程结构与生

图 7.23　石笼

态环境的有机结合。同时与一些传统刚性结构比较起来有其自身的优点，因此在世界范围内已经成为保护河床、治理滑坡、防治泥石流、防止落石兼顾环境保护的首选结构型式。

石笼是由金属线材由机械将双线绞合编织成的多绞状六角形网制成的网箱。生态格网可根据工程设计要求组装成箱笼，并装入块石等填充料后连接成一体，用做堤防、路基防护等工程的新技术。

2. 空心砖

空心砖（图 7.24）是以黏土、页岩等为主要原料，经过原料处理、成型、烧结制成。空心砖优点是质轻、强度高、保温、隔音降噪性能好。

图 7.24　空心砖

图 7.25　泡沫水泥砖

3. 泡沫水泥砖

泡沫水泥砖（图 7.25）是利用泡沫小颗粒与水泥搅拌凝结而成，具有轻质、保温、隔音、防火的优质性能，而且大大降低了成本，是非承重墙的理想用品。

## 项目小结

本项目通过对石材的分类及用途、石材的选用原则、主要技术性质与要求和砌筑材料的取样与性能检测的介绍。使学生熟悉并掌握砌筑材料的知识。能够识别各种类型的砌筑材料；能够对进场石材进行外观检测；能够正确进行砌筑材料的取样；能够对砌筑材料进行检测；能够完成砌筑材料的检验报告；能够对砌筑材料进行合格判定。

附表 7.1

**石料检测任务委托单**

受控编号：GXSLSD-WT003A-2011　　检测编号：　　第　页 共　页

<table>
<tr><td rowspan="2">委托单位</td><td>名称</td><td colspan="3"></td><td>委托日期</td><td colspan="3"></td></tr>
<tr><td>地址</td><td colspan="3"></td><td>要求完成日期</td><td></td><td>保密要求</td><td>□是　□否</td></tr>
<tr><td colspan="2">工程名称</td><td colspan="3"></td><td>见证单位</td><td colspan="3"></td></tr>
<tr><td colspan="2">样品数量</td><td colspan="7"></td></tr>
<tr><td>样品编号</td><td>样品质量/kg</td><td>工程部位</td><td>品种</td><td>规格</td><td>产地</td><td>批量/m³</td><td>样品状态</td><td>检测项目</td></tr>
<tr><td></td><td></td><td></td><td></td><td></td><td></td><td></td><td></td><td></td></tr>
<tr><td></td><td></td><td></td><td></td><td></td><td></td><td></td><td></td><td></td></tr>
<tr><td></td><td></td><td></td><td></td><td></td><td></td><td></td><td></td><td></td></tr>
<tr><td></td><td></td><td></td><td></td><td></td><td></td><td></td><td></td><td></td></tr>
<tr><td colspan="2">检测依据</td><td colspan="7"></td></tr>
<tr><td colspan="2">检测性质</td><td colspan="7">□施工委托检测　□ 监理平行（跟踪）检测　□ 监督检测　□ 验收前抽检　□ 事故检测　□ 其他</td></tr>
<tr><td colspan="2">样品状态</td><td colspan="7">①无异常　　②异常</td></tr>
<tr><td colspan="2">判定要求</td><td colspan="7">□ 按标准判定　　□ 给出检测数据</td></tr>
<tr><td colspan="2">样品检后处理</td><td colspan="7">□封存　　天　　□ 残次领回　　□ 由检测单位处理</td></tr>
<tr><td colspan="2">报告交付方式</td><td colspan="7">□ 寄　　□ 取　　□ 传真　　报告份数：</td></tr>
<tr><td colspan="2">检测费用</td><td colspan="7"></td></tr>
<tr><td colspan="2">送样人</td><td colspan="3"></td><td colspan="2">送样人联系电话</td><td colspan="2"></td></tr>
<tr><td colspan="2">取样员</td><td></td><td>取样号</td><td></td><td colspan="2">取样员联系电话</td><td colspan="2"></td></tr>
<tr><td colspan="2">见证员</td><td></td><td>见证号</td><td></td><td colspan="2">见证员联系电话</td><td colspan="2"></td></tr>
<tr><td colspan="2">有关说明</td><td colspan="7">1. 委托单位承诺对所提供的一切资料、信息和样品的真实性负责；<br>2. 检测单位对样品负责审查，不合格样品不得接收；<br>3. 检测单位对检测数据负责；<br>4. 委托单位同意按本委托单支付检测费用</td></tr>
<tr><td colspan="3" rowspan="2">双方以上内容确定无误</td><td colspan="6">委托单位代表签字：　　年　月　日</td></tr>
<tr><td colspan="6">受托单位代表签字：　　年　月　日</td></tr>
<tr><td colspan="2">接样人</td><td colspan="2"></td><td>项目等级</td><td></td><td colspan="2">任务下达日期</td><td></td></tr>
<tr><td colspan="2">领样人</td><td colspan="2"></td><td>专业负责人</td><td></td><td colspan="2">检测员</td><td></td></tr>
<tr><td colspan="2">备注</td><td colspan="7"></td></tr>
</table>

附表 7.2

**砌墙砖（空心砖、加气混凝土）检测委托（收样）单**

<table>
<tr><td rowspan="7">委托<br>单位填写</td><td>工程代码</td><td colspan="3"></td><td>样品名称</td><td></td><td>样品规格</td><td></td></tr>
<tr><td>委托单位</td><td colspan="3"></td><td>样品等级</td><td></td><td>样品数量</td><td></td></tr>
<tr><td>工程名称</td><td colspan="3"></td><td>代表数量</td><td></td><td>进厂日期</td><td>年 月 日</td></tr>
<tr><td rowspan="2">使用单位</td><td colspan="3" rowspan="2"></td><td>送样人</td><td></td><td>联系电话</td><td></td></tr>
<tr><td>生产单位</td><td colspan="3"></td></tr>
<tr><td rowspan="2">委托<br>检测项目</td><td>强度</td><td>容重</td><td>吸水率</td><td></td><td></td><td></td><td></td></tr>
<tr><td></td><td></td><td></td><td></td><td></td><td></td><td></td></tr>
<tr><td rowspan="2">见证单位填写</td><td>见证单位</td><td>见证人</td><td>证书编号</td><td>联系电话</td><td colspan="4" rowspan="4">备注</td></tr>
<tr><td></td><td></td><td></td><td></td></tr>
<tr><td rowspan="2">检测单位填写</td><td>样品状态</td><td>有无见证<br>确认</td><td>收样人</td><td>收样日期</td></tr>
<tr><td></td><td></td><td></td><td>年 月 日</td></tr>
</table>

# 项目8　沥青防水材料的检测

**项目导航：**

沥青作为基础建设材料，范围应用于交通运输（道路、铁路、航空等）、建筑业、农业、水利工程、工业（采掘业、制造业）、民用等各部门。

由于沥青具有很好的黏结性、绝缘性、隔热性及防湿、防渗、防水、防腐、防锈等性能，所以除了铺路，在修建防屋时，常用沥青做防水层；修建冷藏库时，常用沥青和木屑混合制成隔热层；铁路枕木上涂上沥青可以防腐；地下管道涂上沥青可以防锈；水库水坝铺上一层沥青可以防渗、防漏；桥梁板面接合处注入沥青可以起到热胀冷缩的作用。此外沥青还可以与其他材料混合制成沥青油漆、沥青油毡、沥青橡胶、沥青涂料、沥青绝缘胶等产品。

随着现代科学技术的发展，石油沥青的用途也更加广泛。在建筑材料方面，将沥青和土混合，可制成强度高、吸水性小、美观耐用的沥青砖和沥青板；在农业方面，将沥青和肥料混合后喷洒在土壤表面，可起到保温、减少水分蒸发、防止肥料流失的作用；在电气工业方面，可用沥青作绝缘材料和电缆保护层，尤其是地下电缆、水下电缆更离不了沥青。三峡工程中茅坪溪防护大坝，茅坪溪防护大坝属长江三峡水利枢纽工程的一部分，按一级建筑物设计，坝型为土石坝，最大坝高104m，坝体总长1840m，土石方填筑量12$\times10^6$m$^3$。大坝采用垂直沥青混凝土心墙防渗。最大墙体高度94m，墙体宽0.5～1.2m，底部墙体适当扩大，以便同基础混凝土防渗墙、混凝土基座及垫座相接，形成整个防渗体系。

根据茅坪溪防护大坝的工程条件，采用克拉玛依石油化工厂生产的水工沥青。由水利部门研究单位对沥青混凝土面板用水工沥青的技术要求，研究制定出克石化厂的水工沥青产品企业标准，主要技术指标见表8.1。

**表8.1　　水工沥青企业标准**

| 项　目 | 质量指标 | 检验方法 |
| --- | --- | --- |
| 针入度/$10^{-2}$mm | 70～90 | GB/T 4509 |
| 软化点（环球）/℃ | 47～52 | GB/T 4507 |
| 延度（15℃）/cm，≥ | 150 | GB/T 4508 |
| 脆点/℃，≤ | −10 | GB/T 4510 |
| 闪点（开）/℃，≥ | 230 | GB/T 267 |
| 溶解度（$CCl_4$，或苯）/%，≥ | 99.0 | GB/T 11148 |
| 蜡含量（蒸馏法）/%，≤ | 3.0 | SH/T 0425 |

续表

| 项　　目 | 质 量 指 标 | 检 验 方 法 |
|---|---|---|
| 沥青薄膜加热试验，即 TFOT 后 | | |
| 蒸发损失/%，≤ | 1.0 | GB/T 5301 |
| 针入度比/%，≥ | 65 | GB/T 11946 |
| 延度（15℃）/cm，≥ | 60 | GB/T 4508 |

水工沥青用于筑坝、海岸护堤、渠道防渗以及蓄水池等水利工程方面已有较长的历史，要用沥青混凝土作水坝的防渗面层或心墙，沥青混凝土的渗透系数一般可达 $10^{-7}$～$10^{-10}$cm/s，防渗性能比钢筋混凝土优越，具有较高的塑性与柔性，能更好地适应水工建筑物的不均匀沉陷和变形。沥青混凝土防渗工程还具有工程量较小、施工快速等优点。

# 任务 8.1　沥青

## 任务导航：

任务内容及要求

| 知识目标 | 能力目标 | 素质目标 | 考核方式 |
|---|---|---|---|
| 1. 了解沥青的类型；<br>2. 掌握石油沥青的技术要求；<br>3. 熟悉石油沥青的合格判定标准 | 1. 能够正确进行石油沥青的取样；<br>2. 能够对石油沥青进行检测；<br>3. 能够完成石油沥青的检验报告；<br>4. 能够对石油沥青进行合格判定 | 1. 培养良好的职业道德，养成科学严谨的职业操守；<br>2. 培养团结协作能力；<br>3. 培养学生科学、缜密、严谨、实事求是的作风 | 过程性评价：考勤、课堂提问及课后作业 |

### 8.1.1　沥青概述

沥青是一种有机胶凝材料，它是由复杂的高分子碳氢化合物及非金属（氧、硫、氮等）衍生物的混合物。在常温下呈固体、半固体或黏性液体状态，颜色由黑褐色至黑色，能溶于多种有机溶剂，极难溶于水，具有良好的憎水性、黏结性和塑性，能抵抗冲击荷载的作用，且耐酸、耐碱、耐腐蚀。在工程中广泛地用作防水、防潮、防腐和路面等材料。

沥青可分为地沥青和焦油沥青两大类：

地沥青俗称松香柏油，按其产源不同分为石油沥青和天然沥青两种。

焦油沥青俗称柏油、臭柏油，是干馏各种固体或液体燃料及其他有机材料所得的副产品，包括煤焦油蒸馏后的残余物即煤沥青，木焦油蒸馏后的残余物即木沥青等。页岩沥青是由页岩提炼石油后的残渣加工制得的。

工程中常用的沥青材料主要为石油沥青和煤沥青。

## 8.1.2　石油沥青

石油沥青是由天然原油炼制各种成品油后，经加工所得的重质产品，是黑色或棕褐色的黏稠状或固体状物质，燃烧时略有松香或石油味，但无刺激臭味，韧性较好，略有弹性。

石油沥青按原油的成分分为：石蜡基沥青、沥青基沥青和混合基沥青；按加工方法不同分为：直馏沥青、氧化沥青、裂化沥青等；按沥青用途不同分为：道路石油沥青、建筑石油沥青、专用石油沥青和普通石油沥青。

### 8.1.2.1　石油沥青的组分

石油沥青是有多种碳氢化合物及其非金属（氧、硫、氮）的衍生物组成的混合物，它是石油中的分子量最大、组成和结构最为复杂的部分。一般情况下，沥青分为油分、树脂和地质沥青三种组分。沥青中除了三大组分以外，还含有其他成分，但由于含量很少，因此可忽略不计。

（1）油分。是淡黄色至红褐色的黏性透明液体，分子量为 200～700，几乎溶于所有溶剂，密度小于 1，含量 40％～60％，它使沥青具有流动性。

（2）树脂。是红褐色至黑褐色的黏稠的半固体，分子量为 500～3000，密度略大于 1，含量 15％～30％。在沥青中绝大部分属于中性树脂，它使沥青具有良好的塑性和黏结性，另有少量（约 1％）的酸性树脂，是沥青中表面活性物质，能增强沥青与矿质材料的黏结。

（3）地沥青质。是深褐色至黑褐色粉末状固体颗粒，分子量为 1000～5000，密度大于 1，含量 10％～30％，加热时不熔化，在高温时分解成焦炭状物质和气体。它能提高沥青的黏滞性和耐热性，但含量增多时会降低沥青的低温塑性，是决定沥青性质的主要成分。

此外，沥青中还含有少量的石蜡、沥青碳等有害物质。

### 8.1.2.2　石油沥青的结构

根据沥青中各组成相对比例不同将胶体材料分为溶胶结构、溶凝胶结构和凝胶结构。沥青中的油分和树脂可以互溶，而只有树脂才能浸润地沥青质。以地沥青质为核心，周围吸附部分树脂和油分，构成胶团，无数胶团分散在油分中形成胶体结构，并随着各化学组分的含量及温度而变化，使沥青形成了不同类型的胶体结构，这些结构使石油沥青具有各种不同的技术性质。石油沥青的结构状态随温度不同而改变。

### 8.1.2.3　石油沥青的主要技术性质

（1）黏滞性。黏滞性是沥青在外力作用下抵抗发生变形的性能指标。不同沥青的黏滞性变化范围很大，主要由沥青的组分和温度而定，一般随地沥青质的含量增加而增大，随温度的升高而降低。液体沥青黏滞性指标是黏滞度。

（2）塑性。沥青在外力作用下产生变形，除去外力后仍保持变形后的形状不变，而且不发生破坏（裂缝或断开）的性能称为塑性。塑性反映了沥青开裂后自愈能力及受机械应力作用后变形而不破坏的能力。沥青之所以能被制造成性能良好的柔性防水材料，很大程度上取决于这种性质。沥青的塑性用“延伸度”或“延伸率”表示。

(3) 温度稳定性。温度稳定性也称温度敏感性，是指沥青的黏滞性和塑性在温度变化时不产生较大变化的性能。温度稳定性包括耐高温的性质及耐低温的性质。耐高温即耐热性是指石油沥青在高温下不软化，不流淌的性能。固态、半固态沥青的耐热性用软化点表示。

(4) 大气稳定性。大气稳定性也称沥青的耐久性，是指沥青在热、阳光、氧气和潮湿等大气因素的长期综合作用下，抵抗老化的性能。在大气因素的综合作用下，沥青中各组分会发生不断递变，低分子化合物将逐步转变成高分子物质，即油分和树脂逐渐减少，而地沥青质逐渐增多，沥青的流动性和塑性将逐渐减小，硬脆性逐渐增大，直至脆裂，丧失使用功能，这个过程称为石油沥青的老化。大气稳定性可用测定加热损失及加热前后针入度、软化点等性质的改变值来表示。加热损失和加热前后针入度。

(5) 最高加热温度。各种沥青都必须有其固定的最高加热温度，其值必须低于闪点和燃点。施工现场在熬制沥青时，应特别注意加热温度。当超过最高加热温度时，由于油分的挥发，可能发生沥青锅起火、爆炸、烫伤人等事故。闪点是指沥青达到软化点后再继续加热，则会发生热分解而产生挥发性的气体，当与空气混合，在一定条件下与火焰接触，初次产生蓝色闪光时的沥青温度。燃点是指沥青温度达到闪火点，温度如再上升，与火接触而产生的火焰能持续燃烧5s以上时，这个开始燃烧时的温度即为燃点。沥青的闪点和燃点的温度值通常相差10℃。液体沥青由于轻质成分较多，闪点和燃点的温度值相差很小。

(6) 溶解度。沥青的溶解度是指沥青在溶剂中（苯或二硫化碳）可溶部分质量占全部质量的百分率。沥青溶解度可用来确定沥青中有害杂质含量。沥青中有害物质含量多，主要会降低沥青的黏滞性。一般石油沥青溶解度高达98%以上，而天然沥青因含不溶性矿物质，溶解度低。

(7) 水分。沥青几乎不溶于水，具有良好的防水性能。但沥青材料也不是绝对不含水的。水在纯沥青中的溶解度约在0.001%～0.01%之间。沥青吸收的水分取决于所含能溶于水的盐的成分，沥青含盐分越多，水作用时间越长，水分就越大。由于沥青中含有水分，施工前要进行加热熬制。沥青在加热过程中水分形成泡沫，并随温度的升高而增多，易发生溢锅现象，以致引起火灾。所以在加热过程中，应不断搅拌，促进水分蒸发，并降低加热温度，锅内沥青不要装得过满。

#### 8.1.2.4 石油沥青的简易鉴别

石油沥青的鉴别方法见表8.2。

**表8.2　　石油沥青的鉴别方法**

| 沥青形态 | 外观简易鉴别 |
| --- | --- |
| 固体 | 敲碎，检查新断口处，色黑而发亮的质好，暗淡的质差 |
| 半固体 | 即膏状体。取少许，拉成细丝，愈细长，质量愈好 |
| 液体 | 黏性强，有光泽，没有沉淀和杂质的较好。也可用一根小木条插入液体内，轻轻搅动几下后提起，在细丝愈长的质量愈好 |

#### 8.1.2.5 建筑石油沥青的标准

建筑石油沥青标准见表8.3。

表 8.3　　　　**建筑石油沥青标准**

| 项目 | 质量指标 | | | 试验方法 |
|---|---|---|---|---|
| | 10 号 | 30 号 | 40 号 | |
| 针入度（25℃，100g，5s）/（1/10mm） | 10～25 | 26～35 | 36～50 | GB/T 4509 |
| 针入度（46℃，100g，5s）/（1/10mm） | 报告[a] | 报告[a] | 报告[a] | |
| 针入度（0℃，200g，5s）/（1/10mm），⩾ | 3 | 6 | 6 | |
| 延度（25℃，5cm/min）/cm，⩾ | 1.5 | 2.5 | 3.5 | GB/T 4508 |
| 软化点（环球法）/℃，⩾ | 95 | 75 | 60 | GB/T 4507 |
| 溶解度（三氯乙烯）/℃，⩾ | 99.0 | | | GB/T 11148 |
| 蒸发后质量变化（163℃，5h）/%，⩽ | 1 | | | GB/T 11964 |
| 蒸发后针入度比 b/%，⩾ | 65 | | | GB/T 4509 |
| 闪点（开口杯法）/℃，⩾ | 260 | | | GB/T 267 |

a　报告应为实测值。

b　测定蒸发损失后样品的针入度与原针入度之比乘以 100 后，所得的面分比，称为蒸发后针入度比。

#### 8.1.2.6　石油沥青的应用

建筑石油沥青主要用于屋面、地下防水及沟槽防水、防腐蚀等工程。道路石油沥青主要用于配制沥青混凝土或沥青砂浆，用于道路路面或工业厂房地面等工程。根据工程需要还可以将建筑石油沥青与道路石油沥青掺合使用。

### 8.1.3　煤沥青

#### 8.1.3.1　煤沥青的分类

煤沥青是炼焦或生产煤气的副产品烟煤干馏时所挥发的物质冷凝为煤焦油，煤焦油经分馏加工以后剩余的残渣即为煤沥青。

煤沥青可分为硬煤沥青和软煤沥青两种。硬煤沥青是从煤焦油中蒸馏出轻油、中油、重油及蒽油之后的残留物，常温下一般呈硬的固体；软煤沥青是从煤焦油中蒸馏出水分、轻油及部分中油后得的产品。由于软煤沥青中保留一部分油质，故常温下呈黏稠液体或半固体。建筑工程中使用硬煤沥青时需掺一定量的焦油进行回配。

#### 8.1.3.2　煤沥青的技术性质

煤沥青的技术性质按 GB 2290—2012 规定，见表 8.4。

表 8.4　　　　**煤沥青的技术指标**

| 序号 | 指标名称 | 低温沥青 | | 中温沥青 | | 高温沥青 | |
|---|---|---|---|---|---|---|---|
| | | 1 号 | 2 号 | 1 号 | 2 号 | 1 号 | 2 号 |
| 1 | 软化点（环球法）/℃ | 30～45 | 45～75 | 80～90 | 75～95 | 95～100 | 95～120 |
| 2 | 甲苯不溶物含量/% | — | — | 15～25 | ⩽25 | ⩾24 | — |
| 3 | 灰分/%，⩽ | — | — | 0.3 | 0.5 | 0.3 | — |
| 4 | 水分/%，⩽ | — | — | 5.0 | 5.0 | 4.0 | 5.0 |
| 5 | 结焦值/%，⩾ | | | 45 | — | 52 | — |
| 6 | 喹啉不溶物含量/%，⩽ | — | — | 10 | — | — | — |

#### 8.1.3.3　煤沥青与石油沥青的区别

石油沥青与煤沥青的主要区别见表 8.5。

表 8.5　石油沥青与煤沥青的主要区别

| 性　质 | 石　油　沥　青 | 煤　沥　青 |
|---|---|---|
| 密度 | 近于1.0 | 1.25～1.28 |
| 燃烧 | 烟少、无色、有松香味、无毒 | 烟多、黄色、臭味大、有毒 |
| 锤击 | 韧性较好 | 韧性差、较脆 |
| 颜色 | 呈辉亮褐色 | 浓黑色 |
| 溶解 | 易溶于煤油或汽油中，呈棕黑色 | 难溶于煤油或汽油中，呈绿色 |
| 温度稳定性 | 较好 | 较差 |
| 大气稳定性 | 较高 | 较低 |
| 防水性 | 较好 | 较差（含酚，能溶于水） |
| 抗腐蚀性 | 差 | 强 |

#### 8.1.3.4　煤沥青的应用

煤沥青的主要技术性质多都不如石油沥青好，且有毒，易污染水质，因此，在水利工程中很少应用，主要用于防腐及路面工程。使用煤沥青时，应严格遵守国家规定的安全操作规程，防止中毒。煤沥青与石油沥青一般不宜混合使用。

### 8.1.4　改性沥青

改性沥青是对沥青进行氧化、乳化、催化、或者掺入橡胶树脂等物质，使沥青的性质得到不同程度的改善。

改性沥青一般分为橡胶改性沥青、树脂改性沥青、橡胶和树脂改性沥青、再生胶改性沥青及矿物填充剂改性沥青等。

1. 橡胶改性沥青

沥青与橡胶的混溶性较好，两者混溶后的改性沥青高温变形很小，低温时具有一定塑性。所用的橡胶有天然橡胶、合成橡胶（氯丁橡胶、丁基橡胶和丁苯橡胶等）、废旧橡胶。使用不同品种橡胶及掺入的量与方法不同，形成的改性沥青性能也不同。

2. 树脂改性沥青

在沥青中掺入树脂改性，可以改善耐寒性、耐热性、黏结性和不透气性。树脂与石油沥青的相溶性较差，与煤沥青较好。常用的树脂有聚乙烯、聚丙烯、无规聚丙烯等。

3. 橡胶和树脂改性沥青

橡胶和树脂改性沥青是指沥青、橡胶和树脂三者混溶的改性沥青。混溶后兼有橡胶和树脂的特性，能获得较好的技术经济效果。

4. 再生胶改性沥青

再生胶改性沥青是指掺入废橡胶改性沥青。使其具有橡胶的一些特性。

5. 矿物填充剂改性沥青

在沥青中掺入矿物填充料，用以增加沥青的黏结力、柔韧性等。常用的矿物粉有滑石粉、石灰粉、云母粉、石棉粉、硅藻土等。

### 8.1.5　沥青材料的储运

沥青储运时，应按不同的品种及牌号分别堆放，避免混放混运，储存时应尽可能避开热源及阳光照射，还应防止其他杂物及水分混入。沥青热用时其加热温度不得超过最高加热温度，加热时间不宜过长，同时避免反复加热，使用时要防火，对于有毒性的沥青材料还要防止中毒。

## 任务8.2　沥青防水材料

### 任务导航：

任务内容及要求

| 知识目标 | 能力目标 | 素质目标 | 考核方式 |
| --- | --- | --- | --- |
| 1. 了解沥青防水卷材的类型；<br>2. 了解沥青胶和沥青防水土料的应用 | 能够正确选择沥青防水材料 | 1. 培养良好的职业道德，养成科学严谨的职业操守；<br>2. 培养学生科学、缜密、严谨、实事求是的作风 | 过程性评价：考勤、课堂提问及课后作业 |

### 8.2.1　沥青防水卷材

#### 8.2.1.1　油毡和油纸

油纸是用低软化点石油沥青浸渍原纸（一种生产油毡的专用纸）而成的一种无涂盖层的防水卷材。油纸按原纸 $1m^2$ 的质量克数分为200、350两个标号。油纸多适用于防潮层。

油毡是采用高软化点沥青涂盖油纸的两面，再涂撒隔离材料所制成的一种纸胎防水材料。涂散粉状材料（如滑石粉）称“粉毡”，涂撒片状材料（如云母）称“片毡”。

油毡的幅宽分为915mm和1000mm两种规格。

油毡分为200号、350号和500号三种标号。200号油毡适用于简易防水或临时性建筑防水、防潮。350号和500号粉毡常用做多层防水；片毡适用于单层防水。

#### 8.2.1.2　玻璃丝油毡及玻璃布油毡

用石油沥青浸渍玻璃丝薄毡和玻璃布的两面，并撒以粉状防粘物质而成。玻璃丝油毡的抗拉强度略低于350号纸胎油毡，其他性能均高于纸胎油毡。沥青玻璃布油毡的抗拉强度高于500号纸胎油毡，还具柔性好、耐腐蚀性强、耐久性高的特点。这种油毡适用于地下防水层、防腐层及屋面防水等，在水利工程中常用于渠道、坝面的防水层或修补加固等。

#### 8.2.1.3　其他胎基沥青防水卷

除纸胎油毡和玻璃丝布油毡外，沥青防水卷材还可用石棉布、麻布等作胎料，制成石棉布油毡和麻布油毡等。其抗拉强度及耐久性能均较纸胎油毡好，但价格较高。

#### 8.2.1.4　改性沥青防水卷材

普通沥青防水卷材的低温柔性、延伸性、拉伸强度等性能尚不理想，耐久性也不高，使用年限一般为5～8年。采用新型胎料和改性沥青，可有效地提高沥青防水卷材的使用年限、技术性能、冷施工及操作性能，还可降低污染，有效地提高了防水质量。

## 8.2.2 沥青胶

沥青胶又称沥青玛𤧛脂，是用沥青粉状或纤维状填充料以及改性添加剂等材料配制而成的混合料。按其胶粘工艺分为热粘型沥青胶和冷粘型沥青胶。热用沥青胶是由加热溶化的沥青与加热的矿质填充料配制而成；冷用沥青胶是由沥青溶液或乳化沥青与常温状态的矿质填充料配制而成。

沥青胶应具有良好的黏结性、柔韧性、耐热性，还要便于涂刷或灌注。工程中常用的热用沥青胶，其性能主要取决于原材料的性质及其组成。

沥青是影响沥青胶性能的主要因素。沥青的软化点越高，则沥青胶的耐热性越高。所用沥青的软化点，一般应高于防水层表面及其周围介质可能出现的最高温度20～25℃，且不得低于40℃。沥青延伸度越大，配制的沥青胶柔韧性越好。

矿质填充料可以提高沥青胶的耐热性、减少低温脆性，增加黏结力。为了提高沥青胶的黏结力，矿质填充料应选用碱性的。常用的粉状填充料有滑石粉、石灰石粉，也可用水泥及粉煤灰，纤维状填充料主要有石棉。两种填充料也可混合使用。

热用沥青胶的各种材料用量：一般沥青材料占70%～80%，粉状矿质填充料（矿粉）为20%～30%，纤维状填充料为5%～15%。矿粉越多，沥青胶的耐热性越高，黏结力越大，但柔性降低，施工流动性也较差。

配制热用沥青胶，是先将矿粉加热到100～110℃，然后慢慢地倒入已熔化的沥青中，继续加热并搅拌均匀，直到具有需要的流动性即可使用。沥青的加热温度和沥青胶搅拌控制温度，视沥青牌号而定，一般为160～200℃，牌号小的沥青可选择较高的加热温度。

冷用沥青胶中沥青用量为40%～50%，稀释剂25%～30%，矿粉10%～30%。它可在常温下施工，能涂刷成均匀的薄层，但成本高，使用较少。

沥青胶的用途较广，可用于黏结沥青防水卷材、沥青混合料、水泥砂浆及水泥混凝土；并可用作接缝填充材料，大坝伸缩缝的止水井等。

## 8.2.3 沥青防水涂料

沥青防水涂料是指以沥青、合成高分子材料为主体，在常温下呈无定型液态，经涂布并能在结构物表面形成坚韧防水膜的物料的总称。

### 8.2.3.1 沥青溶液

沥青溶液（冷底子油）是沥青加稀释剂而制成的一种渗透力很强的液体沥青。多用建筑石油沥青和60号道路石油沥青，与汽油、煤油、柴油等稀释剂配制。配制时，将熔化的沥青成细流状加入稀释剂中。对挥发慢的稀释剂（柴油等），沥青加热温度不得超过110℃；对挥发快的稀释剂（汽油等），则不得超过80℃。

沥青溶液由于黏度小，能渗入混凝土和木材等材料的毛细孔中，待稀释剂挥发后，在其表面形成一层黏附牢固的沥青薄膜。建筑工程中常用于防水层的底层，以增强底层与其他防水材料的黏结。因此，常把沥青溶液称为冷底子油。在干燥底层上用的冷底子油，应

以挥发快的稀释剂配制；而潮湿底层则应用慢挥发性的稀释剂配制。沥青溶液中沥青含量一般为30%～60%。当用作冷底子油时，沥青用量一般为30%，溶液较稀有利于渗入底层，当用作沥青混合料层间结合时，沥青用量可提高到60%左右。

#### 8.2.3.2　乳化沥青

将液态的沥青、水和乳化剂在容器中经强烈搅拌，沥青则以微粒状分散于水中，形成的乳状沥青液体，称为乳化沥青。

沥青是憎水性材料，极难溶于水，但由于沥青在强力搅拌下被碎裂为微粒，并吸附乳化剂使其带电荷，带同性电的微粒互相排斥，阻碍沥青微粒的相互凝聚而成为稳定的乳化沥青。乳化沥青中，沥青含量通常为55%～65%，乳化剂的掺量约为0.1%～2.5%，含乳化剂的水约35%～45%。

一般常用180号、140号、100号的石油沥青配制乳化沥青。如用低牌号的沥青，应掺入重油后使用。

通常用的乳化剂有石灰膏、肥皂、洗衣粉、十八烷基氯化铵及烷基丙烯二胺等。石灰膏乳化剂来源广泛，价格低廉，使用较多，但要注意其稳定性较差。

### 8.2.4　防水嵌缝材料

防水嵌缝材料的品种很多，在工程中主要起黏结和防水作用，常用的有聚氯乙烯胶泥、沥青鱼油油膏等。主要用于渠道、渡槽等伸缩缝的填料，也可修补裂缝。

聚氯乙烯塑料油膏是在聚氯乙烯胶泥基础上改性、发展而得到的产品。其原材料、生产工艺以及技术性质与聚氯乙烯胶泥基本相同，不同的是油膏中加入了适当的稀释剂，如二甲苯、芳香油等。聚氯乙烯塑料油膏可以成品供应市场，使用时现场加热溶化即可嵌缝，涂刷于屋面或结构物表面，以及粘贴油毡等。若选用废旧聚氯乙烯塑料代替聚氯乙烯树脂为原料，可显著降低成本。

## 任务8.3　沥青混合料

**任务导航：**

任务内容及要求

| 知识目标 | 能力目标 | 素质目标 | 考核方式 |
| --- | --- | --- | --- |
| 1. 了解沥青混合料的分类；<br>2. 熟悉水工沥青混凝土的组成材料；<br>3. 掌握沥青混凝土的主要技术性质；<br>4. 了解沥青混凝土在水利工程中的的应用 | 能够正确选择矿物质材料进而配制沥青混合料 | 1. 培养良好的职业道德，养成科学严谨的职业操守；<br>2. 培养学生科学、缜密、严谨、实事求是的作风 | 过程性评价：考勤、课堂提问及课后作业 |

沥青材料一般情况下很少单独使用，多数是与级配合适的矿物质材料拌和均匀配制成沥青混合料。

### 8.3.1 沥青混合料的分类

1. 按骨料最大粒径分

按骨料最大粒径分可分为粗粒式沥青混合料（骨料最大粒径为 35mm）；中粒式沥青混合料（骨料最大粒径为 25mm）；细粒式沥青混合料（骨料最大粒径为 15mm）；砂质式沥青混合料（骨料最大粒径为 5mm）。

2. 按沥青混合料压实后的密实度分

按沥青混合料压实后的密实度分可分为：

（1）密级配沥青混合料。沥青混合料中的矿质混合料中含有一定量的矿粉，矿质混合料级配良好，沥青混合料压实后的密实度大，孔隙率小于 5%。

（2）开级配沥青混合料。沥青混合料中的矿质混合料基本不含矿粉，沥青混合料压实后的密实度较小，孔隙率大于 5%。

（3）碎石型沥青混合料（沥青碎石）。沥青混合料中不含细骨料，压实后的孔隙率大于 15%。

密级配沥青混合料主要用于防水层，开级配沥青混合料及碎石型沥青混合料主要用于基层的整平、黏结和排水。

3. 按压实方法分

按压实方法分可分为：

（1）碾压式沥青混合料。新拌沥青混合料的流动性小，在施工铺筑时需要碾压振动才能密实。在水利工程及道路工程中应用最为广泛。

（2）灌注式沥青混合料。沥青混合料中沥青含量较多，拌和物的流动性较大，灌注后在自重作用下或略加振动就能密实。它适于用普通石油沥青等塑性较小的沥青拌制，能有效提高抗裂性。常在中、小型水利工程中使用。

4. 按使用方法分

按使用方法分可分为：

（1）热拌热用沥青混合料。施工时先将矿料加热，沥青熔化，然后在热的状态下进行搅拌、摊铺、压实，待温度下降后即硬化。这种沥青混合料的质量较高，水工建筑的防水结构及道路路面多采用这种沥青混合料。

（2）热拌冷用沥青混合料。施工时先将组成材料分别加热后进行拌和，然后在常温下进行摊铺、压实。这种沥青混合料，多采用黏滞性小的沥青。

（3）冷拌冷用沥青混合料。施工时用稀释剂将沥青溶成胶体，在常温下与矿质材料拌和，使用时待稀释剂挥发后沥青混合料即硬化。此法施工方便，但要消耗大量的有机稀释剂，建筑上应用较少，常用于维修工程。

在工程中常用的沥青混合料主要包括沥青混凝土和沥青砂浆，因为沥青砂浆的技术性质跟沥青混凝土有相似之处，所以本节主要介绍水工沥青混凝土。

水工沥青混凝土是由沥青和石子、砂，填充料按适当比例配制而成。

### 8.3.2　水工沥青混凝土的组成材料

水工沥青混凝土由石油沥青、矿质材料和外加剂组成。

1. 石油沥青

沥青混凝土用的沥青材料，应根据气候条件、建筑物工作条件、沥青混凝土的种类和施工方法等条件选择。水工沥青混凝土多采用60号或100号的道路石油沥青配制。

2. 矿质材料

沥青混凝土一般选用质地坚硬、密实、清洁、不含过量有害杂质、级配良好的碱性岩石（如石灰岩、白云岩、玄武岩、辉绿岩等），并且要有良好的黏结性。

细骨料可采用天然砂或人工砂，均应级配良好、清洁、坚固、耐久，不含有害杂质。

填充料又称矿粉，是指碱性矿粉（石灰石粉、白云石粉、大理石粉、水泥等）。其含水率应小于1%且不含团块；应全部通过0.6mm的筛，通过0.074mm的筛含量应大于80%。矿粉能提高沥青混凝土的强度、热稳定性及耐久性。

3. 外加剂

为改善沥青混凝土的性能而掺入的少量物质称为外加剂。常用的有石棉、消石灰、聚酰胺树脂及其他物质。掺入石棉可提高沥青混凝土的热稳定性、抗弯强度、抗裂性等，一般选用短纤维石棉，掺量为矿质材料的1%～2%。掺入消石灰、聚酰胺树脂可提高沥青与酸性矿料的黏聚性、水稳定性。消石灰掺量为矿质材料的2%～3%，聚酰胺树脂掺量为沥青用量的0.02%。

### 8.3.3　水工沥青混凝土的技术性质

水工沥青混凝土的技术性质应满足工程的设计要求，具有与施工条件相适应的和易性。其主要技术性质包括和易性、力学性质、抗渗性、热稳定性、柔性、大气稳定性、耐水性等。

1. 和易性

和易性是指沥青混凝土在拌和、运输、摊铺及压实过程中具有与施工条件相适应、既保证质量又便于施工的性能。沥青混凝土和易性目前尚无成熟的测定方法，多是凭经验判定。

2. 力学性质

沥青混凝土的力学性能包括强度及变形。沥青混凝土的破坏主要有：一次荷载作用的破坏、疲劳破坏和徐变破坏。

3. 热稳定性

热稳定性又称耐热性，是指沥青混凝土在高温下抵抗塑性流动的性能。当温度升高时，沥青的黏滞性降低，使沥青与矿料的黏结力下降。因此，沥青混凝土的强度降低，塑性增加。对于暴露在大气中的沥青混凝土，它的温度可比气温高出 20～30℃。因此，沥青混凝土必须具有良好的热稳定性。

4. 柔性

柔性是指沥青混凝土在自重或外力作用下，适应变形而不产生裂缝的性质。柔性好的沥青混凝土适应变形能力大，即使产生裂缝，在高水头的作用下也能自行封闭。

沥青混凝土的柔性主要取决于沥青的性质及用量。用延伸度大的沥青，配制的沥青混凝土的柔性较好；增加沥青用量、采用较细的及连续级配的骨料、减少填充料的用量，均可提高沥青混凝土的柔性。

采用增加沥青用量、并减少填充料用量的方法，是解决用低延伸度沥青配制具有较高柔性沥青混凝土的一个有效方法。

5. 大气稳定性

在大气综合因素作用下，沥青混凝土保持物理力学性质稳定的性能，称为大气稳定性。水工沥青混凝土的大气稳定性，与其密实度和所处的工作条件有关。实践证明，对水上部分孔隙率在 5%以下的沥青混凝土及长期处于水下部位的沥青混凝土，一般不易老化，大气稳定性较好，较耐久。沥青混凝土的大气稳定性，可根据沥青针入度及软化点随时间变化的情况来判断，变化较小者，其大气稳定性较高。

6. 水稳定性

水稳定性是指水工沥青混凝土长期在水作用下，其物理力学性能保持稳定的性质。沥青混凝土长期处于水中，由于水分浸入会削弱沥青与骨料之间的黏结力，使沥青与骨料剥离而逐渐破坏，或遭受冻融作用而破坏。因此，沥青混凝土的水稳定性，取决于沥青混凝土的密实程度及沥青与矿料间的黏结力，沥青混凝土的孔隙率越小，水稳定性越高，一般认为孔隙率小于 4%时，其水稳定性是有保证的。采用黏滞性大的沥青及碱性矿料都能提高沥青混凝土的水稳定性。

7. 抗渗性

沥青混凝土的抗渗性用渗透系数（cm/s）来表示。防渗用沥青混凝土的渗透系数一般为 $10^{-7}$～$10^{-10}$cm/s；排水层用沥青混凝土的渗透系数一般为 $10^{-1}$～$10^{-2}$cm/s。

沥青混凝土的抗渗性取决于矿质混合料的级配、填充空隙的沥青用量，以及碾压后的密实程度。一般，矿料的级配良好、沥青用量较多、密实性好的沥青混凝土，其抗渗性较强。沥青混凝土的抗渗性与孔隙率之间的关系，孔隙率越小其渗透系数就越小、抗渗性越大。一般孔隙率在 4%以下时，渗透系数可小于 $10^{-7}$cm/s。因此，在设计和施工中，常以 4%的孔隙率作为控制防渗沥青混凝土的控制指标。

### 8.3.4 沥青混凝土在水利工程中的应用

沥青混凝土在水工结构物主要用于以下部位：防水层沥青混凝土、排水层沥青混凝土、反滤层或找平层沥青混凝土、保护层沥青混凝土、水下沥青混凝土、防护性沥青混凝土。

# 任务 8.4　沥青的取样与检测

## 任务导航：

任务内容及要求

| 知识目标 | 能力目标 | 素质目标 | 考核方式 |
| --- | --- | --- | --- |
| 1. 掌握沥青的取样方法与步骤；<br>2. 掌握沥青针入度的测定方法；<br>3. 掌握沥青延度的测定方法；<br>4. 掌握沥青软化点的测定方法 | 1. 能够正确进行沥青的取样。<br>2. 能够对沥青的针入度、延度及软化点进行测定，并完成数据的处理 | 1. 培养良好的职业道德，养成科学严谨的职业操守；<br>2. 培养学生科学、缜密、严谨、实事求是；<br>3. 培养学生的团队合作意识 | 过程性评价：考勤、课堂提问及课后作业 |

### 8.4.1　沥青的取样

#### 8.4.1.1　适用范围

进行沥青性质常规检验的取样数量为：黏稠或固体沥青不少于 1～2kg；液体沥青不少于 1L；沥青乳液不少于 4L。

进行沥青性质非常规检验及沥青混合料性质试验所需的沥青数量，应根据实际需要确定。

#### 8.4.1.2　仪具与材料

1. 盛样器

根据沥青的品种选择。液体或黏稠沥青采用广口、密封带盖的金属容器（如锅、桶等）。

乳化沥青也可使用广口、带盖的聚氯乙烯塑料桶；固体沥青可用塑料袋，但需有外包装，以便携运。

2. 沥青取样器

金属制、带塞、塞上有金属长柄提手，形状如图 8.1 所示。

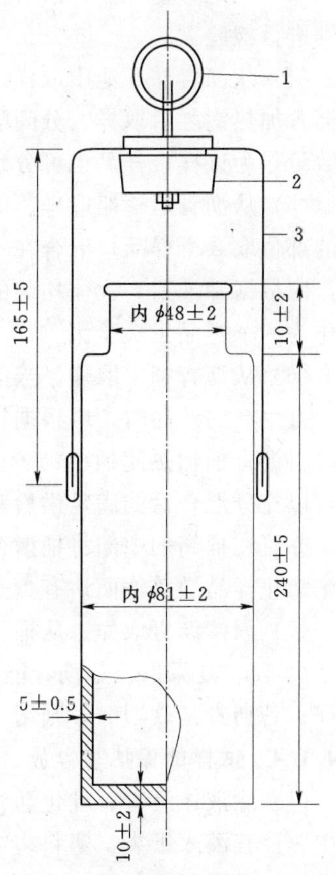


图 8.1　沥青取样器（单位：mm）
1—吊环；2—聚四氟乙烯塞；3—手柄

#### 8.4.1.3　方法与步骤

1. 准备工作

检查取样和盛样器是否干净、干燥，盖子是否配合严密。使用过的取样器或金属桶等盛样容器必须洗净、干燥后才可使用。对供质量仲裁用的沥青试样，应采用未使用过的新容器存效，且由供需双方人员共同取样，取样后双方在密封上签字盖章。

2. 试验步骤

(1) 从储油罐中取样。

1) 无搅拌设备的储罐：液体沥青或经加热已经变成流体的黏稠沥青取样时，应先关闭进油阀和出油阀，然后取样。用取样器按液面上、中、下位置（液面高各为 1/3 等分处，但距罐底不得低于总液面高度的 1/6）各取规定数量样品。每层取样后，取样器应尽可能倒净。当储罐过深时，亦可在流出口按不同流出深度分 3 次取样。对静态存取的沥青，不得仅从罐顶用小桶取样，也不能仅从罐底阀门流出少量沥青取样。将取出的 3 个样品充分混合后取规定数量样品作为试样，样品也可分别进行检验。

2) 有搅拌设备的储罐：将液体沥青或经加热已经变成流体的黏稠沥青充分搅拌后，用取样器从沥青层的中部取规定数量试样。

(2) 从槽车、罐车、沥青洒布车中取样。设有取样阀时，可旋开取样阀，待流出至少 4kg 或 4L 后再取样。取样阀如图 8.2 所示。仅有放料阀时，待放出全部沥青的一半时再取样。从顶盖处取样，可用取样器从中部取样。

(3) 在装料或卸料过程中取样。在装料或卸料过程中取样时，要按时间间隔均匀地取至少 3 个规定数量样品，然后将这些样品充分混合后取规定数量样品作为试样。样品也可分别进行检验。

(4) 从沥青储存池中取样。沥青储存池中的沥青应待加热熔化后，经管道或沥青泵流至沥青加热锅之后取样。分间隔每锅至少取 3 个样品，然后将这些样品充分混匀后再取规定数量作为试样，样品也可分别进行检验。

(5) 从沥青运输船取样。沥青运输船到港后，应分别从每个沥青仓取样，每个仓从不同的部位取 3 个样品，混合在一起，作为一个仓的沥青样品供检验用。在卸油过程中取样时，应根据卸油量，大体均匀的分间隔 3 次从卸油口或管道途中的取样口取样，然后混合作为一个样品供检验用。

(6) 从沥青桶中取样。当能确认是同一批生产的产品时，可随机取样。如不能确认是同一批生产的产品时，应根据桶数按照表 1 规定或按总桶数的立方根数随机选出沥青桶数。将沥青桶加热使桶中沥青全部熔化成流体后，按罐车取样方法取样。每个样品的数量，以充分混合后能满足供检验用样品的规定数量要求为限。若沥青桶不便加热熔化沥青时，亦可在桶高的中部将桶凿开取样，但样品应在距桶壁 5cm 以上的内部凿取，并采取措施防止样品散落地面沾有尘土。

(7) 固体沥青取样。从桶、袋、箱装或散装整块中取样，应在表面以下及容器侧面以内至少 5cm 处采取。如沥青能够打碎，可用一个干净的工具将一沥青打碎后取中间部分试样；若沥青是软塑的，则用一个干净的热工具切割取样。

**8.4.1.4 试样的保护与存放**

(1) 除液体沥青、乳化沥青外，所有需加热的沥青试样必须存放在密封带盖的金属容器中，严禁灌入纸袋、塑料袋中存放。试样应存放在阴凉干净处，注意防止试样污染。装有试样的盛样器应加盖、密封，外部擦拭干净，并在其上标明试样来源、品种、取样日期、地点及取样人。

（2）冬季乳化沥青试样要注意采取妥善防冻措施。

（3）除试样的一部分用于检验外，其余试样应妥善保存备用。

（4）试样需加热采取时，应一次取够一批试验所需的数量装入另一盛样器，其余试样密封保存，应尽量减少重复加热取样。用于质量仲裁检验的样品，重复加热的次数不得超过两次。

## 8.4.2　沥青试样准备方法

### 8.4.2.1　目的与适用范围

（1）适用于黏稠道路石油沥青、煤沥青等需要加热后才能进行试验的沥青试样，准备好的样可立即进行各项试验。

（2）也适用于在试验室按比例制备乳液试样。

### 8.4.2.2　热沥青试样制备

（1）沥青试样脱水。当试样中无水时，烘箱温度控制在软化点以上 90℃，通常为 135℃左右，不得直接采用明火加热。当试样中有水分时，先在 80℃左右的烘箱中烘至全部熔化，然后在 100℃以下可控温的砂浴、油锅、加热套上脱水至无泡沫为止，时间不得超过 30min，并用玻璃棒搅拌防止局部过热，最后加热到软化点以上 100℃（煤沥青 50℃）。

（2）将加热好的试样过 0.6mm 的滤筛，不等冷却立即一次灌入各项试验的模具中。

注意事项：

1）石油沥青在制样前不允许直接加热熔化，必须用烘箱加热 熔化，否则会影响沥青本身性能（如：针入度减小、延度变小等）。

2）脱水时，不得已采用明火时，必须加放石棉网隔热。

3）脱水时观察水分是否脱干净的标准是：试样表面无泡沫。

4）灌模过程中若温度下降可放入烘箱中适当加热，反复加热的次数不得超过 2 次，以防止沥青老化影响试验结果。

5）沥青灌模时，不得反复搅动沥青，避免混进气泡。

## 8.4.3　沥青密度及相对密度试验

### 8.4.3.1　目的与适用范围

适用于利用比重瓶测定各种沥青材料的密度及相对密度。

换算关系：沥青与水的相对密度＝沥青密度×0.996

（25℃/25℃）　　　（15℃）

比重瓶水值的测定：

（1）仔细洗净比重瓶，编号、烘干、冷却后称其质量（$m_1$）。

（2）将盛有蒸馏水的烧杯放到恒温水槽中，再将称量过的比重瓶及瓶塞放到烧杯中，一同恒温至少 30min。

（3）将瓶塞塞入瓶口，使多余的水由瓶塞上的毛孔挤出，然后再取出比重瓶，立即擦拭瓶塞顶部一次，迅速擦干瓶外面的水分，称量瓶＋水的质量（$m_2$）。

（4）试验温度时比重瓶的水值为：$m_2-m_1$。

图 8.2 沥青比重瓶

#### 8.4.3.2 密度测定步骤

1. 液体沥青

(1) 将试样过 0.6mm 滤筛后注入比重瓶(图 8.2) 中至满，再将瓶及瓶塞移到恒温水槽中保温至少 30min，注意不得使水浸入瓶内。

(2) 将瓶塞塞上，使多余试样从毛细孔中挤出，仔细擦掉多余的试样，然后再从水中取出比重瓶，立即擦干瓶外水分及试样，称量瓶+试样质量 ($m_3$)。

2. 黏稠沥青

(1) 将制备好的试样贯入瓶中约 2/3 处，冷却后称量瓶+试样质量。

(2) 将比重瓶及瓶塞放到已经恒温的蒸馏水烧杯中，恒温至少 30min 后，将瓶塞塞紧，擦干瓶塞及瓶外水分，称量瓶+试样+水的合质量 ($m_5$)。

3. 固体沥青

(1) 吹干或 50℃烘干试样，打碎，取 0.6～2.36mm 的粉碎试样至少 5g 放入比重瓶中，称量瓶+试样质量 ($m_6$)。

(2) 往比重瓶中注入蒸馏水至高出试样 1cm，加几滴表面活性剂，摇动比重瓶，使试样沉入水底，气泡逸出。

(3) 将恒温的蒸馏水注满比重瓶，塞上瓶塞，再一起放到烧杯中恒温至少 30min 后，取出比重瓶，擦干瓶盖及瓶外水分，称量称量瓶+试样+水的合质量 ($m_7$)。

#### 8.4.3.3 精密度及允许差

计算结果精确至 0.001，报告中应注明试验温度。

#### 8.4.3.4 注意事项

(1) 非经注明，测定沥青密度的标准温度为 15℃。

(2) 对于液体石油沥青，也可以采用适宜的液体比重计来测定。

(3) 比重瓶的水值一般每年至少测定一次。

(4) 擦拭比重瓶瓶塞顶部多余的水时，只能擦拭一次，即使由于膨胀瓶塞上有小水滴也不能再擦拭。

(5) 擦拭比重瓶瓶塞顶部多余的沥青试样时，仔细用蘸有三氯乙烯的棉花擦净挤出的试样，但必须保持孔中充满试样。

(6) 往比重瓶中灌样时，不得带进气泡。

(7) 若在水槽恒温过程中有气泡产生，用细针挑除。

(8) 测抽真空的固体沥青密度时，滴表面活性剂如果效果不好，可将其放到真空干燥箱中抽真空后再滴活性剂排气泡。

### 8.4.4 沥青针入度试验

#### 8.4.4.1 目的与适用范围

适用于测定道路石油沥青、改性沥青、液体石油沥青蒸馏或乳化沥青蒸发后残留物的

针入度。

标准试验条件：25℃、100g 荷重、贯入时间 5s。

**8.4.4.2　准备工作**

(1) 按试样制备方法制样，将试样注入盛样皿中，试样高度应超过预计针入度值 10mm，冷却，恒温。

(2) 调平针入度仪（图 8.3），检查针连杆是否能自由滑动。

**8.4.4.3　试验步骤**

(1) 取出已恒温的盛样皿，放到同样温度的平底玻璃皿中的三脚架上，使水面高出试样表面至少 10mm。

(2) 调整针尖刚好接触试样表面，调节刻度盘或显示器归零。

(3) 按动按钮，同时开动秒表计时，标准针自由下落贯入试样，5s 后停压按钮，读取标准针贯入试样的深度值 0.5 (0.1mm)。

(4) 换一根针重复测定，各测点之间及与盛样皿边缘的距离不应少于 10mm。

(5) 测定针入度指数 *PI* 时，按同样方法测定不同温度下的针入度值。

图 8.3　针入度仪

**8.4.4.4　结果处理**

针入度：同一试样 3 次平行结果的满足要求时，计算平均值，取整数作为结果值。

**8.4.4.5　注意事项**

(1) 针入度试验的关键是标准针的形状及尺寸，所以针入度针不是生产厂家随便配备的针，必须是符合规范要求尺寸的针，独立编号、独立包装。

(2) 试样准备时，灌模要注意不得带入气泡，若无法估计针入度时就灌满，用合适的用具盖住盛样皿，防止落入灰尘。

(3) 调节针与试样面接触时，应利用反光灯在试样表面找到针的倒影，调整针尖与倒影针尖刚好接触即可。

(4) 针入度大于 200 时，至少要用三根针测定，并且每次试验后不能将针拔出，以免破坏试样面。

(5) 测定针入度指数 *PI* 仲裁试验时，应该做 5 个不同温度条件。

## 8.4.5　沥青延度试验

**8.4.5.1　目的与适用范围**

适用于测定道路石油沥青、改性沥青（规范没有此项）、液体沥青蒸馏残留物或乳化沥青蒸发后残留物的延度。

通常试验温度：25℃、15℃、10℃、5℃。

拉伸速度为：(5±0.25) cm/min　[特殊：(1±0.05) cm/min]。

#### 8.4.5.2 准备工作

（1）将拌好的隔离剂涂到侧模内侧表面和底板上，并安装好。

（2）将制备好的试样仔细自试模一端至另一端往返注入，最后略高出试模，灌模过程中不得带进气泡。

（3）室温中冷却 30～40min，然后在试验温度的恒温水槽中恒温 30min 后，取出，用热刮刀刮平试样表面，再在恒温水槽中恒温 1～1.5h。

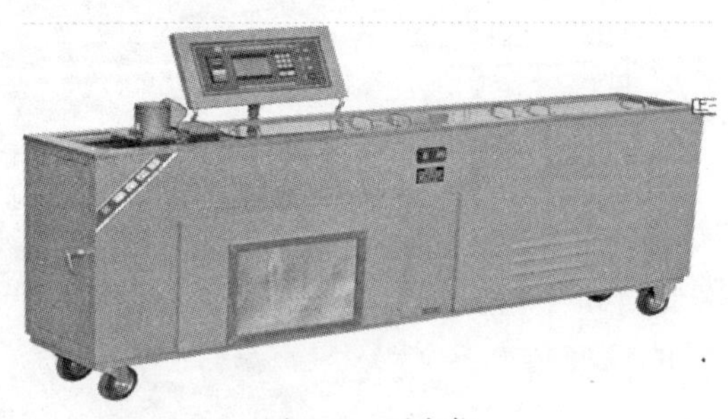

图 8.4 延度仪

（4）在延度仪中注水，并恒温至试验温度±0.5℃。

#### 8.4.5.3 试验步骤

（1）取掉底板和侧模，将端模的孔套在延度仪（图 8.4）上的金属柱上。

（2）开动仪器，注意观察试样的延伸情况。

（3）试样拉断时，读取拉伸的长度（以 cm 表示）。

#### 8.4.5.4 结果处理

同一试样，每次平行 3 个，如果 3 个结果均大于 100cm，则试验结果记作“＞100cm”；特殊需要可以分别记录实测值；如果 3 个结果中有一个以上的值小于 100cm 时，若最大或最小与平均值之差满足重复性误差要求，则取平均值的整数为试验结果，若大于 100cm，则试验结果记作“＞100cm”；若最大或最小与平均值之差不满足重复性误差要求，应重做。

#### 8.4.5.5 精密度或允许差

试验结果小于 100cm 时，重复性误差为平均值的 20%；复现性误差为平均值的 30%。

#### 8.4.5.6 注意事项

（1）在八字模上刷隔离剂时，要注意只能在两个侧模内侧表面和底板上涂，不能涂到两个端模上。

图 8.5 延度试模

（2）灌模时应将试样徐徐从试模（图 8.5）的一端灌入到另一端来回灌。

（3）在试验温度下恒温后，刮模时应该从中间向两边刮，并且尽量是一次性刮平，否则反复刮模试样温度会变化，无法保证试样面在试验温度时和试模齐平。

（4）开始拉伸后，水温应始终保持在试验温度范围内，仪器不得有振动，水面不得有晃动。

（5）若仪器有循环水泵，则拉伸时必须关掉水泵。

（6）试样拉伸断裂时的判断，如果沥青丝特别细，肉眼很难判断是否断裂，则可根据被拉直的沥青丝突然变弯曲的现象来判断试样是否被拉断。

（7）沥青丝漂浮或沉落时必须对水的密度进行调整，使两者的密度相近，然后重新进

行试验。

## 8.4.6　沥青软化点试验

### 8.4.6.1　目的与适用范围

适用于测定道路石油沥青、煤沥青的软化点，也适用于测定液体石油沥青蒸馏或乳化沥青破乳蒸发后的残留物的软化点。软化点测定仪如图 8.6 所示。

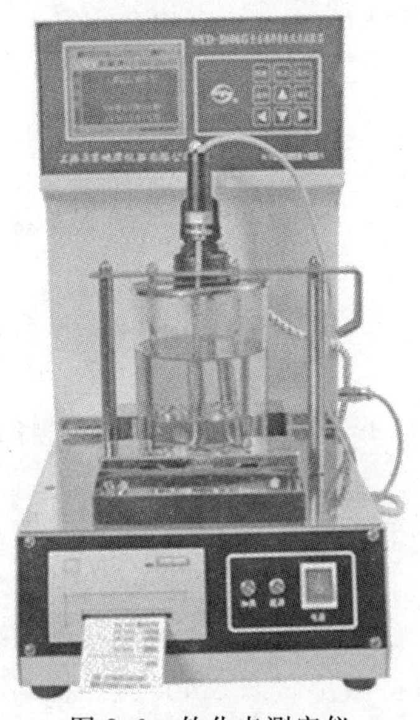

图 8.6　软化点测定仪

### 8.4.6.2　准备工作

（1）将制备好的试样徐徐灌入试样环中至略高出环面。

（2）在室温冷却 30min 后，用环夹夹住试样环，用热刮刀刮除多余的试样，使试样与环面齐平。

### 8.4.6.3　试验步骤

软化点在 80℃以下时：

（1）将试样、金属支架、钢球、定位环等置于（5±0.5）℃的恒温水槽中至少 15min。

（2）在烧杯中注入 5℃的蒸馏水，从恒温水槽中取出试样等，安装好放入烧杯中，再插入传感器或温度计。

（3）调整水面至深度标记，并保持水温为（5±0.5）℃。

（4）开始加热，搅拌，3min 内调节升温速度为（5±0.5）℃/min。

（5）记录每分钟上升的温度值，直到试样受热软化逐渐下坠，与支架下层底板接触时，立即读取温度。

软化点在 80℃以上时：试验步骤同上面，只是把恒温的条件改为（32±1）℃甘油中，在烧杯中注入预热至 32 ℃的甘油。

### 8.4.6.4　精密度或允许差

当软化点小于 80℃时，重复性允许差为 1℃，复现性为 4℃；当软化点不小于 80℃时，重复性允许差为 2℃，复现性为 8℃；平行试验两次，取平均值为软化点值，精确至 0.5℃。

### 8.4.6.5　注意事项

（1）灌模时，估计软化点高于 120℃时，不能采用玻璃板为底板，并且试样环和底板均应预热到 80～100℃，再灌模。

（2）灌模时，试样环放在涂有隔离剂底板上（试样环不能刷隔离剂），大口朝上，小口朝下放。

（3）刮模时间不同于其他试验（必须在试验温度条件下恒温后才能刮模），只是在室温下冷却后就可以刮模。

（4）将试样环、定位环等安装好后，放入烧杯的时候要上下提几次，以排除黏附在上面的气泡，开始加热的时候再在定位环中放入钢球，不能提前放钢球。

(5) 试验过程中必须记录每分钟上升的温度值，以此来判断升温速度是否超出要求的范围，否则试验应重做。

### 8.4.7 沥青与粗集料的黏附性试验

#### 8.4.7.1 目的与适用范围

适用于检验沥青与粗集料表面的黏附性及评定粗集料的抗水剥离能力。对最大粒径大于 13.2mm 的集料，采用水煮法；对最大粒径不大于 13.2mm 的集料，采用水浸法；对混合型的集料，过筛分开进行试验，分别遵循上述要求。

#### 8.4.7.2 试验步骤

1. 水煮法试验

(1) 取 13.2～19mm 之间形状接近立方体的规则集料 5 个，洗净、烘干，在干燥器中冷却，备用。

(2) 将集料逐个用细线在中部系牢，再放到 (105±5)℃ 烘箱中烘 1h，同时按照 T0602 制备沥青试样。

(3) 从烘箱中逐个取出颗粒，用线提起，浸入预先加热的沥青试样中 45s，轻轻提出，使集料表面完全被沥青膜裹覆。

(4) 将试样悬挂于试验架上，下面垫一张纸，使多余的沥青流掉，并在室温下冷却 15min。

(5) 将大烧杯中盛上水，并加热煮沸。

(6) 待集料颗粒冷却后，逐个用线提起浸入沸水中，保持微沸状态 3min 后，将集料从水中取出，观察颗粒表面沥青膜的剥落程度，按照要求评定其粘附性等级。

(7) 按照同样方法测定其余 4 个试样，并由两名以上经验丰富的试验人员分别评定后，取平均等级为试验结果。

2. 水浸法试验

(1) 取 9.5～13.2mm 形状规则的集料约 200g，洗净，烘干，冷却。

(2) 将制备好的沥青试样加热到 T0702（沥青混合料试件制作方法）的要求决定的沥青与矿料的拌和温度。

(3) 准确称取备好的试样约 100g，再放已经升温至要求的拌和温度以上 5℃的烘箱中，持续加热 1h。

(4) 按照每 100g 矿料 (5.5±0.2) g 的沥青比例称取沥青，放入拌和器中，在拌和温度下加热 15min。

(5) 取出集料和沥青，在拌和器中迅速拌和 1～1.5min，使集料完全被沥青膜裹覆，立即取出 20 个集料放到玻璃板上摊开，室温下冷却 1h。

(6) 将玻璃板及试样浸入 (80±1)℃的恒温水槽中 30min，将剥离及浮于水面的沥青捞出。

(7) 取出玻璃板，在浸入冷水中，仔细观察沥青膜的剥落情况。

#### 8.4.7.3 注意事项

(1) 所选的 5 个集料是在 13.2～19mm 之间的，形状接近立方体的规则颗粒。

（2）将集料颗粒用细线系牢，浸入沥青和提出时，均应轻提轻放，以免带进气泡或沥青飞溅。

（3）将裹覆沥青膜的试样放到煮沸的水中浸煮的时候，应该是逐粒放入进行试验，而不能同时将 5 颗试样放入试验，以免试样在高温时出现粘连现象，造成试验结果不准确。

（4）水浸法试验时，将已经加热到拌和温度的集料和沥青从烘箱中取出时，要迅速拌和，以免温度下降。

（5）黏附性等级评定往往因人而异，为弥补这一缺点，规定以两名以上经验丰富的试验人员分别目测后取平均值来表示。

石油沥青检验报告见表 8.6。

**表 8.6　　　　石油沥青检验报告**

| | 沥青检验报告 | | | | | | | | | |
|---|---|---|---|---|---|---|---|---|---|---|
| | 检验编号： | | | | | 委托编号： | | | | |
| （本报告未经试验室的书面批准不得部分复制） | 工程名称 | | | | | 委托日期 | | | | |
| | 委托单位 | | | | | 检测日期 | | | | |
| | 使用部位 | | | | | 报告日期 | | | | |
| | 样品来源 | | | | | 沥青产地 | | | | |
| | 检验性质 | | | | | 标号等级 | | | | |
| | 见证单位 | | | | | 代表批量 | | | | |
| | 见 证 人 | | | | | 检验设备 | | | | |
| | 检测依据 | | | | | 环境温度 | | | | |
| | 检 验 结 果 | | | | | | | | | |
| | 序号 | 检验项目 | | 计量单位 | 标准单位 | 试验数据 | | | | 单项评定 |
| | | | | | | 1 | 2 | 3 | 平均值 | |
| | 1 | 针入度（25℃） | | 0.1mm | 60～80 | | | | | |
| | 2 | 延度（15℃） | | cm | ≥100 | | | | | |
| | 3 | 软化点（环球法） | | ℃ | ≥44 | | | | | |
| | 4 | 闪点（COC） | | ℃ | ≥260 | | | | | |
| | 5 | 密度（15℃） | | g/m³ | 实测值记录 | | | | | |
| | 6 | 沥青的耐老化性能 | 质量变化 | % | ≤±0.8 | | | | | |
| | | | 残留针入度比（25℃） | % | ≥58 | | | | | |
| | | | 残留延度（10℃） | cm | — | | | | | |
| | 检验结论 | | | | | | | | | |
| | 备　注 | | | | 检验单位 | （盖章） | | | | |
| 批准： | | | | | 校核： | | | 检验： | | |

## 项目小结

通过本项目的学习，使学生了解沥青的种类，掌握沥青混凝土在水利工程中的应用，掌握沥青的取样方法和检验方法，包括沥青密度、沥青针入度、沥青延度、沥青软化点及沥青与粗集料的黏附性试验的操作方法及对试验数据的处理。

# 项目9 功能性材料的检测

**项目导航：**

建筑功能性材料主要包括建筑装饰材料、高分子建筑材料、绝热材料和吸声材料。本项目介绍各种类型建筑功能材料的基本特性、功能及选用原则。内容包括：室内、外建筑装饰材料，建筑塑料及制品，建筑涂料，无机及有机绝热材料以及常用的吸声材料。

建筑装饰材料是集材料、工艺、造型设计、美学于一身的材料，它是建筑装饰工程的重要物质基础。建筑装饰的整体效果和建筑装饰功能的实现，在很大程度上受到建筑装饰材料的制约，尤其受到装饰材料的光泽、质地、质感、图案、花纹等装饰特性的影响。因此，只有熟悉各种装饰材料的性能、特点，按照建筑物及使用环境条件，合理选用装饰材料，才能材尽其能、物尽其用，更好地表达设计意图，并与室内其他配套产品来体现建筑装饰性。

高分子建筑材料是以高分子化合物为基础组成的材料，土木工程中涉及的高分子建筑材料主要有塑料、黏合剂、涂料、橡胶和化学纤维等。高分子建筑材料具有质量轻、韧性高、耐腐蚀性好、功能多、易加工成型、有一定的装饰性等特点。因此，成为现代建筑领域广泛采用的新材料。

绝热材料在我国绝热材料行业的主营产品类型变化较大：泡沫塑料类绝热材料供需增长较快，矿物纤维类绝热材料所占份额基本保持稳定；硬质类绝热材料制品所占比例呈现逐年下降趋势。绝热材料一方面满足了建筑空间或热工设备的热环境，另一方面也节约了能源，因此被视为继煤炭、石油、天然气、核能之后的“第五大能源”。

吸声材料，是具有较强的吸收声能、减低噪声性能的材料，借自身的多孔性、薄膜作用或共振作用而对入射声能具有吸收作用的材料，是超声学检查设备的元件之一。吸声材料要与周围的传声介质的声特性阻抗匹配，使声能无反射地进入吸声材料，并使入射声能绝大部分被吸收。选用吸声材料，首先应从吸声特性方面来确定合乎要求的材料，同时还要结合重量、防火、防潮、防蛀、强度、外观、建筑内部装修等要求，综合考虑进行选择。

# 任务 9.1　建筑装饰材料

## 任务导航：

任务内容及要求

| 知识目标 | 能力目标 | 素质目标 | 考核方式 |
|---|---|---|---|
| 1. 掌握装饰材料的用途；<br>2. 掌握装饰材料的特点 | 能够正确分析装饰材料的性能及其用法 | 1. 培养良好的职业道德，养成科学严谨的职业操守；<br>2. 培养团结协作能力；<br>3. 培养学生科学、缜密、严谨、实事求是的作风 | 过程性评价：考勤、课堂提问及课后作业 |

### 9.1.1　概述

建筑装饰材料，又称建筑饰面材料，是指铺设或涂装在建筑物表面起装饰和美化环境作用的材料。建筑装饰材料是集材料、工艺、造型设计、美学于一身的材料，它是建筑装饰工程的重要物质基础。建筑装饰的整体效果和建筑装饰功能的实现，在很大程度上受到建筑装饰材料的制约，尤其受到装饰材料的光泽、质地、质感、图案、花纹等装饰特性的影响。因此，只有熟悉各种装饰材料的性能、特点，按照建筑物及使用环境条件，合理选用装饰材料，才能材尽其能、物尽其用，更好地表达设计意图，并与室内其他配套产品来体现建筑装饰性。

建筑装饰材料的主要功能是：铺设在建筑表面，以美化建筑与环境，调节人们的心灵，并起到保护建筑物的作用。现代建筑要求建筑装饰要遵循美学的原则，创造出具有提高生命意义的优良空间环境，使人的身心得到平衡，情绪得到调节，智慧得到更好的发挥。在为实现以上目的的过程中，建筑装饰材料起着极其重要的作用。

大多数装饰材料是作为建筑的饰面材料使用的，因此，建筑装饰材料还具有保护建筑物，延长建筑物使用寿命等作用。一些新型、高档的装饰材料，除了具有装饰和保护作用外，往往还具有一些特殊功能，如现代建筑中大量采用的吸热或热反射玻璃幕墙，可以对室内产生“冷房效应”；采用中空玻璃，可以起到绝热、隔音及防结露等作用；采用千思板作外墙装饰材料，可以起到抗紫外线的作用；采用铝板作为外墙装饰材料，可以起到耐腐蚀的作用等。

### 9.1.2　室外建筑装饰材料

室外建筑装饰材料作为建筑物主体结构的面层，铺设或涂刷在建筑物表面，不仅起到了保护主体结构，满足一定使用要求的作用，而且通过材料的色调、线型和质感以及光泽、立体造型等，使建筑物蓬荜生辉，赏心悦目。

现代室外装饰材料主要分为外墙涂料、装潢石材、装饰陶瓷、装饰玻璃、金属制品以及装饰混凝土六大类。

**9.1.2.1 装饰陶瓷与装饰玻璃**

装饰陶瓷包括釉面砖（图9.1）、墙地砖、锦砖（图9.2）和建筑琉璃制品。广泛用于建筑物内外墙、地面和屋面的装饰和保护，已成为房屋装饰的一个极为重要的饰面材料。

图9.1 釉面砖

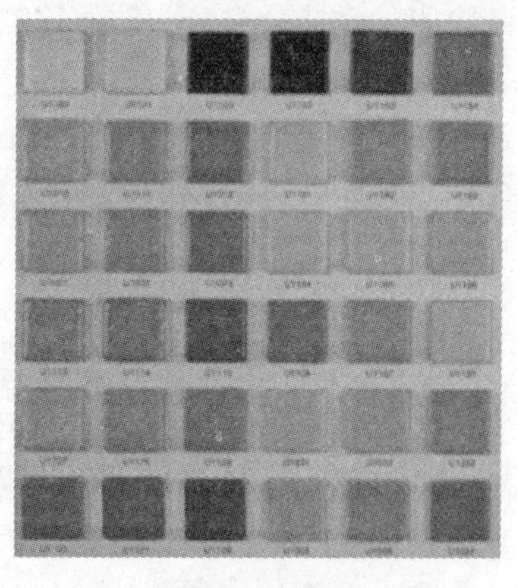

图9.2 锦砖

装饰玻璃包括压花玻璃（图9.3）、喷花玻璃（图9.4）、有色玻璃（图9.5）、幕墙玻璃、泡沫玻璃、玻璃空心砖、玻璃锦砖、玻璃镜子。

图9.3 压花玻璃

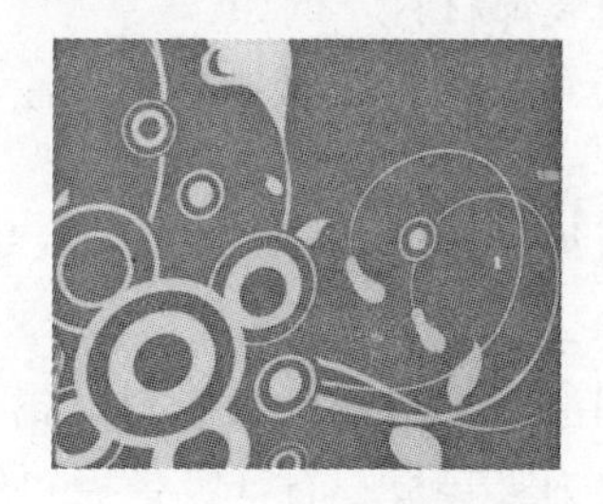

图9.4 喷花玻璃

图9.5 有色玻璃

**9.1.2.2 建筑涂料**

涂料是指一类应用于物体表面而能结成坚韧保护膜的物料的总称。一般将用于建筑物内墙、外墙、顶棚及地面的涂料称为建筑涂料。建筑涂料是涂料中的一个重要类别。

按照建筑涂料的形态分类分为液态涂料（图9.6）、粉末涂料（图9.7）等。

图9.6 液态涂料

图9.7 粉末涂料

按照主要成膜物质的性质分类分为有机涂料、无机涂料、复合涂料。

按照涂膜的状态分类分为平面涂料、彩砂涂料、复层涂料。

按建筑物的使用方法分类分为外墙涂料、内墙涂料、顶棚涂料、地面涂料、屋面涂料。

按涂膜的性能分类分为防水涂料、防火涂料、防腐涂料、防霉涂料、防虫涂料、阻锈涂料、防结露涂料。

涂料作用为装饰和保护，保护被涂饰物的表面，防止来自外界的光、氧、化学物质、溶剂等的侵蚀，提高被涂覆物的使用寿命；涂料涂饰物质表面，改变其颜色、花纹、光泽、质感等，提高物体的美观价值。

### 9.1.3 室内建筑装饰材料

室内装饰材料是构成室内艺术环境的重要材料之一。通过室内材料，可创造一个美观、整洁、舒适的生活环境。室内装饰的效果同样也是由色调、线型和质感三个因素构成。所不同的是，室外装饰效果是人们远离观赏得到的，而室内装饰效果则需要人们慢慢去品味。所以，内饰面的质感要细腻逼真；线条要细致精密；色彩要根据主人的爱好及房间的性质而定，至于明亮度可以是浅淡有光泽的，也可以是平整无光的。

1. 室内装饰材料划分

通常根据装饰部位来划分室内装饰材料，例如：

(1) 内墙装饰材料。包括墙纸（图 9.8）、墙布、内墙涂料、人造装饰板、装饰石材、陶瓷饰面材料、金属饰面材料。

(2) 地面装饰材料。包括木地板类（图 9.9）、地毯类（图 9.10）、地砖砌块类、装饰石材类、陶瓷制品、地面涂料等。

(3) 吊顶装饰材料。包括顶棚涂料、塑料吊顶材料、铝合金吊顶、矿棉装饰吸音板、玻璃棉装饰吸音板、膨胀珍珠岩装饰吸音板、石膏吸音板和硅酸钙装饰板等。

按材料性质分，现代装饰材料可分为无机非金属材料、金属材料、有机高分子材料以及复合材料四大类。

图 9.8 墙纸

图 9.9 木地板

图 9.10 地毯

2. 塑料墙纸、地板与地毯

墙纸，又称壁纸，主要分为纸面纸基墙纸、纺织物壁纸、天然材料面墙纸、塑料墙纸。通常用于室内墙面、顶棚、柱面的装饰。它具有装饰效果好、使用寿命长、施工方

便、容易保养的特点。

塑料地板，按材料性能分为硬质、半硬质和弹性地板；按形态分为块材和卷材两类。已成为用得最多的地面装饰材料之一，它具有装饰效果好、种类多、施工铺设方便、耐磨性强、使用寿命长、维护保养方便、质感舒适等特点。

塑料地毯，也称化纤地毯，它从传统羊毛地毯发展而来。按加工方法的不同分为簇绒地毯、针扎地毯、印染地毯、人造草皮。它主要具有耐倒伏性好、耐磨性好。

## 任务9.2　高分子建筑材料

### 任务导航：

任务内容及要求

| 知识目标 | 能力目标 | 素质目标 | 考核方式 |
|---|---|---|---|
| 1. 熟悉高分子材料的用途；<br>2. 掌握高分子材料的特点： | 能够正确选择高分子材料 | 1. 培养良好的职业道德，养成科学严谨的职业操守；<br>2. 培养学生科学、缜密、严谨、实事求是的作风 | 过程性评价：考勤、课堂提问及课后作业 |

### 9.2.1　高分子材料基本知识

通常把分子量大于$10^4$的物质称为高分子化合物。按高分子化合物存在的方式，可分为天然高分子、半天然高分子、合成高分子；按主骨架可分为有机高分子和无机高分子：高分子主链结构可分为碳链高分子、杂链高分子和元素有机高分子；按应用功能可分为通用高分子、功能高分子、仿生高分子、医用高分子、生物高分子等。

### 9.2.2　高分子建筑材料

高分子建筑材料是以高分子化合物为基本材料，加入一定的添加剂、填料，在一定温度、压力等条件下制成的有机建筑材料。高分子建筑材料和制品的种类繁多，应用广泛。表9.1是高分子建筑材料制品的一般分类和应用。

表9.1　高分子建筑材料制品的一般分类和应用

| 种类 | 薄膜、织物 | 板材 | 管材 | 泡沫、塑料 | 溶液、乳液品 | 模制品 |
|---|---|---|---|---|---|---|
| 应用 | 防渗、隔离、土工 | 屋面、地板、模板、墙面 | 给排水、电信、建筑 | 隔热、防震 | 涂料（图9.11）、密封剂、黏合剂 | 管件（图9.12）、卫生洁具、建筑五金、卫生间 |

#### 9.2.2.1　高分子建筑材料特性

1. 密度低、比强度高

高分子材料的密度一般在0.9～2.2g/cm$^3$之间，泡沫着塑料的密度可以低到0.1g/

$cm^3$ 以下，由于高分子材料自重轻对高层建筑有利。虽然高分子材料的绝对强度不高，但比强度（强度与密度之比值）却超过钢和铝。

高分子建筑材料有很好的抵抗酸、碱、盐侵蚀的能力，特别适合化学工业的建筑用材。高分子建材一般吸水率和透气性很低，对环境水的渗透有很好的防潮防水功用。

图 9.11　防水涂料

图 9.12　管件

2. 减振、隔热和吸声功能

高分子建材密度小（如泡沫塑料），可以减少振动、降低噪音。高分子材料的导热性很低，一般导热率 0.024～0.81W/(m・K)，是良好的隔热保温材料，保温隔热性能优于木质和金属制品。

3. 可加工性

高分子材料成型温度、压力容易控制，适合不同规模的机械化生产。其可塑性强，可制成各种形状的产品。高分子材料生产能耗小（约钢材的 1/2～1/5；铝材的 1/3～1/10)、原料来源广、因而材料成本低。

4. 电绝缘性

高分子材料介电损耗小是较好的绝缘材料，广泛用于电线、电缆、控制开关、电器设备等。

5. 装饰效果

高分子材料成型加工方便、工序简单，可以通过电镀、烫金、印刷和压花等方法制备出各种质感和颜色的产品，具有灵活、丰富的装饰性。

6. 高分子材料缺点

高分子的热膨胀系数大、弹性模量低、易老化、易燃，燃烧时同时会产生有毒烟雾。这些都是高分子材料的一些弱点，通过对基材和添加剂的改性，高分子材料性能将不断得到改善。

#### 9.2.2.2　建筑塑料及制品

塑料是以天然或合成高聚物为基本成分，配以一定量的辅助剂，如填料、增塑剂、稳定剂、着色剂等，经加工塑化成型，它在常温下保持形状不变。热塑性塑料在建筑高分子材料中占 80%以上，因此在建筑塑料中，一般按塑料的热变形行为分为热塑性塑料和热

固性塑料。如图 9.13、图 9.14 所示。

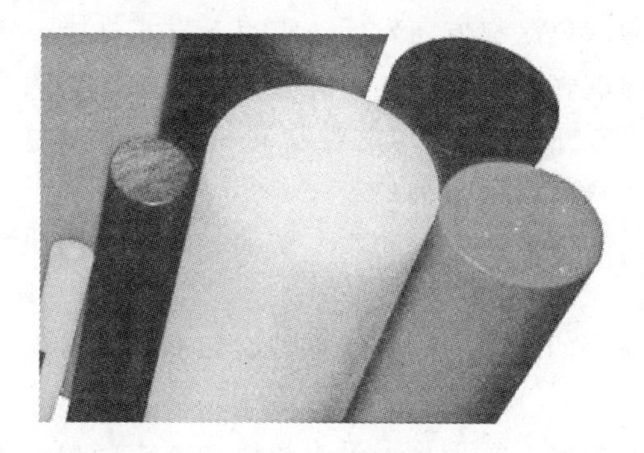

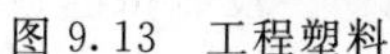

图 9.13 工程塑料

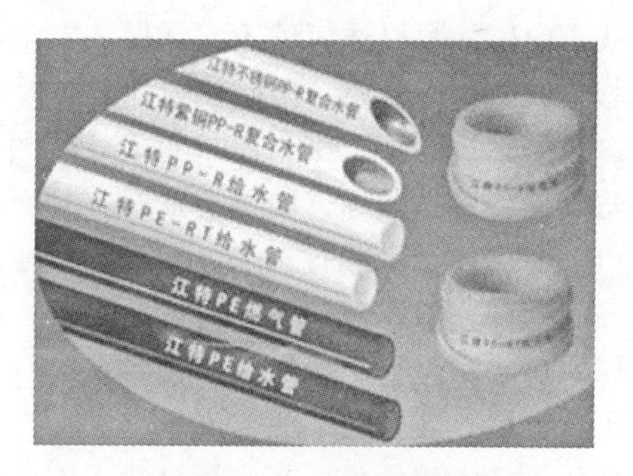



图 9.14 塑料管材

#### 9.2.2.3 建筑涂料

涂料是指涂敷在物体表面，能形成牢固附着的连续薄膜材料。它对物体起到保护、装饰或某些特殊的作用。植物油和天然树脂是人们最早应用的涂料，随着高分子材料的发展，合成聚合物改性涂料逐渐成为涂料工业的主流产品。

1. 涂料的组成

涂料主要由四种成分组成：成膜材料、颜料、分散介质和辅助材料。

(1) 成膜材料。是涂料的最主要成分，也称作基料。它的作用足将涂料中其他组分粘合成一个整体，附着在被涂物体表面，干燥固化后形成均匀连续的保护膜。成膜材料可分为两类。

1) 转换型或反应型，它在成膜过程中伴随着化学反应，一般形成网状交联结构，成膜物相当于热固型聚合物。

2) 非转换型或挥发型，其成膜过程仅仅是溶剂的挥发，成膜物是热塑性聚合物。

(2) 颜料。颜料是一种微细的粉末，它均匀地分散在涂料的介质中，构成涂膜的一个组成部分。颜料能使涂膜呈现颜色和遮盖作用，它能增加涂膜强度、附着力，改善流变性、耐候性，赋予特殊功能和降低成本。颜料按功能可分为：

1) 着色颜料，涂料具有色彩和遮盖力。

2) 体质颜料，可以增加涂膜厚度、加强涂膜体质。按颜料成分可分为无机颜料、有机颜料、功能颜料和惰性颜料。没有颜料的涂料称为清漆，有颜料的涂料称为色漆或瓷漆。

(3) 分散介质。其作用是使成膜物质分散、形成黏稠液体，以适应施工工艺的要求。分散介质有水或有机溶剂，主要是有机溶剂。溶剂按来源可分为植物系、煤焦系、石油系、合成系溶剂。对一些水溶性涂料，水是廉价的溶剂。

(4) 辅助材料。能帮助成膜物质形成一定性能的涂膜，对涂料的施工性、储存性和功能性有明显的作用，也称助剂。辅助材料种类很多，作用各异。如催干剂、增塑剂、增稠剂，稀释剂和防霉剂等。

2. 常用建筑涂料

近年来建筑涂料向着高科技、高质量、多功能、绿色环保型、低毒型方向发展。外墙涂料开发的重点为适应高层外墙装饰性，耐候性、耐污染性、保色性高，低毒、水乳型方向发展。内墙涂料以适应健康、环保、安全的绿色涂料方向发展，重点开发水性类、抗菌型乳胶类。防火、防腐、防碳化、保温也是内墙多功能涂料的研究方向。防水涂料向富有弹性、耐酸碱、隔音、密封、抗龟裂、水性型方向发展。功能性涂料将在隔热保温、防晒、防蚊蝇、防霉菌等方向迅速发展。地面涂料有以下几种：

（1）专门用于水磨石、水泥和混凝土地面的型涂料，其防水、防油、防溶剂物质渗入能力强、起到密封孔隙、隔绝腐蚀的作用。

（2）用于大理石、花岗石、密封水磨石地面的涂料。涂料流平性好，亮度高、保滑性好、柔和舒适，装饰效果晶莹高雅。

（3）木质专用涂料，其光泽自然大方、耐磨损、抗划伤、没有拼缝、施工简单。适用于体育馆、宴会厅、舞台和家庭等木质地面。

（4）抗静电专用涂料，用于机房、厂房、微电子工作间、实验室、医院等静电对电子元件有干扰的场所，各种材质都能涂敷，抗静电效果时间长。

# 任务 9.3　绝热材料

## 任务导航：

任务内容及要求

| 知识目标 | 能力目标 | 素质目标 | 考核方式 |
|---|---|---|---|
| 1. 熟悉绝热材料的分类；<br>2. 掌握绝热材料的特点 | 能够正确选择绝热材料 | 1. 培养良好的职业道德，养成科学严谨的职业操守；<br>2. 培养学生科学、缜密、严谨、实事求是的作风 | 过程性评价：考勤、课堂提问及课后作业 |

绝热材料，通称保温、隔热材料，是指对热流具有显著阻抗性的材料或材料复合体。通常，要求绝热材料的导热系数不宜大于 0.17W/(m·K)，表观密度不大于 $600kg/m^3$，抗压强度不小于 0.3MPa。一般无机材料的耐久性、耐化学腐蚀性及耐高温高湿性等均较好，而有机材料则相对差些。但有机材料的绝热性能要优于无机材料。由于水的导热系数较高，大多数绝热材料吸水后的保温性能均显著降低，所以要求绝热材料应具有较低的吸湿性。

### 9.3.1　无机绝热材料及其制品

无机绝热材料由矿物质材料制成，呈纤维状、散粒状或多孔状，具有不腐、不燃、不受虫害、价格便宜等优点。

#### 9.3.1.1　纤维状绝热材料

1. 矿渣棉、岩棉及其制品

矿渣棉（图 9.15）是将冶金矿渣熔化，用高速离心法或喷吹法制成的一种矿物棉。

岩棉是以天然岩石为原料制成的矿物棉，常用岩石如玄武岩、辉绿岩、角闪岩等，在冲天炉或池窑中熔化，用喷吹法或离心法制成。

矿渣棉和岩棉，都具有保温、隔热、吸声、化学稳定性好、不燃烧、耐腐蚀等特性，是可以直接使用和做成制品使用的无机棉状绝热材料。

产品标准规定要求板、毡制品中纤维平均值应不大于 7.0μm；粒径大于 0.25mm 的渣球含量应不大于10%；制品尺寸和密度应符合规定；制品的热阻应不小于其公称热阻值，同时还应符合规定。

2. 玻璃棉及其制品

玻璃棉（图 9.16）是以硅砂、石灰石、萤石等为主要原料，在玻璃窑中熔化后，经离心喷吹工艺制成。根据《绝热用玻璃棉及其制品》（GB/T 13350—2000）的规定，玻璃棉按纤维平均直径分为三个种类，按工艺分成火焰法（标记 a）和离心法（标记 b）两类。

以玻璃棉为基材，加入适量黏结剂，经压制、固化、切割等工艺，可制成各种绝热制品。《绝热用玻璃棉及其制品》（GB/T 13350—2000）中规定，按此类产品的形态分为玻璃棉板、玻璃棉带、玻璃棉毯、玻璃棉毡和玻璃棉壳五种。其中只有玻璃棉毯为不用黏结剂，并以纸、布或金属网等作为覆面增强材料制成；玻璃棉带是将玻璃棉板切割，经黏结适宜的覆面材料制成；玻璃棉管壳也根据需要贴附覆面材料。标准对这五种产品的要求，主要有外观、尺寸允许偏差和物理性能三个方面，均分别提出明确规定。

3. 硅酸铝棉及其制品

硅酸铝棉（图 9.17）即直径 3～5μm 的硅酸铝纤维，又称陶瓷纤维，是近来发展较快的新型高效绝热材料。目前国内生产的硅酸铝棉，多以焦宝石为主要原料，经 2100℃高温下熔化后，用高速离心或喷吹工艺制成的。由于该种纤维的高温工作性能取决于氧化铝和氧化硅的含量，因而生产不同温度下使用的产品时，原料的品种和比例等也不相同。硅酸铝棉的性能优于传统的保温材料，特别是耐高温性和受热后稳定性最为突出。《绝热用硅酸铝棉及其制品》（GB/T 16400—2003）的规定：粒径大于 0.21mm 的渣球含量不大于 20.0%；试样体积密度为 $160kg/m^3$、平均温度 (500±10)℃下的导热系数不大于 0.153W/(m·K)。

图 9.15 矿渣棉

图 9.16 玻璃棉

图 9.17 硅酸铝棉

4. 膨胀蛭石及其制品

蛭石是一种复杂的镁、铁含水硅酸盐矿物，由云母类矿物风化而成，由于其热膨胀时像水蛭（蚂蟥）蠕动，故得名蛭石。膨胀蛭石系由蛭石经晾干、破碎、筛选、煅烧、膨胀而成，其密度很低，导热系数很小，具有耐热防腐、不变质、不易被虫蛀蚀等特点，常用于填充墙壁、楼板、平屋顶等。

膨胀蛭石制品按所用黏结剂不同，分为水泥膨胀蛭石制品、水玻璃膨胀蛭石制品、沥青膨胀蛭石制品。按制品的外形分为板、砖、管壳和异形砖四类。

#### 9.3.1.2 多孔状绝热材料

多孔状绝热材料，是指含有大量封闭、不连通气孔的隔热保温材料。

1. 硅酸钙绝热制品

硅酸钙绝热制品，是经蒸压形成的水化硅酸钙为主要成分，并掺增强材料的制品。多以硅藻土、石灰为基料，加入少量石棉和水玻璃，经加水拌和，制成砖、板、管、瓦等，经过烘干、蒸压而成的微孔制品。硅酸钙绝热制品，按其最高使用温度分为Ⅰ型（650℃）、Ⅱ型（1000℃）；按加入的增强纤维分为有石棉、无石棉两种；按产品密度（不大于 $kg/m^3$ 值）分为 270 号、240 号、220 号、170 号和 140 号。微孔硅酸钙制品的表观密度一般小于 $250kg/m^3$，100℃下导热系数一般为 0.06W/(m·K)，抗压强度为 0.5MPa 左右，最高使用温度为 650℃。该制品多用于围护结构和管道保温。

2. 泡沫玻璃

泡沫玻璃（图 9.18）是由玻璃粉料和发泡剂，经配料、装模、煅烧、冷却而成的多孔材料。泡沫玻璃的气孔率可高达 80%～90%，表观密度为 $150\sim180kg/m^3$，导热系数为 0.045～0.066W/(m·K)，抗压强度为 0.3～0.5MPa。泡沫玻璃加工性好，易锯切、钻孔等，可制成块状或板状，多用于冷库的绝热层、高层建筑框架填充料和热力装置的表面绝热材料。

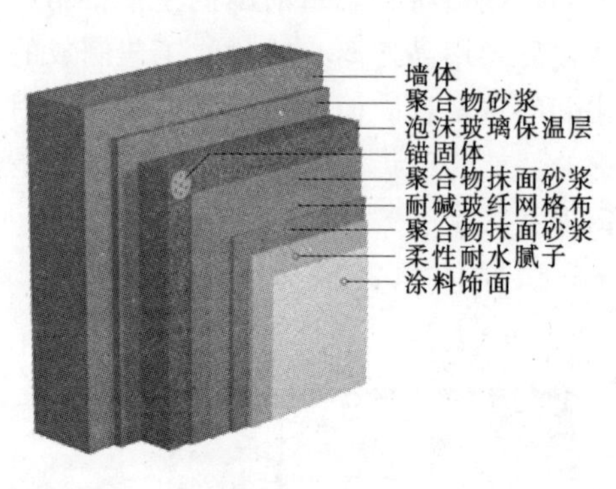


图 9.18 泡沫玻璃

### 9.3.2 有机绝热材料

有机绝热材料，多由天然的植物质材料或合成高分子为原料，经加工而成。与无机绝热材料相比，一般保温效能较高，但存在易变质、不耐燃和使用温度不能过高的弱点，尚有待使用中采取措施和产品的改进。

#### 9.3.2.1 木制人造板（图 9.19）

1. 软木板

软木板是用栓皮栎或黄菠萝的树皮为原料，经碾碎后热压而成。由于软木中含有大量

微小的密封气孔，并含有大量的树脂，故其导热系数即表观密度均较小，吸水性能较低，防水和防腐性较好。软木板的表观密度为150～250kg/m³，导热系数为0.046～0.070W/(m·K)，适用于冷藏库及某些重要工程。

2. 木丝板

木丝板是由木丝和胶结材料经拌和、压实、硬化后而制得。根据所用胶结材料的种类，木丝板有菱苦土木丝板和水泥木丝板；根据压实程度的不同，木丝板又分为绝热木丝板与构造木丝板。保温用木丝板的表观密度为350～400kg/m³，导热系数为0.11～0.13W/(m·K)，主要用于墙体和吊顶。

3. 软质纤维板

软质纤维板是用边角木料、稻草、甘蔗渣、麦秆、麻皮等植物纤维，经切碎、软化、打浆、加压成型及干燥而制得。软质纤维板的表观密度为300～350kg/m³，导热系数为0.041～0.052W/(m·K)，在常温下使用，一般用于墙体和吊顶等。

图9.19　木制人造板

图9.20　泡沫塑料

**9.3.2.2　泡沫塑料（图9.20）**

泡沫塑料是以合成树脂为基料，加入一定剂量的发泡剂、催化剂、稳定剂等，经过热分解发泡，形成微孔构造的制品。

# 任务9.4　吸声材料

## 任务导航：

任务内容及要求

| 知识目标 | 能力目标 | 素质目标 | 考核方式 |
| --- | --- | --- | --- |
| 1. 熟悉吸声材料的分类；<br>2. 掌握吸声材料的特点 | 能够正确选择吸声材料 | 1. 培养良好的职业道德，养成科学严谨的职业操守；<br>2. 培养学生科学、缜密、严谨、实事求是的作风 | 过程性评价：考勤、课堂提问及课后作业 |

对空气传递的声能，有较大程度吸收的材料，称为吸声材料。评定材料吸声性能的指标，通常采用吸声系数。是指被材料吸收的声能 $E$ 与到达材料表面的全部声能 $E_0$ 之比，即吸声系数 $a$ 为：

$$a=E/E_0$$

吸声系数越高的材料，说明它的吸声性越好。由于同一材料对于高、中、低不同频率声波的吸收性不等，故往往取多个频率下的吸声系数平均值，以资全面评价其吸声性。

### 9.4.1 多孔吸声材料

多孔吸声材料，是最常用的一类吸声材料。其构造特征为具有大量内外连通的微孔，通气性良好，声波易于进入微孔。此类材料，可分为纤维状、颗粒状和多孔状，它们的主要品种及使用情况，见表 9.2。

**表 9.2　多孔吸声材料的基本类型**

| 类型 | 主要品种 | 常用材料举例 | 使用情况 |
|---|---|---|---|
| 纤维材料 | 有机纤维材料 | 动物纤维：毛毡 | 价格昂贵，使用较少 |
| | | 植物纤维：麻绒、海草、椰子丝 | 防火、防潮性能差，原料来源丰富，价格便宜 |
| | 无机纤维材料 | 玻璃纤维：中粗棉、超细棉、玻璃棉毡 | 吸声性能好，保温隔热，不自燃，防腐防潮，应用广泛 |
| | | 矿渣棉：散棉、矿棉毡 | 吸声性能好，松散材料宜因自重下沉，施工扎手 |
| | 纤维材料制品 | 软质木纤维板、矿棉吸声板、岩棉吸声板、玻璃棉吸声板、木丝板、甘蔗板等 | 装配式施工，多用于室内吸声装饰工程 |
| 颗粒材料 | 砌块 | 矿渣吸声砖、膨胀珍珠岩吸声砖、陶土吸声砖 | 多用于砌筑截面较大的消声器 |
| | 板材 | 珍珠岩吸声装饰板 | 质轻、不燃、保温、隔热、强度偏低 |
| 泡沫材料 | 泡沫塑料 | 聚氨酯泡沫塑料、脲醛泡沫塑料 | 吸声性能不稳定，吸声系数使用前需实测 |
| | 其他 | 泡沫玻璃 | 强度高、防水、不燃、耐腐蚀、价格昂贵，使用较少 |
| | | 加气混凝土 | 微孔不贯通，使用较少 |

### 9.4.2 常用吸声材料

1. 矿棉装饰吸声板（图 9.21）

以矿渣棉、岩棉或玻璃棉为基材，加入适量的胶粘剂、防潮剂、防腐剂，经过加压、烘干，制成的具有吸声和装饰功能的半硬制板状材料，统称矿棉装饰吸声板。此类板的规格一般为 500mm×500mm，厚度 10～20mm。

矿棉装饰吸声板，具有质轻、不燃、吸声、保温、施工方便等特点，多用于吊顶和墙面。

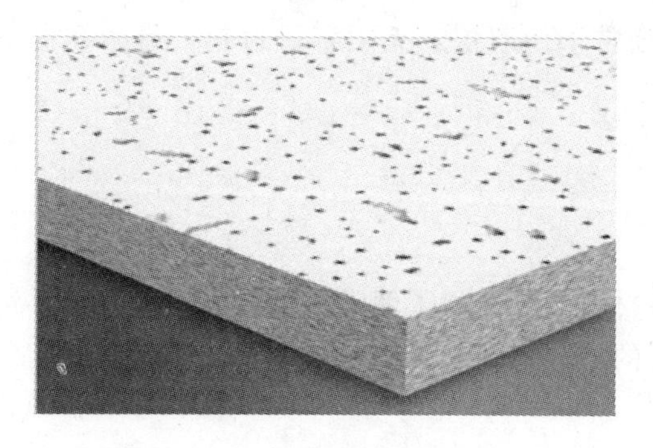
图 9.21 矿棉装饰吸声板

图 9.22 珍珠岩吸音板

2. 膨胀珍珠岩装饰吸声制品（图 9.22）

膨胀珍珠岩装饰吸声板，是以膨胀珍珠岩和胶凝材料为主要原料，加入其他辅料制成的正方形板。按照所用的胶凝材料不同，可分为水玻璃珍珠岩板、石膏珍珠岩板、水泥珍珠岩板等多种。

膨胀珍珠岩装饰吸声板，通常为 300mm×300mm×10mm、500mm×500mm×20mm，尚无统一的标准。其表面形态，有的制成各种立体花纹图案，有的以不同孔型构成多种图案。膨胀珍珠岩装饰吸声板具有质轻、不燃、吸声、施工方便的特点，多用于墙面或顶棚的装饰与吸声工程。

3. 泡沫塑料

泡沫塑料以所用树脂不同，有聚苯乙烯泡沫塑料、聚氯乙烯泡沫塑料、聚氨酯泡沫塑料和脲醛泡沫塑料等多种。

泡沫塑料的孔型以闭口为主，因此其吸声性能不够稳定，选做吸声材料时，往往要实测其吸声系数。软质泡沫塑料，如软质聚氨酯泡沫塑料和软质聚氯乙烯泡沫塑料等，它们基本上没有通气性，但因有一定程度的弹性，可导致声波的衰减，可作为柔性吸声材料使用。

4. 钙塑泡沫装饰吸声板

钙塑泡沫装饰吸声板，是以聚乙烯树脂加入无机填料，经混炼模压、发泡、成型制得。该板有一般和难燃两类，可制成多种颜色和凹凸图案，同时还可加打孔图案。

钙塑泡沫装饰吸声板，一般的规格为 500mm×500mm×6mm，表观密度在 250kg/m$^3$ 以下，抗拉强度约 0.8MPa，具有质轻、耐水、吸声、隔热、施工方便等特点，适用于吊顶和内墙面装饰用。

5. 吸声薄板和穿孔板

常用的吸声薄板有胶合板、石膏板、石棉水泥板、硬质纤维板和金属板等。通常是将它们的周边固定在龙骨上，背后留有适当的空气层，组成薄板共振吸声结构。采用上述薄板穿孔制品，可与背后的空气层形成空腔共振吸声结构。在穿孔板的空腔中，填入多孔材料，可在很宽的频率范围内提高吸声系数。

金属穿孔板，如铝合金板、不锈钢板等，因其较薄，且强度高，可制得较大穿孔率的微穿孔板。较大穿孔率的金属板，需背衬多孔材料使用，金属板主要起饰面作用。金属微孔板，孔径小于1mm，穿孔率1%～5%，通常采用双层，无须背衬材料，靠微孔中空气运动的阻力达到吸声的目的。

## 项目小结

通过本项目的学习，使学生了解功能性材料的种类；了解常用的室内、外建筑装饰材料；了解常用的高分子建筑材料；了解常用的绝热材料和吸声材料及其工程中的应用。

# 项目10　新型建筑材料的认识

**项目导航：**

新型建筑材料是在传统建筑材料基础上产生的新一代建筑材料，新型建筑材料及其制品工业是建立在技术进步、保护环境和资源综合利用基础上的新兴产业。

随着城镇化深入，基建投资结构将由传统建材逐渐向城市配套性新型建材转变。我国新型建材工业是伴随着改革开放的不断深入而发展起来的。经过多年的发展，我国新型建材工业基本完成了从无到有、从小到大的发展过程，在全国范围内形成了一个新兴的行业，成为建材工业中重要产品门类。水利工程建设作为作为新时期我国水资源调配工作的重点之一，水利工程项目不断增加，其建设要求越来越高，巨大的新增建设量及建设要求为新型建筑材料发展提供了广阔的市场空间，同时也对新型建筑材料的发展提出了更高的要求。

**案例描述：**

某防洪堤工程，由于原设计标准偏低且岸线未进行总体规划，堤线不规整。为提高防洪抗灾能力，控制下游河势，决定对其下游河道防洪岸线进行规划整治。根据岸线整治规划，在下游河道两岸修建高水位低水驳岸，从生态等方面考虑，决定采用格宾网进行护坡处理。

## 任务10.1　新型建筑材料

**任务导航：**

任务内容及要求

| 知识目标 | 能力目标 | 素质目标 | 考核方式 |
|---|---|---|---|
| 了解新型建筑材料的类型 | 能够识别各种类型的新型建筑材料 | 1. 培养良好的职业道德，养成科学严谨的职业操守；<br>2. 培养团结协作能力；<br>3. 培养学生科学、缜密、严谨、实事求是的作风 | 过程性评价：考勤、课堂提问及课后作业 |

### 10.1.1　新型建筑材料类型

新型建筑材料主要是以水泥、玻璃、钢材、木材为原料的新产品，且具有复合化、多功能化、节能化、绿色化、轻质高强化、工业化生产等特点。

新型建筑材料按功能及使用部位可分为新型墙体材料、新型保温隔热材料、新型防水密封材料和新型装饰装修材料四大类。

按主要原材料可分为新型无机建筑材料、新型有机建筑材料、新型金属建筑材料。

### 10.1.2 新型墙体材料

新型墙体材料是指具有轻质、保温、高强等性能的多功能墙体材料。

随着新型墙体材料的迅速发展，已逐渐取代一直沿用的黏土砖，并出现了多种新型墙体材料。主要包括砖、块、板，如页岩多孔砖（图 10.1）、复合保温砖（图 10.2）、泡沫混凝土砖（图 10.3）、混凝土砌块（图 10.4）、粉煤灰砌块、蒸压加气混凝土板（图 10.5）、硅酸钙板、复合板材（图 10.6）等。其中，混凝土砌块是针对国家的可持续发展战略而被普遍推广和广泛应用的，它采用水泥成型，也可以综合利用固体废弃物来生产，很少使用黏土，能耗不足黏土砖的一半，具有省土节能、静负载轻、施工速度快、墙面平整度好等优点。

图 10.1 页岩多孔砖

图 10.2 复合保温砖

图 10.3 泡沫混凝土砖

图 10.4 混凝土砌块

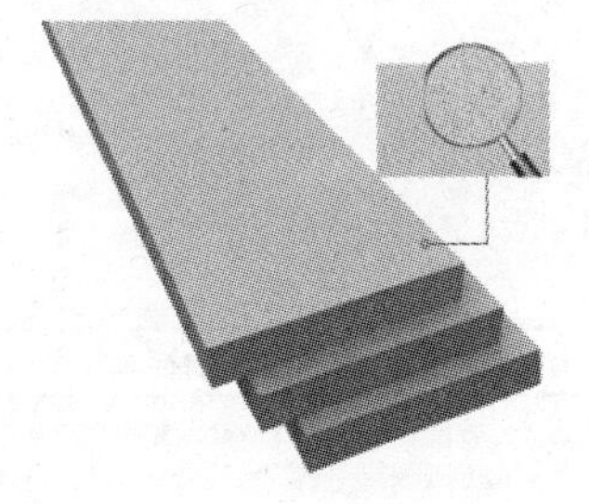

图 10.5 蒸压加气混凝土板

### 10.1.3 新型保温隔热材料

新型保温隔热材料是指具有高效、节能、薄层、隔热等多功能于一体的保温隔热材料。

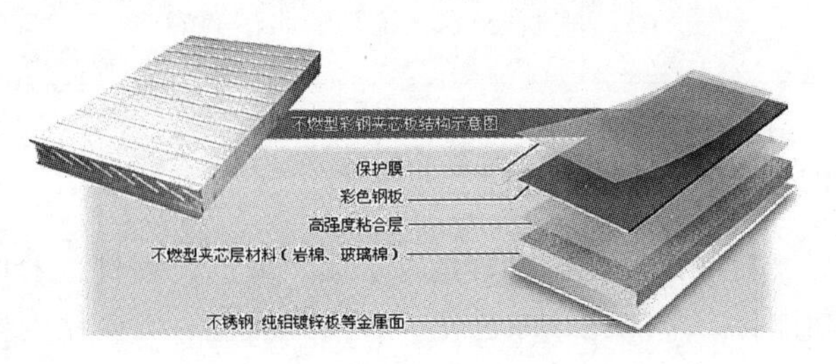


图 10.6 复合板材

保温隔热材料性能的好坏，主要是由材料热传导性能的高低（即导热

系数）所决定的。若材料的导热系数愈小，则其保温隔热性能愈好。目前的新型保温隔热材料包括建筑用矿物棉（图10.7）、玻璃棉制品（图10.8）和泡沫塑料（图10.9）等，其发展趋势逐渐向着安全环保型、节能自保温型等方向发展。

图10.7 矿物棉

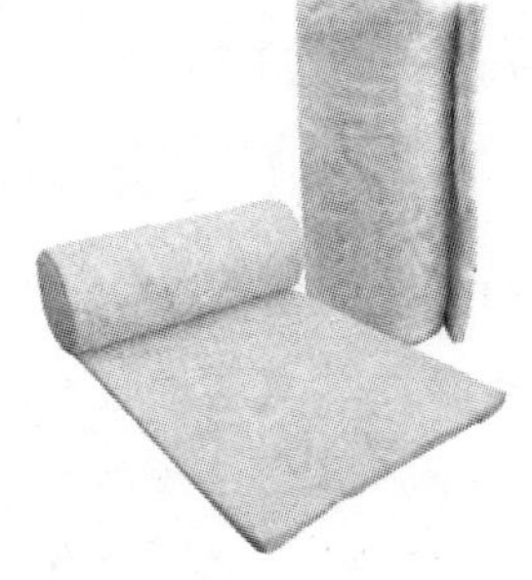

图10.8 玻璃棉

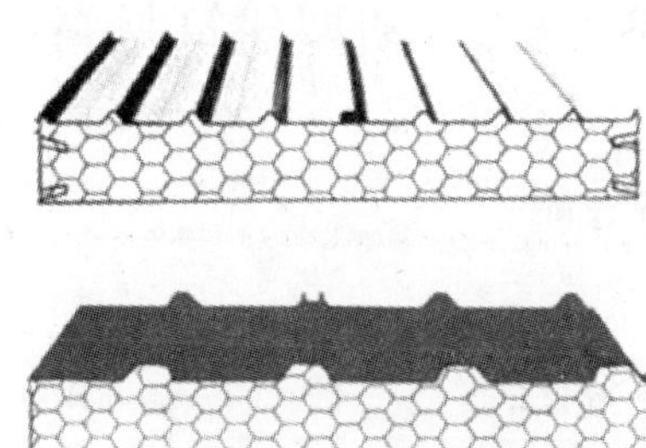

图10.9 泡沫塑料

### 10.1.4 新型防水密封材料

防水密封材料是指具有高效、环保、防水等多性能的防水密封材料。随着建材工业的快速发展，防水材料已从最初的纸胎油毡，发展为包括沥青油毡（含改沥青油毡）、合成高分子防水卷材（图10.10）、防水涂料（图10.11）、密封材料（图10.12）、堵漏和刚性防水材料等五大类产品的新型防水密封材料。新型防水密封材料无论是在民用建筑、水利、交通、港口等行业都得到了广泛应用。目前常见的有聚氨酯防水密封涂料，它是一种液态施工的单组分环保型防水涂料，与基层表面黏结力强，在基面形成一层柔韧的无接缝、无气泡的整体防水膜，对基层伸缩或开裂的适应性强，抗拉性强度高，且施工简便，工期短，绿色环保。

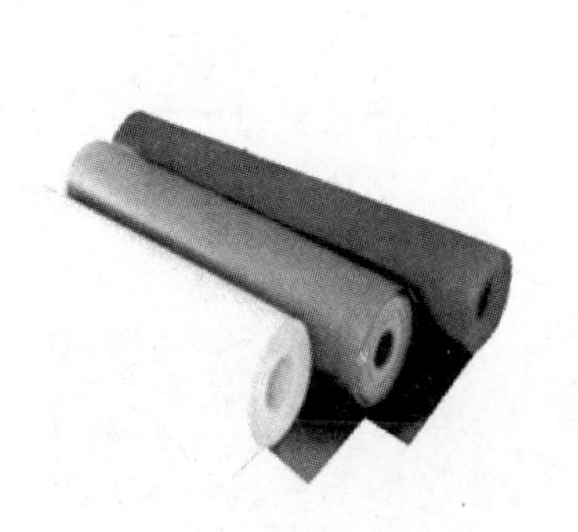
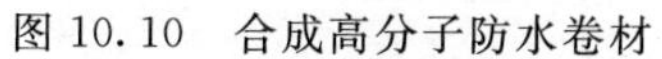

图10.10 合成高分子防水卷材

图10.11 防水涂料

图10.12 密封涂料

### 10.1.5 新型装饰装修材料

新型装饰装修材料主要是指无污染、无毒害、放射性水平低的环保型装饰装修材料。与传统的装饰材料相比，环保型装饰材料的主要特点有两个方面：

（1）绿色健康。产品多选用无毒无害低排放的原料，生产过程中不使用甲醛、卤化物溶剂或芳香类碳氢化合物，不含有汞及其化合物，无铅、镉等重金属，对人体无害，对环境影响较小。

(2) 新型环保装饰材料功能更优越，如可实现抗菌、除臭、防火、调节温度和湿度、消音、抗静电等性能。

# 任务 10.2　新型建筑材料的应用及选择

## 任务导航：

任务内容及要求

| 知识目标 | 能力目标 | 素质目标 | 考核方式 |
| --- | --- | --- | --- |
| 了解新型建筑材料在现代水利水电工程中的应用 | 能够合理地选择新型建筑材料 | 1. 培养良好的职业道德，养成科学严谨的职业操守；<br>2. 培养团结协作能力；<br>3. 培养学生科学、缜密、严谨、实事求是的作风 | 过程性评价：考勤、课堂提问及课后作业 |

### 10.2.1　新型建筑材料的应用

随着工程建设持续发展，建筑施工企业为了适应日益激烈的市场竞争需要，更注重新技术、新材料、新工艺的应用。因此对建筑材料在传统基础上提出了更高的要求，同时也涌现了大批的新型建筑材料。结合目前工程应用新技术、新材料的实践，介绍常用新型材料在现代水利水电工程及其他工程中的应用。

#### 10.2.1.1　格宾网

格宾网又名石笼网，属于生态格网，是由特殊防腐处理的低碳钢丝经机器编织成的六边形双绞合钢丝网，可根据工程设计把网片裁剪、组装成箱笼，箱体内填满块石等填充材料后，用于堤防、河岸、路基防护等工程，如图 10.13～图 10.15 所示。

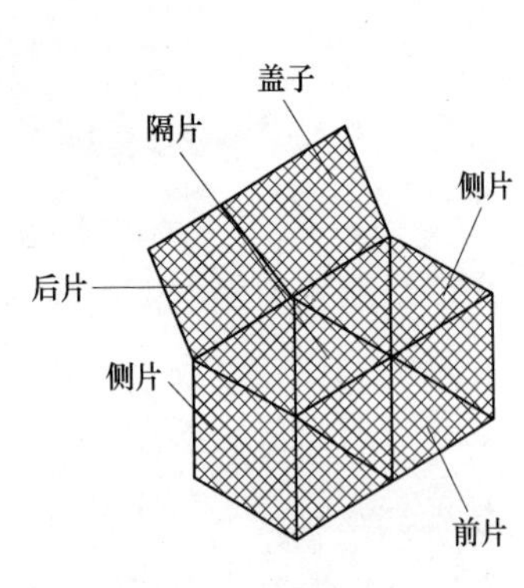


图 10.13　格宾网结构图

图 10.14　格宾网

图 10.15 格宾网护坡

1. 格宾网特点

(1) 柔性结构：抗暴雨、水流冲刷、无结构缝、适应变形、整体结构有延展性、用于护坡护岸护滩。

(2) 生态环境保护：笼子石头缝隙间的淤泥有利于植物生产，满足水土保持、绿化美化环境的要求。

(3) 耐腐蚀：经表面防蚀处理的低碳钢丝，经久耐用，表面加 PVC/HDPE 保护层，可用于海洋岸滩及水质变化大的江河迎水立面。

(4) 透水性好：能排水固结，利于山坡稳定、水土保持。

(5) 组装、施工方便：不用水、水泥、模板和电力，简便易装，可按设计绑扎组装成各种形状，连贯为一个整体。

(6) 施工进度快：可多组同时施工，平行、流水作业。

(7) 经济适用：可因地制宜地利用当地石料资源。

2. 格宾网分类

根据材质分类：镀锌格宾网（电镀锌格宾网、热镀锌格宾网、高锌格宾网）、包塑格宾网、锌铝合金格宾网。

根据形状分类：格宾网片、格宾网笼、格宾网护垫。

根据工艺分类：焊接格宾网、编织格宾网。

3. 格宾网施工工艺流程

(1) 施工准备：施工测量、机械、设备及材料准备。

(2) 格宾网笼施工：绑扎间隔网、铺设格宾网笼。

(3) 填充石料。

(4) 扎封笼盖。

4. 格宾网箱质量控制

格宾网材的规格质量应重点检查下列内容：格宾的材料的物理性能、力学指标是否符合设计要求；网孔孔径是否符合设计要求。

填充石料的质量及规格应重点检查下列内容：石料质量是否符合设计要求；石料粒径

是否符合设计要求及满足规范规定。

5. 格宾网应用

格宾网可用于边坡支护、基坑支护、山体岩面挂网喷浆、铁路高速公路隔离护栏网，它还能制成箱笼、网垫，用于江河、堤坝及海塘的防冲刷保护以及水库、河流截流用网箱。

**10.2.1.2　模袋混凝土**

模袋混凝土它采用织物模袋做软模具，通过混凝土泵将砂浆或混凝土充灌进模袋成型，起到护坡、护底、防渗等作用，如图10.16、图10.17所示。

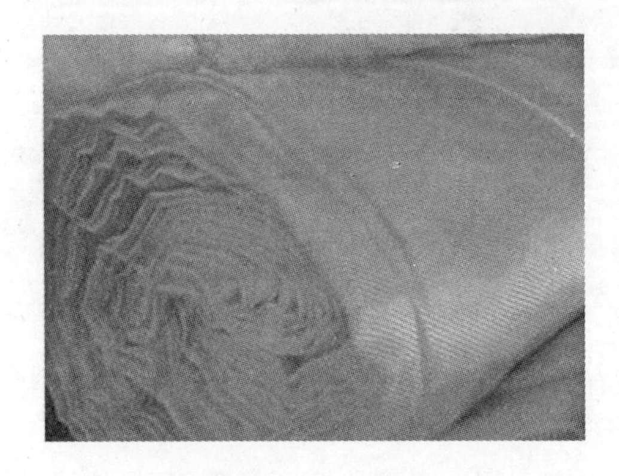

图10.16　土工模袋

图10.17　模袋混凝土图

1. 模袋混凝土特点

(1) 施工采用一次喷灌成型，施工方便、速度快。

(2) 可直接水下施工，不需填筑围堰，机械化程度高，可缩短工期，整体面积大、整体性强、稳定性好，使用寿命长。

(3) 模袋具有一定的透水性，在混凝土或水泥砂浆灌入以后，多余的水分通过织物空隙渗出，可以迅速降低水灰比，加快混凝土的凝固速度，增加混凝土的抗压强度。

2. 模袋混凝土施工工艺流程

(1) 施工准备：测量放样、开挖与修坡、模袋加工制作。

(2) 展铺模袋：卷铺模袋、设定位桩、张紧装置安装、铺展模袋、铺设时压载、拉紧上缘固定索。

(3) 充灌混凝土。

(4) 模袋混凝土养护。

3. 模袋混凝土质量检测

(1) 模袋。模袋生产厂家应按批提供出厂合格证、国家认可的质量检测单位出具的技术性能鉴定书或试验报告。模袋出厂前，到厂家对模袋的规格尺寸、缝制质量和外观等进行检查，并在到场后按有关规定抽检，合格后方能用于工程施工。

(2) 模袋混凝土。模袋混凝土强度采用在充灌口按有关规定取样，先灌入相同材质的小模袋（15cm×150cm）中，吊置10～20min，取出再装入标准试模成型的方式检验。模袋护坡护底的允许偏差、检验数量和检验方法按有关规定严格执行。

4. 模袋混凝土应用

模袋混凝土主要用于公路和港口护坡、土坝上下游护坡、渠道和河道岸坡等工程。

**10.2.1.3　生态混凝土**

生态混凝土是一种既能减少环境负荷，又能与生态环境相协调的具有特殊结构与表面特性的混凝土。

1. 生态混凝土特点

(1) 具有比传统混凝土更高的强度和耐久性，能满足结构力学性能、使用功能以及使用年限的要求。

(2) 具有与自然环境的协调性，减轻对地球和生态环境的负荷，实现非再生型资源可循环利用。

(3) 具有良好的使用功能，能为人类构筑温和、舒适、便捷的生活环境。

2. 生态混凝土分类

生态混凝土可分为环境友好型生态混凝土（减轻环境负荷型）和生物相容型生态混凝土（生态协调型）两大类。

环境友好型生态混凝土是指在混凝土的生产、使用直至解体全过程中，能降低环境负荷的混凝土。该类混凝土可分为：生态水泥所致的混凝土、再生骨料混凝土、吸音混凝土、透水混凝土（图10.18）等。

生物相容型生态混凝土是指能与动植物等生物和谐共存、对调解生态平衡、美化环境景观、实现人类与自然协调具有积极作用的混凝土。根据用途，这类混凝土可分为植物相容型生态混凝土、海洋生物、淡水生物相容型生态混凝土以及净化水质型生态混凝土等。

植物相容型生态混凝土又称为植被混凝土或绿化混凝土，利用多孔混凝土空隙部位的透气、透水等性能，渗透植物所需营养，生长植物根系这一特点来种植小草、低的灌木等植物。在施工时，只要在混凝土块的空隙中充填腐殖土、种子、稀释肥料、保水剂等混合材料，植物就会生根发芽并穿透土层生长，可作为固沙、固土、固堤材料，用于护坡、护岸等生态防护工程，如图10.19、图10.20所示。

图10.18　透水混凝土

图10.19　植物相容型生态混凝土

海洋生物、淡水生物相容型生态混凝土是将多孔混凝土用在河、湖、海滨等水域，使陆生和水生小动物附着栖息在其凹凸不平的表面或连续空隙内，通过相互作用或共生作用形成食物链，为海洋生物和淡水生物生长提供良好条件，保护生态环境。目前已开发应用的有多孔混凝土人工礁石（图 10.21），以及用于淡水域的河床、护岸等混凝土构件。

图 10.20　植被长出后的植物相容型生态混凝土　　　　图 10.21　多孔混凝土人工礁石

净化水质型生态混凝土是利用多孔混凝土表面对各种微生物的吸附，通过生物层的作用产生间接净化功能，将其制成浮体结构或浮岛设置在富营养化的湖河内净化水质，使草类、藻类生长更加繁茂，通过定期采割，利用生物循环过程消耗污水的富营养成分，从而保护生态环境。

3. 生态混凝土的应用

生态混凝土可用于河岸、堤坝、公路护坡、路面排水、净化水质等工程。

#### 10.2.1.4　堤坝护垫

堤坝护垫是一种具有高拉力、稳定性及滤水性的由多重聚酯纤维编制的双层织物，可按照现场地形需求，随时缝制、铺设及灌入砂浆固定成型。

1. 堤坝护垫特点

(1) 轻质高强、耐酸碱生物腐蚀、耐动物啮咬、抗风化能力强、透水性好、工程使用寿命长。

(2) 施工简便快捷，水上施工不受天气条件优劣影响；水下施工不需考虑丰水期、枯水期，且不需围堰、驳船等就可由水上直接延伸至几十米的河床，防止冲蚀和淘空现象的发生。

(3) 在堤坝护垫灌入砂浆凝固前，可塑性高，能使护垫与河床、海底淤泥、堤面有机结合。凝固后，稳固性好，整体抗冲击能力强。

2. 堤坝护垫分类

堤坝护垫分为植草型堤坝护垫、有反滤排水点堤坝护垫、无反滤排水点堤坝护垫、铰链块型堤坝护垫四大类型。

植草型堤坝护垫是一种高强度并具有超强稳定性和滤水性的长丝多重聚酯纤维编制的双层织物，现场注入水泥水泥砂浆成型。可植草植灌，水下部分可种植芦苇、香蒲等，植被覆盖率高，抗冲、消浪、环保，满足水生态和景观要求，如图 10.22 所示。可用于人工景观河道、住宅区边坡、水库涨落带复绿、河湖海岸防护堤岸等工程，如图 10.23 所示。

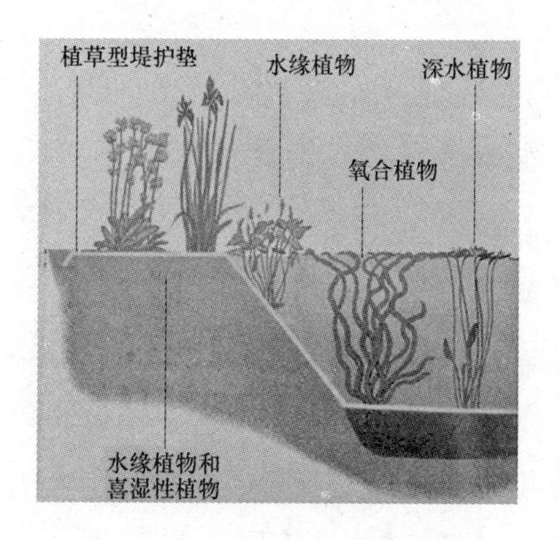


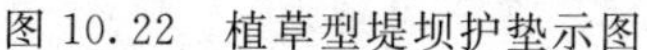

图 10.22　植草型堤坝护垫示图

图 10.23　植草型堤坝护垫边坡

有反滤排水点堤坝护垫，设置有点状过滤器，水分通过这些滤点排出，从而减轻流体静力学压力，使得坝体稳固并减少土壤颗粒流失，有利于防止冻胀，可用于路基护坡、海堤、江堤、河堤等防护工程，如图 10.24、图 10.25 所示。

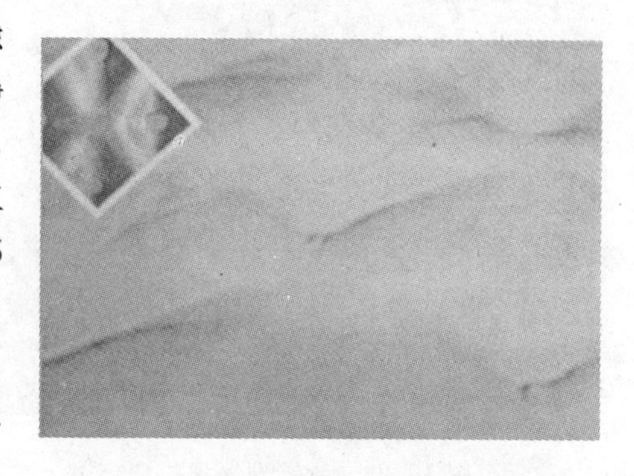

图 10.24　有反滤排水点堤坝护垫示图

无反滤排水点堤坝护垫，由呈对角线关系规范排列的块体组成，块体间在力学上最优化的相互支持，不设置排水点，防渗和耐冲力极强。特别适用于海墙和远吹程湖泊以及垃圾填埋场防渗、码头防撞、桥墩防护防撞、输水渠防渗等工程，如图 10.26、图 10.27 所示。

图 10.25　有反滤排水点堤坝护垫护坡

铰链块型堤坝护垫是由被铰链相互连接的块体形成整体，因为预期了河、海床及堤脚因为各种因素产生的变形和位移，所以作为防护的铰链型产品的结构会随着这些变形和位移而适应性弯曲从而终止淘刷的破坏，可用于水下堤坝防护、洪水期堤坝抢险防护等工程，如图 10.28、图 10.29 所示。

图 10.26　无反滤排水点堤坝护垫

图 10.27　无反滤排水点堤坝护垫闸口防护

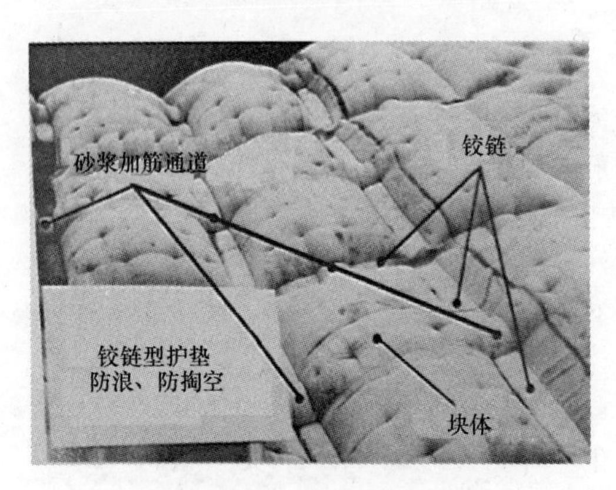


图 10.28　铰链型堤坝护垫

#### 10.2.1.5　泡沫混凝土

泡沫混凝土是通过发泡机的发泡系统将发泡剂用机械方式充分发泡，并将泡沫与水泥浆均匀混合，然后经过发泡机的泵送系统进行现浇施工或模具成型，经自然养护所形成的一种含有大量封闭气孔的新型轻质混凝土材料，如图 10.30 所示。在土建工程中其又被称为气泡混合轻质土、泡沫轻质土等。

1. 泡沫混凝土特点

（1）轻质性。一般施工容重采用 4～10kN/m$^3$。

图 10.29　洪水期抢险

（2）强度可调节性。强度可根据需要在 0.3～5.0MPa 范围内调节，工程上一般用为 0.5～1.5MPa。

（3）高流动性。最大水平输送距离达 1000m 以上，最大垂直泵送高度可达 100m 以上。

（4）良好的施工性。施工不需机械碾压，不需震捣，作业面小。

（5）固化后的自立性。可垂直填筑。

(6) 良好的耐久性：属于水泥类材料，耐久性与水泥混凝土接近。

(7) 良好的隔热、隔音及抗冻融性能。

(8) 优越的环保性：无机质材料，对环境无污染。

2. 泡沫混凝土施工工艺流程

泡沫混凝土施工工艺流程如图10.31所示。

3. 泡沫混凝土应用

泡沫混凝土可用于车站顶板回填（图10.32)、地铁车站基坑回填、基底换填（图10.33)、隧道竖井及横通道回填、隧道预留变形层填充、寒冷地区隧道保温、工程抢险、特殊路段填筑（图10.34)、保温隔热（图10.35）等工程。

图10.30　泡沫混凝土

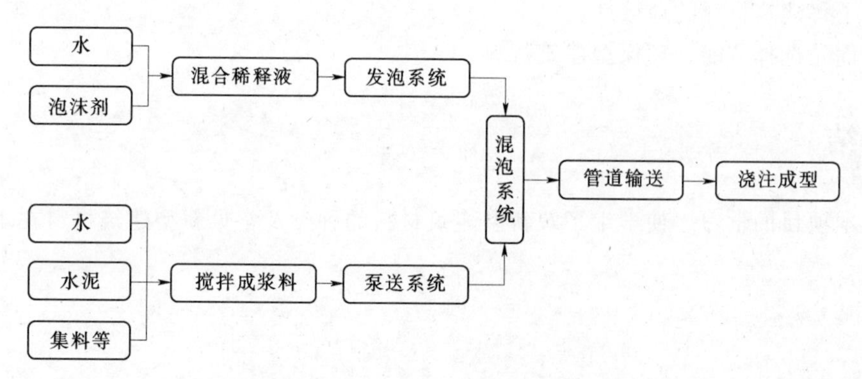


图10.31　泡沫混凝土施工工艺流程

图10.32　车站顶板回填

图10.33　基底换填

### 10.2.2　新型建筑材料的选择

合理选择新型建筑材料，对节约建设成本、提高工程质量方面有显著影响。在新型建筑材料选择时，应遵循以下原则：

图 10.34　软基路堤填筑

图 10.35　楼面保温隔热

(1) 全面认识材料性能，根据建筑物功能及要求确定材料必须具备的性能。

(2) 熟悉建筑材料的加工及构造方法。

(3) 了解建筑材料的地域性。

(4) 优先选择节能、环保型建筑材料。

## 项目小结

通过本项目的学习，使学生了解新型建筑材料的种类及常见新型建筑材料在水利工程中的应用。

# 参 考 文 献


[1] 崔长江．建筑材料［M］．郑州：黄河水利出版社，2009.

[2] 陈斌．建筑材料［M］．重庆：重庆大学出版社，2008.

[3] 刘道南．建筑材料［M］．郑州：黄河水利出版社，2002.

[4] 柯国军．土木工程材料［M］．北京：北京大学出版社，2006.

[5] 中华人民共和国国家质量监督检验检疫总局，中国国家标准化管理委员会发布．GB/T 14684—2011．建筑用砂［M］．北京：中国标准出版社，2011.

[6] 中华人民共和国国家质量监督检验检疫总局，中国国家标准化管理委员会局发布．GB/T 14685—2011 建筑用卵石、碎石［M］．北京：中国标准出版社，2011.

[7] 中华人民共和国建设部发布．JGJ 52—2006 普通混凝土用砂、石质量及检验方法标准［M］．北京：中国建筑工业出版社，2007.

[8] 刘庆忱．新型建筑材料的发展［J］．山西建筑，2008，34（24）：180-181.

[9] 黄成文，张川，王浪，等．浅谈格宾网箱护垫施工工艺［J］．重庆建筑，2011，10（94）：26-27.

[10] 吴秀荣，周进春，王奎海．格宾网在工程运用中的特性［J］．黑龙江水利科技，2011，39（2）：136-137.

[11] 杭玉生，程业生．模袋混凝土的施工工艺与质量监控［J］．南通职业大学学报，2005，19（2）：84-87.

[12] 柯国军．土木工程材料［M］．北京：北京大学出版社，2006.

[13] 段凯敏，丁灿辉，张宪明．水工混凝土结构［M］．武汉：华中科技大学出版社，2013.

[14] 李斯．建筑材料试验检测技术与质量监控方法实用手册［M］．北京：世图音像电子出版社，2002.

[15] 柯国军．土木工程材料［M］．北京：北京大学出版社，2006.

[16] 李斯．建筑材料试验检测技术与质量监控方法实用手册［M］．北京：世图音像电子出版社，2002.

[17] 江世永．建筑材料［M］．重庆：重庆大学出版社，2008.

[18] 中华人民共和国国家质量监督检验检疫总局，中国国家标准化管理委员会发布．GB/T1346—2011 水泥标准稠度用水量凝结时间安定性检验方法［S］．北京：中国标准出版社，2011.

[19] 中华人民共和国国家质量监督检验检疫总局，中国国家标准化管理委员会发布．GB 175—2007 通用硅酸盐水泥［S］．北京：中国标准出版社，2007.

[20] 中华人民共和国国家质量监督检验检疫总局，中国国家标准化管理委员会发布．GB/T 1345—2005 水泥细度检验方法　筛析法［S］．北京：中国标准出版社，2005.

[21] 中华人民共和国国家质量监督检验检疫总局，中国国家标准化管理委员会发布．GB 326　2007 石油沥青纸胎油毡［S］．北京：中国标准出版社，2007.

[22] 中华人民共和国国家质量监督检验检疫总局，中国国家标准化管理委员会发布．GB 18242—2000 弹性体改性沥青卷材［S］．北京：中国标准出版社，2000.

[23] 中华人民共和国国家质量监督检验检疫总局，中国国家标准化管理委员会发布．GB/T 494—2010 建筑石油沥青［S］．北京：中国标准出版社，2010.

[24] 中华人民共和国国家质量监督检验检疫总局，中国国家标准化管理委员会发布．GB/T 2290—

2012 煤沥青［S］. 北京：中国标准出版社，2012.

［25］ 中华人民共和国国家质量监督检验检疫总局，中国国家标准化管理委员会发布. GB/T 11147—2010 沥青取样法［S］. 北京：中国标准出版社，2010.

［26］ 中华人民共和国水利部发布. SL 191—2008 水工混凝土结构设计规范［S］. 北京：中国标准出版社，2008.

［27］ 中华人民共和国国家质量监督检验检疫总局，中国国家标准化管理委员会发布. GB 11968—2006 蒸压加气混凝土砌块［S］. 北京：中国标准出版社，2006.